JN309134

燃料電池の技術

固体高分子形の課題と対策

西川尚男 著

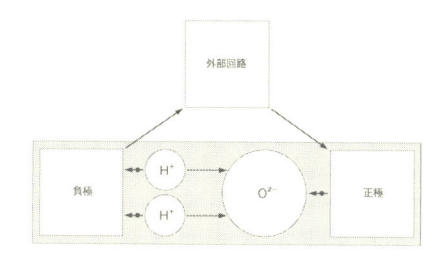

東京電機大学出版局

まえがき

　世界経済の発展とともに，化石燃料の消費が増えており，その結果として地球のCO_2濃度が着実に増加し，いたるところで気候変動が発生し，また生態系に異変が生じている。今後先進国はもとより，ブリックス（BRICs：ブラジル，ロシア，インド，中国の総称）といわれる国々がこれまでの経済成長を続けていけばこの傾向はますます加速される。先進8カ国のサミットでもCO_2削減問題が大きく取り上げられたが，各国の足並みは必ずしも一致していない。将来を担う子供たちのためにもCO_2濃度増加の流れを一刻も早く変えていかなければならない。

　燃料電池の世界を振り返ると大きな進展が見られる。その1つが現在注目を集めている家庭用燃料電池である。究極のコージェネレーション（co-generation）といわれ，家庭で発電することにより電気と熱を同時に利用できる燃料電池発電システムである。このシステムが普及すれば1軒あたりのCO_2の年間排出量は約0.8トン削減でき，これがもし1000万世帯に普及すれば800万トンのCO_2の削減となり，これは日本全体の年間のCO_2発生量13.04億トン（2007年度の値）の約0.61％に相当する。

　また，自動車の世界でも燃料電池自動車が着実に運転実績を上げており，実証試験データによると，年間1万km走った場合ガソリン車と比べ約1トンのCO_2削減が可能である。さらに，燃料電池に利用する水素の製造を化石燃料から原子力あるいは再生可能エネルギーに移行した暁にはさらなるCO_2削減効果がある。これらからわかるように，家庭用および自動車用として開発されてきた固体高分子形燃料電池（PEFC）はCO_2の削減に大きく寄与するものと今後ますます期待される。

　最近脚光を浴びているPEFCは国の支援を得て，家庭用の「大規模実証試験」と自動車用の「水素・燃料電池実証プロジェクト」が行なわれ，学問分野では産官学共同の研究開発が進み，その結果触媒，高分子膜，炭素基板にかかわるセル劣化メカニズムの解明ならびに実用化に向けた研究開発が大きく進展した。今後この分野に携わる研究者，開発者の層が拡大すれば，信頼性の高い，実用的で低

コストの家庭用燃料電池および自動車用燃料電池の開発が進み，燃料電池ビジネスは大きく飛躍し発展するものと期待される．

　今回，若い人がPEFCの研究開発を行なう際になんらかの手がかりになればと思い，関心のあるテーマであるセル性能，セル劣化メカニズムの解明，セル診断技術などについて国内外の文献を引用させていただき取りまとめてみた．ここで記述した内容をもとに，さらに専門分野で磨きをかけていただき一流の研究者，技術者に育っていただきたい．本書が今後の研究開発に向けての礎になることを願っている．

　最後に引用させていただいた国内外の大学の諸先生，企業の研究者・技術者，国の研究機関の研究者ならびに他の関係機関の方々に対し敬意と感謝を申し上げます．

2010年4月

西川尚男

目次

第1章　資源の枯渇と地球温暖化問題　1

- 1.1　エネルギーの流れ　1
- 1.2　発電構成　2
- 1.3　資源枯渇と地球環境問題　4
  - 1.3.1　人類共通の課題　4
  - 1.3.2　資源の枯渇　5
  - 1.3.3　地球環境問題　6
- 1.4　CO_2 削減への取り組み　9
- 1.5　燃料電池の貢献　14
  - 1.5.1　定置用燃料電池　14
  - 1.5.2　燃料電池自動車　15
  - 1.5.3　固体酸化物形燃料電池を利用した高効率発電システム　16
  - 1.5.4　MCFC を用いた CO_2 回収システム　16
  - 1.5.5　電力システムを補完する燃料電池と再生可能エネルギーからの水素製造　17

第2章　燃料電池の基本　19

- 2.1　燃料電池の原理と種類　19
  - 2.1.1　固体高分子形燃料電池（PEFC）　20
  - 2.1.2　りん酸形燃料電池（PAFC）　21
  - 2.1.3　溶融炭酸塩形燃料電池（MCFC）　21
  - 2.1.4　固体酸化物形燃料電池（SOFC）　23
- 2.2　燃料電池の理論効率と理論起電力　26
  - 2.2.1　理論効率　26
  - 2.2.2　理論起電力　27
  - 2.2.3　高位発熱量と低位発熱量で表示した理論効率と理論起電力　27
  - 2.2.4　燃料の違いからみる反応・理論起電力・理論効率　29

第3章 固体高分子形燃料電池（PEFC）のセル・スタック構成と水管理　31

- 3.1 PEFCのセル・スタック構成　31
  - 3.1.1 触媒　32
  - 3.1.2 高分子膜　41
  - 3.1.3 セパレータ　45
- 3.2 水管理　48
  - 3.2.1 セル内水分移動　48
  - 3.2.2 並行流と対向流　51
  - 3.2.3 加湿方式　52

第4章 セル性能　58

- 4.1 セル性能の向上　58
- 4.2 セル電圧特性　61
  - 4.2.1 運転圧力特性　62
  - 4.2.2 セル運転温度特性　63
  - 4.2.3 利用率特性　64
  - 4.2.4 加湿特性　71
  - 4.2.5 一酸化炭素の影響　77
  - 4.2.6 そのほかの不純物ガスの影響　80

第5章 セル劣化　84

- 5.1 触媒劣化　84
  - 5.1.1 カソード触媒の劣化　84
  - 5.1.2 アノード触媒の劣化　89
  - 5.1.3 触媒担持体の劣化　92
- 5.2 電解質膜劣化メカニズム　94
  - 5.2.1 低加湿試験　94
  - 5.2.2 開放電圧放置試験（OCV試験）　102
  - 5.2.3 低加湿・負荷変動条件　111
  - 5.2.4 膜劣化対策　112
- 5.3 カーボン劣化　113
  - 5.3.1 高いセル電圧印加時のカーボン腐食　113
  - 5.3.2 急激な電圧印加時のカーボン腐食　114
  - 5.3.3 起動時のアノードに水素が流入した場合の腐食　118
  - 5.3.4 水素欠乏時の腐食　121

第6章 セル診断技術　127

- 6.1　サイクリックボルタンメトリー測定法（CV法）　127
  - 6.1.1　測定原理　127
  - 6.1.2　測定方法と結果の評価　128
  - 6.1.3　CV測定による触媒劣化の診断　130
- 6.2　分極分離手法　132
  - 6.2.1　活性化分極，拡散分極，抵抗分極　132
  - 6.2.2　O_2ゲイン特性評価　137
  - 6.2.3　分極分離手法の適用　138
  - 6.2.4　分極分離手法の適応例　140
- 6.3　交流インピーダンス測定法　141
  - 6.3.1　コールコールプロットの代表例とセル電圧特性　144
  - 6.3.2　分極分離と交流インピーダンス測定結果との関係　150
  - 6.3.3　触媒層内のイオン伝導度の測定　156
- 6.4　ガスリーク測定法　157
- 6.5　湿度測定法　160
- 6.6　セル内水分分布測定法　163
- 6.7　参照電極によるカソード・アノード電位測定法　165
- 6.8　可視光・赤外線によるセル内酸素濃度測定法　166
- 6.9　MRIによる膜内水分測定法　168
- 6.10　サーモグラフィーによるセル内温度分布の測定法　169
- 6.11　膜内抵抗分布測定による水分分布の推定　170
- 6.12　ガス流路可視化と電流分布測定法　171
- 6.13　セル内の水蒸気，酸素および水素分圧測定法　175

第7章 加速試験方法　180

- 7.1　要素レベルの加速試験　180
  - 7.1.1　触媒劣化の加速試験　180
  - 7.1.2　膜劣化の加速試験　182
  - 7.1.3　炭素基板（GDL）劣化の加速試験　186
- 7.2　ショートスタックを用いた加速試験　187
  - 7.2.1　カーボン腐食を模擬した加速試験方法　187
  - 7.2.2　アノード触媒劣化加速試験　188
- 7.3　実セルレベルの加速寿命試験　189

第8章 PEFCの適用（自動車用と家庭用燃料電池） 196

8.1 自動車への適用 196
 8.1.1 燃料電池自動車の開発経過 196
 8.1.2 燃料電池自動車のシステム 199
 8.1.3 燃料電池車の実証試験 200
 8.1.4 燃料電池の技術的課題 203
 8.1.5 今後の展開 205

8.2 家庭用燃料電池 206
 8.2.1 家庭用燃料電池システムの構成 206
 8.2.2 エネルギー需要と運転方法 208
 8.2.3 大規模実証試験 209
 8.2.4 技術課題 212
 8.2.5 CO_2 削減効果と普及シナリオ 214

付録 216
索引 219

第1章 資源の枯渇と地球温暖化問題

1.1 エネルギーの流れ

　産業革命以前，人類は草木をエネルギー源としていたが，産業革命後は石炭の需要が増し，その後第二次世界大戦を境に石油の消費が拡大して現在に至っている。世界のエネルギー消費量の推移を図 1.1 に示す。石油・天然ガス・石炭等の化石燃料の消費が急速に増大している。

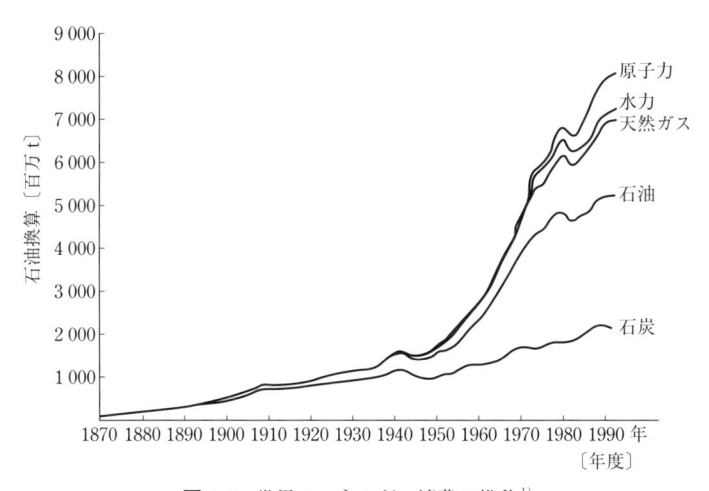

図 1.1　世界のエネルギー消費の推移[1]

　エネルギーは生産されてから実際に消費されるまでにさまざまな段階，経路を経ている。図 1.2 は各種エネルギー源が転換部門（電力などへの転換）を経て最終的に消費されるまでの流れを簡単に示したものである。一次エネルギー源の主流は石油・天然ガス・石炭等の化石燃料であり，そのほか原子力やバイオ・水力・太陽光・風力といった再生可能エネルギーが挙げられる。これらが最終的に電力，都市ガス，プロパンガス，石油製品（ガソリン，灯油，重油等）といった形のエ

ネルギーとなって消費者へ供給されている。

1997年時の国内のエネルギーフローを見ると一次エネルギーの大半は精製，乾留，発電されて使いやすいエネルギーに転換されるが，この間に発電ロス，輸送ロス，精製・乾留ロスが発生するため，供給されるエネルギー量は，一次エネルギーの総量を100とすれば，67程度までに減少したものになる。

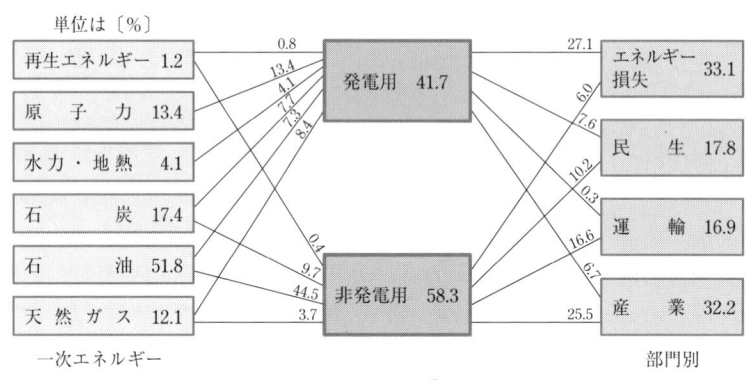

```
              単位は〔％〕          0.8                      27.1
    再生エネルギー 1.2  ───────┐  ┌──────────┐  ┌── エネルギー
                      13.4│  │ 発電用 41.7 │  │6.0   損失   33.1
    原 子 力  13.4  ─────┤  │              │  ├──
                     7.3 │  │              │  │7.6
    水力・地熱  4.1  ────┤  └──────────┘  ├── 民 生 17.8
                     8.4 │                    │10.2
    石   炭  17.4  ─────┤                    │0.3
                         │  ┌──────────┐  ├── 運 輸 16.9
                     0.4 │  │              │  │16.6
    石   油  51.8  ─────┤  │ 非発電用 58.3│  │6.7
                     9.7 │  │              │  │
                    44.5 │  │              │  ├── 産 業 32.2
    天然ガス  12.1  ────┤  │              │  │25.5
                     3.7 └──┴──────────┘  │
     一次エネルギー                                部門別
```

総エネルギー供給量＝5.4×10^{15}〔kcal/年〕，1997年
一次エネルギーの総量を100％とする

図 1.2 日本のエネルギーフロー（1997年）[2]

1.2 発電構成

電気はほかのエネルギーと比べ効率性，経済性，利便性，機能性などの面で優れていることから一次エネルギーのうち約40％が発電所で電力の変換に使われ，産業・運輸・民生部門で消費されている。

わが国の発電構成の推移を図1.3に示す。1960年ころまでは「水主火従」といわれ，水力発電設備が火力発電設備を上回っていたが，1960年代に入ってからは燃料コストの安い石油火力の積極的導入により，大容量・高効率火力発電所の建設が進められ，総発電設備に占める火力発電設備の比率が急増した。しかし石油危機を契機に，原子力発電，石炭火力発電，LNG火力発電等の石油代替電源の開発が積極的に行なわれ，電源の多様化が進められてきた。この結果，石油火力発電設備の比率は1975年度末の56％から1998年度末には23％まで低下した。

1998年度末の発電設備容量（一般電気事業用）は2億2124万kWで，その電

源構成は水力4 382万kW（構成比率19.8 %），火力1億3 198万kW（同59.7 %），原子力4 492万kW（同20.3 %），地熱52万kW（同0.2 %）となっている。また，1998年度の発電電力量（一般電気事業用）は9 079億kWhで，その内訳は水力981億kWh（同10.8 %），火力4 747億kWh（同52.3 %），原子力3 296億kWh（同36.3 %），地熱36億kWh（同0.4 %）となっており，稼働率の高い原子力と地熱は，発電電力量に占める割合が設備に占める割合よりかなり高くなっている。このような状況を踏まえて，今後の発電構成を考えると石炭は供給安定性やコスト面からは有利であるが，CO_2排出量が多いため，今後大幅に増やすことは困難である。

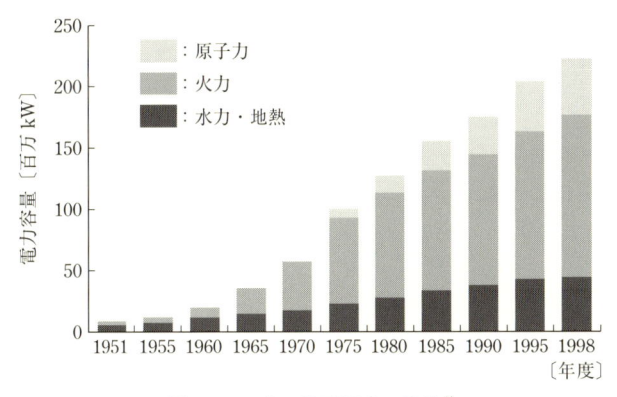

図1.3　日本の発電構成の推移[3]

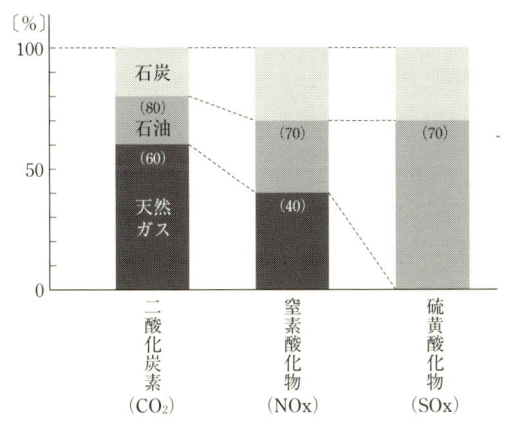

図1.4　石炭，石油，天然ガスの等熱量あたりの排出CO_2，NOx，SOx量割合[4]

一方，CO_2 を排出しない原子力の増設もなかなか進まない状況にある。また太陽光，風力などの自然エネルギーも少しずつ導入されているがコストや系統安定性の面で問題があり，大幅な導入はされていない。したがって当面は図 1.4 に示されるように熱量あたりの CO_2 の排出量が低い天然ガスが石油，石炭の代替として増加することが予想される。

1.3 資源枯渇と地球環境問題

1.3.1 人類共通の課題

20 世紀は科学・技術の進歩により多くの人々の欲望を満すため，多量のエネルギー消費が行なわれてきた。世界のエネルギー消費量は図 1.1 に示したようにここ 40 年くらいで急増している。図 1.5 に各国の一人あたりの GDP と電力消費量の関係を示す。今後開発途上国の爆発的な人口増加と GDP の着実な伸びによりエネルギー消費はとどまることなく増加することが予想される。

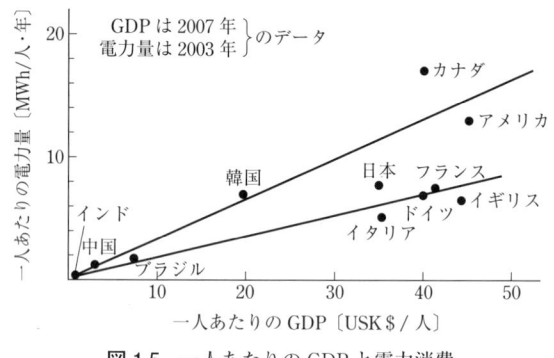

図 1.5 一人あたりの GDP と電力消費

これまでのエネルギー消費の 90 ％が化石燃料の燃焼による。この化石燃料の異常な消費が地球の自己浄化作用を低下させ各種の地球環境破壊を引き起こしている。図 1.6 に示すように，今後とも人類は「経済発展」，「資源エネルギー問題」，「地球環境問題」という 3 つの要素をつねにバランスさせながら生存していくと思われる。気がついたら手のうちようがないほど悪化していたということが人類にとっては最悪のシナリオである。このような事態にならないように日常の生活を

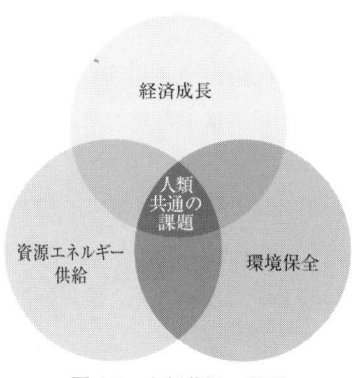

図 1.6　人類共通の課題

通じて，各人が前向きに地球環境問題に向き合い，改善をしていかなければならない。

1.3.2　資源の枯渇

国際エネルギー機関（IEA）の長期エネルギー供給の見通しによると，エネルギー全体の伸び率は年率 2 ％と予測している。また，CO_2 排出量の多い石炭，石油の伸びに対し，CO_2 の排出が少ない天然ガスの伸びが増大すると予測されている。長期的に見た場合のエネルギー供給の変化を図 1.7 に示す。確認埋蔵量は石油 40 年，天然ガス 65 年，石炭 150 年，ウラン 85 年といわれており[6]，明らかに石炭以外の化石資源は 100 年以内には枯渇する。

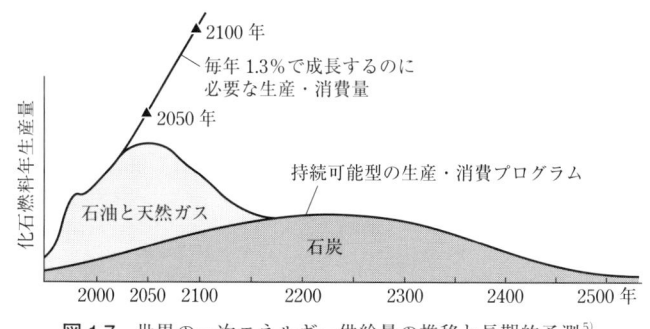

図 1.7　世界の一次エネルギー供給量の推移と長期的予測[5]

1.3 資源枯渇と地球環境問題

1.3.3 地球環境問題

現在，さまざまな地球環境問題が起きている。図1.8に示すように地球全体では地球温暖化，成層圏オゾン層の破壊であり，地域的には酸性雨，砂漠化，熱帯雨林の破壊などがあげられる。

オゾン層の破壊　オゾン層は地球環境の生態系を維持する上できわめて重要である。オゾン層は有害な紫外線を吸収する。もし吸収量が少なくなると皮膚ガン，白内障，植物の葉緑素の破壊とそれに伴う光合成の抑制等，多くの弊害をもたらす。

酸性雨　石炭や石油などの化石燃料を燃焼するときに出てくる硫黄酸化物や窒素酸化物が雨に溶けて降ってくるもので，結果として森林が枯れたり，湖沼の魚が死滅する。これらの酸化物は風に乗って数百キロから数千キロの広い範囲にわたって影響を及ぼす。

砂漠化　砂漠化の原因としては地球温暖化と人口の増加による森林の伐採，土壌の流出等が挙げられる。アジア，アフリカ，北アメリカ，オーストラリアなど世界中で進んでおり，毎年九州と四国をあわせた面積が砂漠化している。

熱帯雨林の破壊　アマゾン河流域，ボルネオ地帯，アフリカ地域等で熱帯ジャングルの消失が進んでいる。CO_2を吸収する森林が消失することはCO_2削減の上からも避けなければならない課題である。

図1.8　地球環境問題の世界的広がり[7]

CO_2 による地球温暖化　　地球温暖化問題が環境問題の中で世界に共通したいちばん大きな課題である。CO_2 のような温室効果ガスが累積されると図 1.9 に示すように温室効果ガスが地球をすっぽり覆い，太陽光はよく通すが地球からの赤外線（熱線）はこの層で吸収され，あたかも温室の中に入ったようになるので，地球表面の温度が上昇する。その結果，気象メカニズムの変動，南極・北極の氷の融解，海面上昇，海中に沈む陸地の増加などをもたらす。

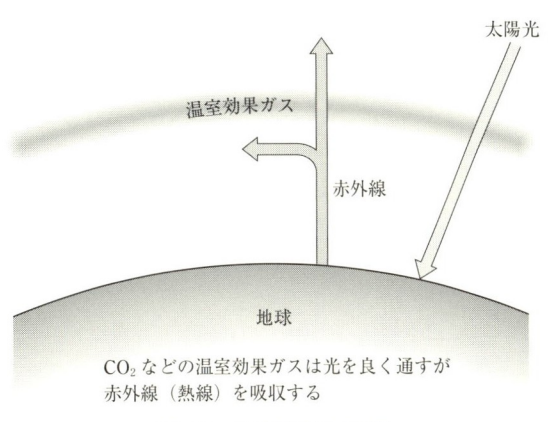

図 1.9　地球温暖化の要因

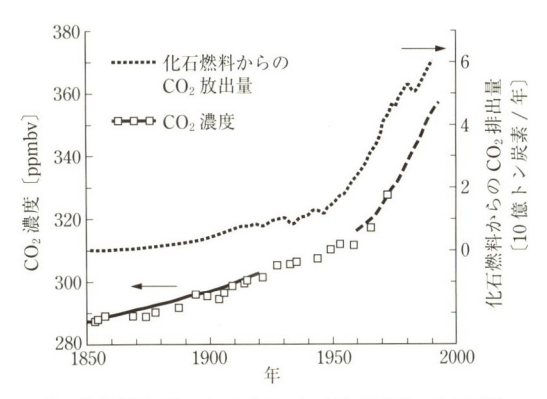

注：排出量に CO_2 ベースと C ベースとがあり，ここでは
　　C ベースで表示

(a) 化石燃料からの CO_2 放出量と CO_2 濃度の推移[8]

図 1.10　大気中の CO_2 濃度と気温変化

大気中のCO_2濃度と化石燃料からのCO_2放出量との関係を図1.10(a)に，また気温の変化を同図(b)に示す。化石燃料からのCO_2放出量の増加とともに大気中のCO_2濃度は上昇し，あわせて気温も上昇している。図1.11に示すようにIPCC（Intergovermmental Panel on Climate Change：温暖化に関する専門家の政府間

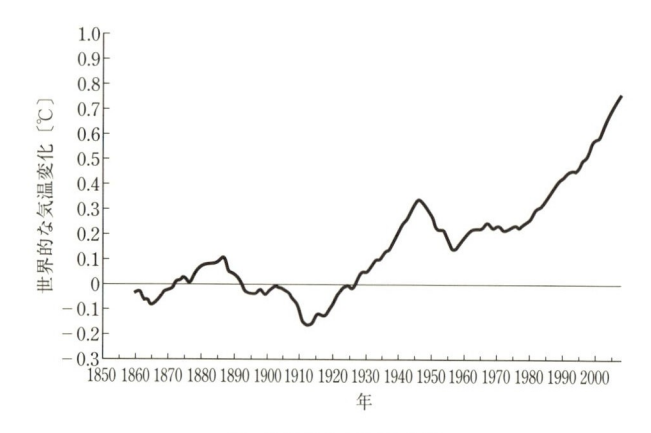

(b) 世界的な気温変化[9]

図1.10　大気中のCO_2濃度と気温変化

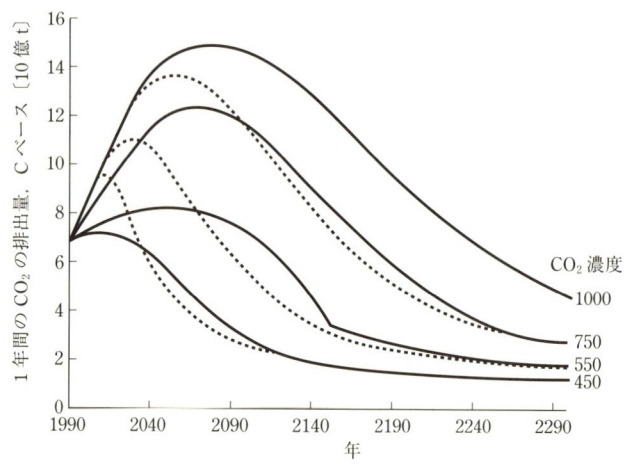

(注) 450〜750 ppmのシナリオについては，2種類の経路（実線と点線）が示されている

図1.11　CO_2濃度を450〜1 000 ppmで安定化させるための排出量の推移[8]

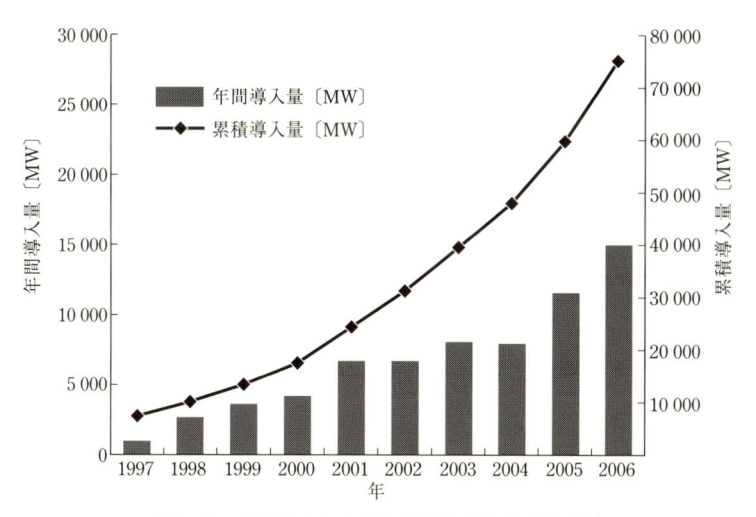

図 1.13 世界における風力発電の導入量の推移[14]

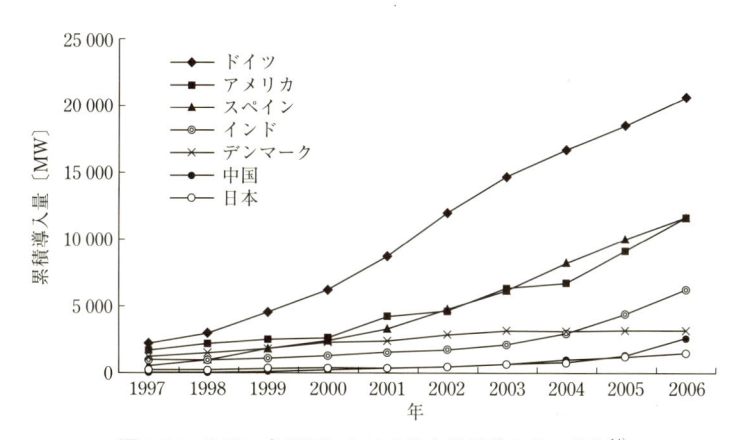

図 1.14 世界の主要国における風力発電導入量の推移[14]

ドで成長している。図 1.16 に太陽光発電システムの設置容量を国別に示す。わが国は太陽光には前向きに取り組んでいるが，近年はドイツに大きく差をつけられている。エネルギー源の乏しいわが国はヨーロッパと同様に税制上の優遇処置等を行なって，もっと積極的にこれら再生可能エネルギーの導入を進めていかなければならない。

なお，現状の世界の風力発電および太陽光発電の累積発電量は風力発電の場合，設備容量が 74 000 MW で平均稼働率を 20 % とすると発電量は 130 TWh となる。

1.4 CO_2 削減への取り組み

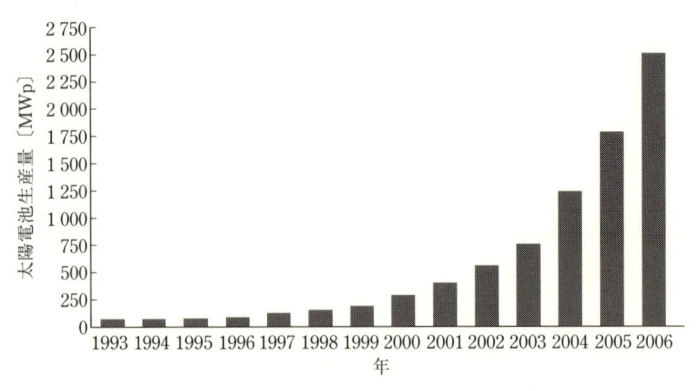

図1.15 世界の太陽電池生産量の推移[15]

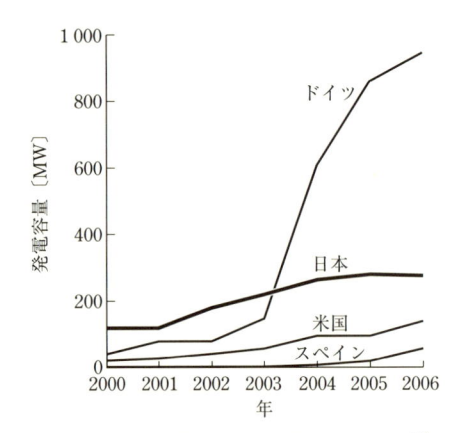

図1.16 主要国の太陽光発電容量の推移[16]

一方,太陽光発電の場合,設備容量が2 534 MWで,1年間の日射時間を1 400 hとすると3.5 TWhとなる。その合計は133.5 TWhとなり,1998年時点の世界の総発電力量は14 400 TWhであるため,比率は0.93 %となり1 %に満たない値である。CO_2削減のため,もっと再生可能エネルギー機器の導入を図る必要がある。

(4) 原子力エネルギー

CO_2をほとんど排出しない原子力発電の増設はチェリノブイリ発電所やスリーマイル島の事故以来,欧州,アメリカで一時停止されていたが,地球温暖化問題が注目されてきてから,化石燃料に替わる発電方法として,原子力発電の導入が見直され,アメリカ,イギリス,中国,インドで増設計画が急速に進められている。

また，原子力エネルギーは発電分野のみならず高温ガス炉を用いた水の熱化学分解による水素製造にも適しているので，将来水素を多量に製造する方法として期待されている。

(5) CO_2 回収・貯留

多量の CO_2 は電力会社ではボイラでの化石燃料の燃焼時に，製鉄所では鉄鉱石（鉄の酸化物）の炭素による還元時に，セメント工場では石灰石の焼成工程時に，発生する。これらの CO_2 を大気中に出さないように処理する方法として CCS (Carbon dioxide Capture and Storage：CO_2 分離回収・貯留) がある。この CCS はとうぶん化石燃料が使われる社会では極めて重要な方法である。CO_2 の分離回収方法は図 1.17 に示すような化学吸収法が主流ある。排ガスを CO_2 吸収液を貯えた装置の下部から流入すると CO_2 はこの液に吸収され，吸収液はアミン基を分子構造の中にもっていて，40～50℃でアミン基と CO_2 が結合する。この CO_2 を含んだ吸収液を再生塔へ送り，蒸気で加熱すると CO_2 が分離される。CO_2 を分離した吸収液は CO_2 吸収液として再び利用される。また CO_2 は CO_2 分離器で水分を除去された後，高純度の CO_2 として回収される。このように分離された CO_2 はたとえば図 1.18 に示すように地中にある不透水性層（キャップロック）の下部にある帯水層に貯留する方法が検討されている。

以上は CO_2 削減を進める技術の一例であるが，これらを総合的に着実に活用しながら CO_2 の削減を実行していくことが極めて重要である。

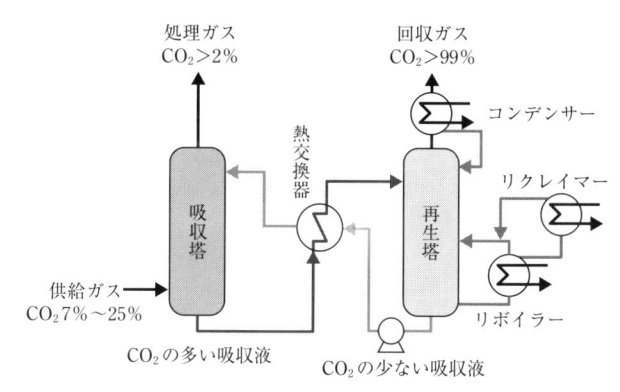

図 1.17 化学吸収法による CO_2 の回収[17]

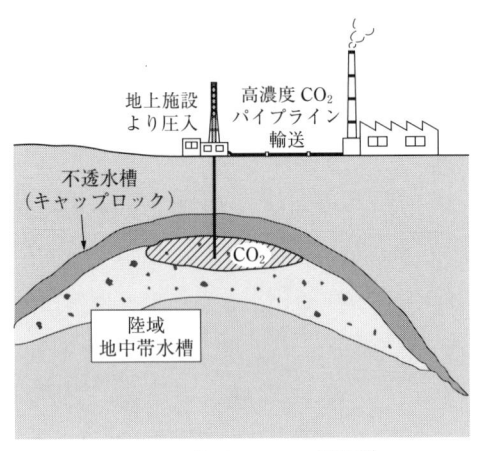

図 1.18　地下への CO_2 貯留[17)]

1.5　燃料電池の貢献

　地球温暖化の抑制に向けた数々の技術の中で，燃料電池がどのように貢献できるかについて以下に述べる。
　燃料電池は①発電効率が高い。また，排熱も利用できる，②低公害で低騒音である，③部分負荷運転でも発電効率が高い，④小型でも発電効率が高い，⑤都心部のコージェネレーション機器として最適であるなどの多くの利点を有しているので，広い分野への適応が可能である。

1.5.1　定置用燃料電池

　定置用燃料電池は電気と熱を同時に発生するので，コージェネレーション機器として利用できる。
　その1つが最近話題の家庭用燃料電池（1 kWクラス）である。家庭で電気を発生させ，そこで得られる熱を風呂や炊事用の給湯に利用することにより，電気・熱の総合エネルギー効率を高め，家庭部門の省エネルギー化に寄与しようとするものである。
　これまでに国の支援のもとに国内で3 000軒以上の一般家庭で，燃料電池の実証試験が行なわれ，信頼性に関するデータが取得されてきた。その結果，従来の

燃料電池を利用しないシステムと比べ一次エネルギーの削減率は約20%, CO_2の排出削減率は約30～40%との実証データが得られている[18]。これは1軒の家で燃料電池を導入することにより1年間にCO_2を平均約0.8 t削減することに相当する。もし家庭用燃料電池が1 000万世帯に普及すると年間0.08億トンのCO_2削減に寄与でき、これは日本の年間排出量13.04億トン（2007年度値）の約0.61%に相当し、家庭部門のCO_2削減に大きく貢献する。この家庭用燃料電池は2009年度から商用化された。

また、発電容量の大きい燃料電池（50 kWから数100 kWクラス）はすでに業務用りん酸形燃料電池（PAFC），業務用溶融炭酸塩形燃料電池（MCFC）として商品化されており、電気と熱を多く使うホテル、病院、工場等で、電気と熱をあわせた総合効率80%以上を超えた省エネルギー機器として広く利用されている。

また、別の使い方として、粉砕した生ごみにメタン菌を入れて発酵させ、発生したバイオガスを燃料とする燃料電池発電システムも構築されている。これは、下水処理場、ビール工場の廃液、家畜の糞尿などから発生するバイオガスにも適用できるため、これまで廃棄していた資源を有効活用する省エネルギー機器としての利用拡大が期待されている。

1.5.2　燃料電池自動車

家庭用燃料電池とともに自動車用燃料電池も世界的に注目されている。運輸部門は国内のエネルギー消費のうち約25%を占めているため、この部門のCO_2削減はきわめて重要である。自動車メーカーはCO_2削減に向けて既存のガソリン車の燃費向上のほか、ハイブリッド車、ディーゼル車、エタノール車、電気自動車、燃料電池自動車等数多くのCO_2削減をめざした車の開発・実用化を進めている。

燃料電池自動車に必要な水素を補給する水素ステーションが国の支援を受けて関東地区9箇所、中部地区1箇所、関西地区2箇所の12箇所に設置され、自動車メーカー9社が参加して60台の燃料電池自動車による実証試験が行なわれている。

現状の水素ステーションでは化石燃料から水素を製造しているため、水素製造過程でCO_2が発生するが、実証試験データによると、1 km走行あたりのCO_2排出量は従来のガソリン車が約190 gであるのに対し、燃料電池車は化石燃料から

の水素製造も含めて約80gであり,将来は60gをめざした開発が行なわれている[19]。したがって,現状の燃料電池自動車でも1年間に1万km走行すると約1tのCO_2を削減できる。将来,化石燃料以外の再生可能エネルギーあるいは原子力エネルギーで水素を製造すればCO_2削減効果はきわめて大きく,CO_2削減の大きな切り札となりうる。

1.5.3 固体酸化物形燃料電池を利用した高効率発電システム

国内のCO_2排出量の約24%が発電時に発生しているため,この分野のCO_2削減はきわめて効果的である。将来石油,天然ガスが枯渇しても,世界各地で採掘可能な石炭は150年分の埋蔵量があることから,石炭を液化あるいはガス化して,利用しやすい形態に変えることにより,広く利用できる。その1つが発電部門での利用である。

石炭をガス化して水素と一酸化炭素を製造し,この気体を高温形燃料電池である固体酸化物形燃料電池(SOFC)に供給すると,高効率の発電システムを構成することができる。

石炭ガス化ガスを用いてSOFCで発電し電池の排ガス(ガス温度:約1000℃)を一部加熱して高温ガスタービン(ガス温度:約1500℃)に導入し,さらにその排ガスを利用して蒸気タービンを駆動するシステム構成により,約60%の発電効率が達成できる[20]。SOFCは水素のほかに一酸化炭素(CO)も燃料として使用できるので,CO成分が多い石炭ガス化ガスの利用は燃料電池にとっても効果的である。

一方,天然ガスを燃料とした(SOFC+ガスタービン+蒸気タービン)の複合発電システムは石炭ガス化ガス利用のシステムと比べ,石炭ガス化炉,脱じん装置,脱硫装置などが不要のため,これらの部分のエネルギー損失が低減でき,結果として約70%の発電効率が達成できる。

なお,この高効率発電システムを実現する燃料電池はSOFCのほか,溶融炭酸塩形燃料電池(MCFC)も可能である。

1.5.4 MCFCを用いたCO_2回収システム

高温で作動するMCFCはカソードに空気と低濃度のCO_2を混合して導入する

と，発電時にアノード側に濃度の高いCO_2が生成される。したがってMCFCの発電に伴う副産物として濃縮されたCO_2が回収できる。この原理を応用すれば，たとえば石炭火力プラントにMCFCプラントを併設して発電させたとき，石炭火力プラントで排出されるCO_2ガスの一部をMCFCプラントへ供給することにより，MCFCプラントではカソード供給ガスとして石炭火力プラントの排ガスを利用できるとともに，アノード側で高濃度のCO_2を回収できるシステムを構成することができる。発電時からCO_2を回収するので，化学吸収法，物理吸収法，膜分離法とは異なった新しいCO_2回収システムとして適用できる。

1.5.5　電力システムを補完する燃料電池と再生可能エネルギーからの水素製造

太陽光，風力発電等の再生可能エネルギーはエネルギー密度が希薄であるが，CO_2排出量はほぼゼロのため今後の重要なエネルギー源として期待される。将来，再生可能エネルギーが多量に導入された場合，これらのエネルギーは自然に依存しているため必ずしも必要なときに必要な量を発電できるわけではない。風が止まったり，曇った場合に多量の電力不足をきたし，需要に多大な損害を与えることが想定される。そのため電力貯蔵装置の設置は不可欠となる。

その解決策の1つとして水素が注目されている。水素は液体水素として，あるいは高圧ガスとして貯蔵できるので，水素貯蔵と燃料電池を組み合わせた水素利用システムを構築すれば将来想定される電力システムの電力貯蔵システムの役割を果たすことができる。

世界的に見ると，たとえばカナダは水力発電が豊富なため，そこで発生した電力により水を電気分解し，水素を製造して液体水素あるいはメタノールへ変換後，日本へ輸出し利用する。また，アルゼンチンでは平均風速7m/s以上の風に恵まれており，風力発電に適した地域（たとえば，パタゴニア地方）が広大にあるため，風力発電により発生した電力を用いて水素を製造して日本へ輸出するという案も計画されている[21]。

このような多量の水素供給が可能となれば，新しい水素供給網が確立でき，燃料電池は電力システムを補完するとともに，電力から水素をつくる変換装置としても利用できるため，この分野の利用拡大が期待される。

1章　参考文献

1) 国連エネルギー統計
2) 資源エネルギー庁『総合エネルギー統計』
3) 資源エネルギー庁『電力需要の概要』
4) 経済産業省『エネルギー白書　2005』
5) 岡崎健『化石燃料大量消費と地球環境問題』SUS BULLETIN 8, 1997
6) BP統計 2007, URANIUM2005
7) 桝添要一『日本のエネルギー危機』東洋経済新報社, 1999
8) 『IPCC　第2次評価報告書』
9) 『IPCC　第4次評価報告書』
10) 産業構造審議会地球環境部会（1996年）
11) NEDO『地球温暖化対策技術移転ハンドブック―温暖化対策技術』, 2008
12) 経済産業省『Cool　Earth　エネルギー革新技術計画』2008
13) 田中康寛『世界最高効率の火力発電所―東京電力川崎火力発電所』電学誌, 128巻11号, 2008
14) Wind Power Monthly (April 1997-July 2007)
15) Eur Observ ER. phaton, March 2007
16) 国際エネルギー機関（IEA）
17) （財）地球環境産業技術研究機構編『CO_2貯留テクノロジー』工業調査会, 2006
18) 木村正, 小俣富男, 山本義明, 西川真司『定置用燃料電池大規模実証事業』第15回 FCDIC シンポジウム, 2008
19) 丹下昭二『国内外におけるFCVの開発状況および水素インフラの整備状況』燃料電池, Vol7, No3, 2008
20) 小林由則『固体酸化物形燃料電池（SOFC）の開発動向と今後の展開』技術情報センター主催講習会, 2008
21) 太田健一郎『水素エネルギーへの展望―材料が切り開くクリーンエネルギー』第110回 FCDIC研究会資料, 2009

第2章 燃料電池の基本

　地球温暖化の要因となる CO_2 排出削減のため，自動車部門ではハイブリッド車，電気自動車がエコカーとして注目されている。これらの車に用いられているのがバッテリー（化学電池）である。バッテリーは反応物質がある大きさの容器内に入っていて，電流を取り出すにつれて消耗していき，外部から逆に電流を通じて充電すると反応物質が回復し長く使用できる。また，燃料電池は外部から燃料（水素，これを還元剤という）と酸素または空気（これを酸化剤という）を供給すると反応が継続して行なわれ，長時間電流を取り出すことができる。この燃料電池は1839年にイギリスのグローブ卿により発明された。

2.1 燃料電池の原理と種類

　水素を供給する電極を燃料極（anode：アノード），酸素または空気を供給する電極を空気極（cathode：カソード）とよび，(2.1)式から(2.3)式の電気化学反応が行なわれ電気エネルギーを取り出すことができる。

　燃料極では，
$$H_2 \rightarrow 2H^+ + 2e^- \tag{2.1}$$
　空気極では，
$$\frac{1}{2}O_2 + 2H^+ + 2e^- \rightarrow H_2O \tag{2.2}$$
　全体として，
$$H_2 + \frac{1}{2}O_2 \rightarrow H_2O \tag{2.3}$$

となる。なお，燃料極はマイナス，空気極はプラスとなる。
　燃料電池は使用される電解質（燃料極，空気極間のイオン伝導を行なう物質）

によって，固体高分子形燃料電池（PEFC：Polymer Electrolyte Fuel Cell），りん酸形燃料電池（PAFC：Phosphoric Acid Fuel Cell），溶融炭酸塩形燃料電池（MCFC：Molten Carbonate Fuel Cell），固体酸化物形燃料電池（SOFC：Solid Oxiside Fuel Cell）に分けられ，それぞれの電解質は最適な動作温度を有し，また燃料電池の種類によって化学反応も異なる。以下4種類の燃料電池について概要を紹介する。

2.1.1 固体高分子形燃料電池（PEFC）

PEFCのセル構造は図2.1に示されるように燃料極，電解質である固体高分子膜，空気極から構成されている。PEFCの化学反応は(2.1)式から(2.3)式で表示される。

すなわち燃料極で生成された水素イオンは固体高分子膜中を移動し，電子は外部回路を通って空気極へ到達し，空気極に供給された酸素と電解質を移動してきたH^+と電子が空気極で反応して水が生成される。固体高分子膜は膜内に水分がないとイオン伝導度はいちじるしく低下する。このためセルは加湿され，あわせて薄い膜を使用してセル抵抗の低減を行なっている。PEFCはほかの燃料電池と比べセル抵抗が小さいため，高電流密度での運転ならびに小型・軽量化が可能となり，家庭用燃料電池や自動車用燃料電池として利用されている。

空気極での反応
$\frac{1}{2}O_2 + 2H^+ + 2e^- \rightarrow H_2O$

燃料極での反応
$H_2 \rightarrow 2H^+ + 2e^-$

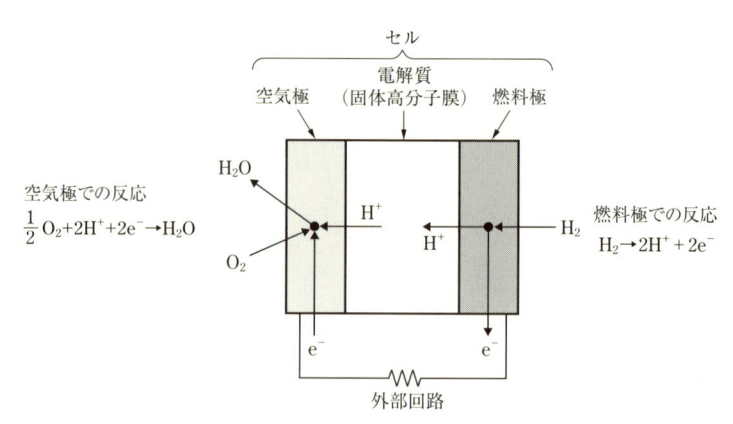

図2.1　PEFCのセル構造と化学反応

2.1.2　りん酸形燃料電池（PAFC）

PAFCのセルはPEFCと同じセル構成をしている。セルおよびスタックの構成を図2.2に示す。また化学反応も(2.1)式から(2.3)式で表示される。電解質に高濃度のりん酸を使用しているため作動温度は約200℃である。PEFCの作動温度が80℃と低いため，燃料に含まれる一酸化炭素（CO）による触媒被毒の影響が大きいが，PAFCの作動温度はPEFCと比べると高いためその影響が小さい。COの許容濃度はPEFCの場合10 ppm以下であるのに対し，PAFCの場合1 %以下とされている。PAFCは電気と熱の供給が可能なためコージェネレーション機器として工場，ホテル，病院などで使用されている。また生ごみ，下水処理場，ビール工場の排液から発生するバイオガスを燃料として使用できるので，環境に適合した機器として利用されている。PAFCは各種燃料電池の中でいちばん早く商用化された燃料電池である。

(a)　単セルの構成　　　　　(b)　スタックの構成

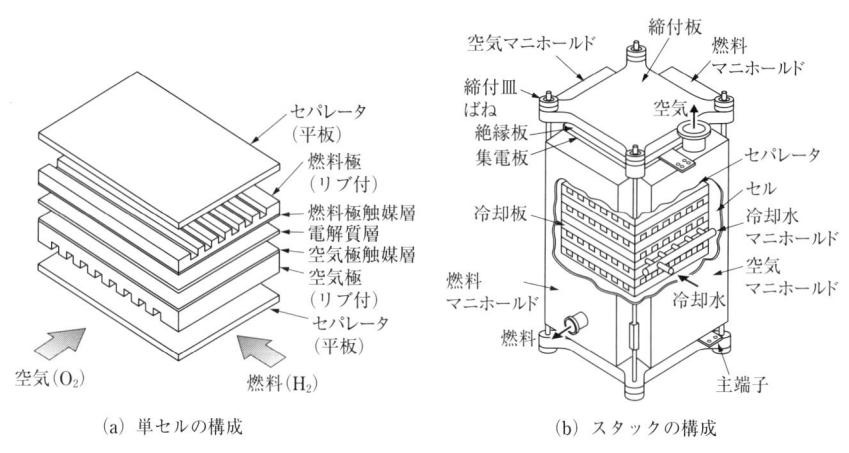

図 2.2　PAFCのセルおよびスタック構成

2.1.3　溶融炭酸塩形燃料電池（MCFC）

MCFCの化学反応は(2.4)式から(2.6)式で表示される。

燃料極では，
$$\mathrm{H_2 + CO_3^{2-} \rightarrow CO_2 + H_2O + 2e^-} \tag{2.4}$$

空気極では，

$$\frac{1}{2}O_2 + CO_2 + 2e^- \rightarrow CO_3^{2-} \tag{2.5}$$

全体として，

$$H_2 + \frac{1}{2}O_2 \rightarrow H_2O \tag{2.6}$$

となる．

　空気極には酸素または空気と炭酸ガス（CO_2）が供給され，炭酸イオン（CO_3^{2-}）が生成され，電解質である溶融炭酸塩内を移動して燃料極で供給された水素と移動してきた CO_3^{2-} が反応して CO_2 と水（H_2O）と電子（e^-）が生成される．この電子は外部回路を通って空気極の反応に利用される．

　MCFCのセル構成が図2.3に示される．燃料極にNi多孔質板を，電解質に炭酸リチウム－炭酸ナトリウムといった溶融炭酸塩が，空気極にはNiO多孔質板が用いられている．作動温度が650℃と高いため，セル・スタック材料は金属で構成されている．PEFC，PAFCはMCFCより作動温度が低いため白金触媒を用いていたが，MCFCは作動温度が高いため電極反応速度が大きく白金のような貴金属触媒の使用を必要としない．また作動温度が低いPEFC，PAFCではCOは触媒被毒の要因となっているが，MCFCでは温度が高いため燃料電池内で発生した熱と蒸気を利用して電池内で改質できるため，燃料としても使用可能である．MCFCはPAFCと同様にコージェネレーション機器として業務用燃料電池として工場などに使用されているほか，将来はガスタービンおよび蒸気タービンと組み合わせた複合発電システムとしての利用も計画されている．

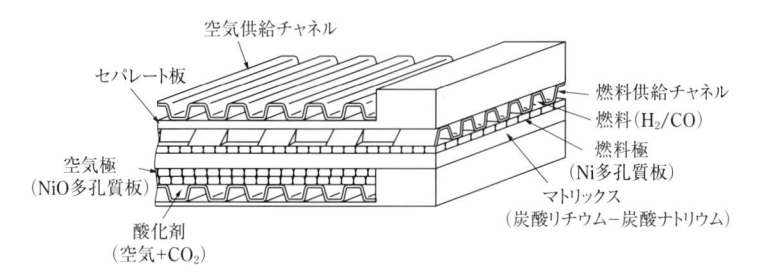

図2.3　MCFCのセル構成

2.1.4　固体酸化物形燃料電池（SOFC）

SOFC の化学反応は(2.7)式から(2.10)式で表示される。
燃料極では，

$$H_2 + O^{2-} \rightarrow H_2O + 2e^- \tag{2.7}$$

または，

$$CO + O^{2-} \rightarrow CO_2 + 2e^- \tag{2.8}$$

空気極では，

$$\frac{1}{2}O_2 + 2e^- \rightarrow O^{2-} \tag{2.9}$$

全体として，

$$H_2 + \frac{1}{2}O_2 \rightarrow H_2O \tag{2.10}$$

となる。

空気極には酸素または空気が供給され，外部回路からきた電子と反応して酸素イオン（O^{2-}）が生成され，電解質であるジルコニア内を移動して燃料極に供給された水素と，移動してきた O^{2-} が反応して H_2O と e^- が生成される。また燃料が石炭ガス化ガスの場合，水素のほかに CO も多く含まれ，この CO と O^{2-} が反応して CO_2 と e^- が生成される。このように CO も燃料として利用される。

SOFC のセル構成が図 2.4 に示される。円筒縦縞形の例であるが，燃料極にニッケルジルコニアサーメットを，電解質にジルコニアが，空気極にはランタンマ

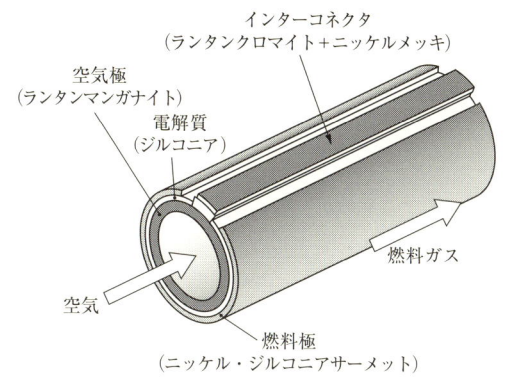

図 2.4　SOFC のセル構成（縦縞形セル）

表 2.1　各種燃料電池の種類と特徴の比較

		PEFC	PAFC	MCFC	SOFC
電解質	電解質	高分子膜（パーフルオロスルホン酸基）	りん酸（H_3PO_4）	炭酸リチウム（Li_2CO_3）炭酸ナトリウム（Na_2CO_3）	安定化ジルコニア（$ZrO_2 + Y_2O_3$）
	イオン導電種	H^+	H^+	CO_3^{2-}	O^{2-}
	比抵抗	≦20 Ωcm	～1 Ωcm	～1 Ωcm	～1 Ωcm
	作動温度	60～80℃	190～200℃	600～700℃	800～1 000℃
	腐食性	中程度	強	強	―
	使用形態	膜	マトリックスに含侵	マトリックスに含侵またはペーストタイプ	薄膜状
電極	触媒	白金系	白金系	貴金属は不要	貴金属は不要
	燃料極材料	多孔質カーボン板 Pt担持カーボン＋PTFE	多孔質カーボン板 Pt担持カーボン＋PTFE	ニッケル，アルミニウム，クロム（Ni-ALCr）	ニッケルジルコニアサーメット（Ni-YSZサーメット）
	空気極材料	多孔質カーボン板 Pt担持カーボン＋PTFE	多孔質カーボン板 Pt担持カーボン＋PTFE	酸化ニッケル（NiO）	ランタンマンガナイト（$La_{1-x}MnO_3$）
	燃料極	$H_2 \rightarrow 2H^+ + 2e^-$	$H_2 \rightarrow 2H^+ + 2e^-$	$H_2 + CO_3^{2-} \rightarrow H_2O + CO_2 + 2e^-$	$H_2 + O^{2-} \rightarrow H_2O + 2e^-$ $CO + O^{2-} \rightarrow CO_2 + 2e^-$
	空気極	$\frac{1}{2}O_2 + 2H^+ + 2e^- \rightarrow H_2O$	$\frac{1}{2}O_2 + 2H^+ + 2e^- \rightarrow H_2O$	$\frac{1}{2}O_2 + CO_2 + 2e^- \rightarrow CO_3^{2-}$	$\frac{1}{2}O_2 + 2e^- \rightarrow O^{2-}$
燃料（反応物質）		水素（炭酸ガス含有は可能）	水素（炭酸ガス含有は可能）	水素，一酸化炭素	水素，一酸化炭素
燃料源		天然ガス，ナフサまでの軽質油，メタノール	天然ガス，ナフサまでの軽質油，メタノール	石油，天然ガス，メタノール，石炭	石油，天然ガス，メタノール，石炭
化石燃料を用いたときの発電システム熱効率		30～40 %	40～45 %	50～65 %	55～70 %
問題点および開発課題		・温度，水分管理 ・白金使用量の低減 ・白金代替	・長寿命化 ・低コスト化	・高圧化，コンバインド技術の検証 ・高出力密度化 ・長寿命化，低コスト化	・セル構造 ・耐熱材料 ・電解質の薄膜化 ・サーマルサイクルに対する耐久性

[写真提供：東芝燃料電池システム株式会社]
(a) PEFC 家庭用燃料電池

燃料電池システム：サッポロビール㈱千葉工場
[写真提供：東芝燃料電池システム株式会社]
(b) PAFC 業務用燃料電池

1kW級家庭用 SOFC
[写真提供：大阪ガス，京セラ，トヨタ自動車，アイシン精機]
(c) SOFC 家庭用燃料電池

図 2.5　各種燃料電池の製品例

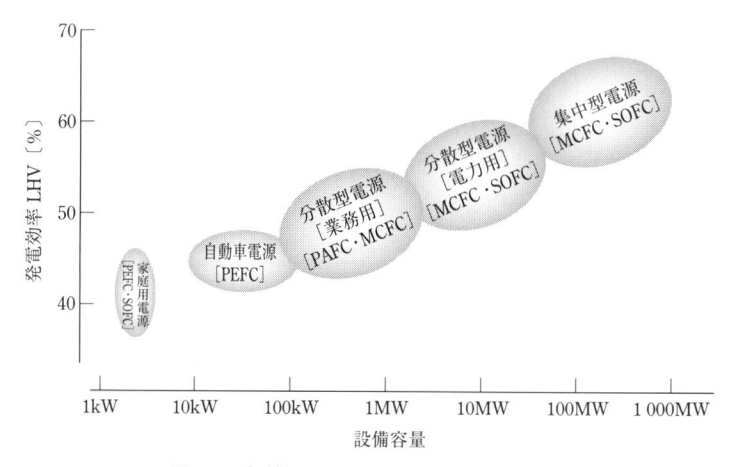

図 2.6　各種燃料電池の設備容量と発電効率

2.1　燃料電池の原理と種類　　25

ンガナイトが用いられている。作動温度が 800 ℃から 1 000 ℃と高いため，構成材料はセラミックで構成され，MCFC と同様に貴金属触媒は不要となる。小型のセルでセル電圧が高いことから最近は家庭用燃料電池としても開発が進められ，すでに一般家庭での実証試験が行なわれている。また将来の発電システムとしてMCFC と同様にガスタービンおよび蒸気タービンと組み合わせた発電効率 70 %をめざした複合発電システムの開発が進められている。

以上を取りまとめ表 2.1 に示す。また，製品例を図 2.5 に示し，あわせてそれぞれの燃料電池の適応例を図 2.6 に示す。

2.2 燃料電池の理論効率と理論起電力

燃料電池の理論効率と理論起電力を把握しておくことは，実際の燃料電池を開発していく上で重要である[1]。

2.2.1 理論効率

燃料電池へ供給される燃料の 1 mol あたりのエネルギーは(2.11)式で示されるように電気へ変換可能なエネルギーと変換できないエネルギーに分けられる。

$$\text{燃料電池へ供給されるエネルギー} = \text{電気へ変換可能なエネルギー} + \text{変換不可能なエネルギー} \quad (2.11)$$

ここで，燃料電池へ供給されるエネルギーはエンタルピー（ΔH）変化で示され，水素 1 mol あたり，285.8 kJ/mol となる。一方，電気へ変換可能なエネルギーはギブスの自由エネルギー変化（ΔG）で示され，水素 1 mol あたり，237.2 kJ/mol となる。残りは熱として放出される。この関係が(2.12)式に示される。

$$\Delta H^0 = \Delta G^0 + T\Delta S^0 \quad (2.12)$$

ここで，ΔH^0 は燃料電池反応の標準生成エンタルピー変化〔kJ/mol〕，ΔG^0 は燃料電池反応の標準生成ギブスエネルギー変化〔kJ/mol〕，T は絶対温度〔K〕，ΔS^0 は標準状態のエントロピー変化〔kJ/K・mol〕である。なお，標準状態とは温度 25 ℃（298.15 K），圧力 1 気圧（101.325 Pa）の状態をいい，標準生成エンタルピー変化および標準生成ギブスエネルギー変化とは標準状態における値をいう。

以上から供給エネルギーに対し，電気へ変換可能なエネルギー，すなわち理論効率は(2.13)式で示される．

$$\varepsilon = \frac{\Delta G^0}{\Delta H^0} \tag{2.13}$$

したがって，標準状態の理論効率は，

$$\varepsilon = \frac{237.2}{285.8} = 0.83 \tag{2.14}$$

となり，水素を燃料とした理論効率は83％となる．

2.2.2　理論起電力

燃料電池の標準状態において水素1 molの分子数はアボガドロ数N_aに等しく，水素1 molからn倍の電子が外部回路に流れるとすると，その電気量は$n \cdot N_a \cdot e$となるので，水素1 molあたり，取り出すことができる電流値Iは(2.15)式で示される．

$$I = nF \tag{2.15}$$

ここで，nは反応に関与する電子数（上記の水素反応では$n=2$）であり，Fはファラデー定数（96 500 C/mol）で$F = N_a \cdot e$であらわす．

電気へ変換可能なエネルギーは$-\Delta G^0$であるため，理論起電力Eは(2.16)式で示される．

$$E = -\frac{\Delta G^0}{nF} \quad [\mathrm{V}] \tag{2.16}$$

したがって，標準状態の理論起電力は(2.17)式となる．

$$E = \frac{237.2 \quad [\mathrm{kJ}]}{2 \times 96\,500 \quad [\mathrm{A}]} = 1.23 \quad [\mathrm{V}] \tag{2.17}$$

となり，理論起電力は1.23 Vとなる（生成物が水蒸気の場合は1.18 Vとなる）．

2.2.3　高位発熱量と低位発熱量で表示した理論効率と理論起電力

以上は標準状態のときの値であるが，温度が変化するとエンタルピー変化およびギブスの自由エネルギー変化も変化するため，理論起電力および理論効率も変化する．水素と酸素の反応から液体の水が生成されるときの熱力学量の変化，理

論起電力,理論効率の関係を表2.2に,水素と酸素の反応から水蒸気が生成されるときの熱力学量の変化,理論起電力,理論効率の関係を表2.3に示す。生成物が液体または気体の場合は水の凝縮熱が異なり,液体の場合は高位発熱量(HHV:High Heating Value)といい,気体の場合を低位発熱量(LHV:Lower Heating Value)という。効率を表示するとき,HHVかLHVかで値が異なるのでその表示が必要である。

表2.2 水素と酸素の反応から液体の水が生成されるときの熱力学量の変化,理論起電力と理論効率 [$H_2(g) + \frac{1}{2}O_2(g) = H_2O(l)$, (g)はガス状態を,(l)は液状態を示す]

温度 [℃]	ΔH [kJ/mol]	ΔG [kJ/mol]	理論起電力 [V]	理論効率 [%]
25	−285.8	−237.2	1.23	83.0
50	−285.0	−233.1	1.21	81.6
100	−283.4	−225.2	1.17	78.8

(注) 理論効率はHHVを基準とした。

表2.3 水素と酸素の反応から水蒸気が生成されるときの熱力学量の変化,理論起電力と理論効率 [$H_2(g) + \frac{1}{2}O_2(g) = H_2O(g)$]

温度 [℃]	ΔH [kJ/mol]	ΔG [kJ/mol]	理論起電力 [V]	理論効率 [%]
25	−241.8	−228.6	1.18	(80.0)
100	−242.6	−225.2	1.17	78.8
200	−243.5	−220.4	1.14	77.2
300	−244.5	−215.4	1.12	75.4
400	−245.3	−210.3	1.09	73.6
500	−246.2	−205.0	1.06	71.7
600	−246.9	−199.7	1.04	70.0
700	−247.6	−194.2	1.01	67.9
800	−248.2	−188.9	0.98	66.1
900	−248.8	−183.5	0.95	64.1
1 000	−249.3	−177.5	0.92	62.1

(注) 理論効率はLHVを基準とした。

> ### コラム
>
> 水素と酸素を用いた反応式は下記となる。
>
> $$H_2 + \frac{1}{2}O_2 \rightarrow H_2O$$
>
> H_2O が液体状態で生成される場合は HHV 表示，H_2O が水蒸気状態で生成される場合は LHV 表示となる。したがって PEFC の場合は作動温度が 80 ℃ のため，常圧で運転すると生成される H_2O は液体のため，効率の表示は HHV となる。また連続的に水素と酸素を供給し続けると，外部へ $2 \times F = 2 \times 96\,500$〔A〕の電流を取り出すことができる。このとき，供給する水素，酸素および生成される水分または水蒸気量の定量的関係は下記のようになる。
>
> $$H_2 + \frac{1}{2}O_2 \rightarrow H_2O$$
>
> モル表示：$1\,\text{mol/s} + \frac{1}{2}\,\text{mol/s} \rightarrow 1\,\text{mol/s}$ の水分または水蒸気が生成される。
>
> 体積表示：$1\,\ell/\text{s} + \frac{1}{2}\,\ell/\text{s} \rightarrow 1\,\ell/\text{s}$ の水蒸気が生成される。
>
> 重量表示：$2\,\text{g/s} + 16\,\text{g/s} \rightarrow 18\,\text{g/s}$ の水分が生成される。

2.2.4 燃料の違いからみる反応・理論起電力・理論効率

燃料電池の燃料として水素以外に，メタノールやジメチルエーテルからも直接電気を取り出すことができる。白金を触媒として用いた場合，常温で十分な電気化学的な活性を示すのは水素であり，反応は遅いがメタノール，ジメチルエーテルも可能である。

これらの標準状態における理論起電力，理論効率を表 2.4 に示した。メタンも理論起電力は 1.06 V，理論効率は約 92 % であるが，現状の白金触媒では電気化学的な十分な活性が得られないことから，PEFC および PAFC は改質器によってまず天然ガスから水素をつくり，水素を燃料として活用している。

表 2.4 各種燃料の反応・理論起電力・理論効率 (25 ℃)

燃料	反応	ΔH [kJ/mol]	ΔG [kJ/mol]	理論起電力 [V]	理論効率 [％]
水素	$H_2(g) + \frac{1}{2}O_2(g) = H_2O(l)$	-285.8	-237.2	1.23	83.0
メタン	$CH_4(g) + 2O_2(g) = CO_2(g) + 2H_2O(l)$	-890.4	-818.0	1.06	91.9
メタノール	$CH_3OH(l) + \frac{3}{2}O_2(g) = CO_2(g) + 2H_2O(l)$	-726.5	-702.4	1.21	96.7
ジメチルエーテル	$CH_3OCH_3(g) + 3O_2(g) = 2CO_2(g) + 3H_2O(l)$	-1460.5	-1387.6	1.20	95.0

(注) 理論効率は HHV を基準とした。

2 章　参考文献

1) 柳父悟，西川尚男『エネルギー変換工学』東京電機大学出版局，2004

第3章 固体高分子形燃料電池（PEFC）のセル・スタック構成と水管理

固体高分子形燃料電池（PEFC）は次のような特徴を有している。
① 電池の内部抵抗が小さいため，電流密度を増大させても電圧低下は小さく，小型・軽量化が可能である。
② セルは常温で起動でき，また装置用の改質器もコンパクトに構成されているため，起動時間の短縮をはかることができる。
③ 電解質は固体で構成されており，このためPAFCやMCFCと比べ，両極間の差圧増大に耐えることができる。

このように，PEFCはコンパクトな電源を構成することができるため，自動車用のエンジンに替わる新しい駆動源として，また，発電時に熱も発生するので，電力と熱を同時に供給する家庭用コージェネレーションシステムとしても使用できる[1～6]。

3.1 PEFCのセル・スタック構成

セルは図3.1(a)に示されるように燃料電極，電解質膜，空気電極およびセパレータから構成されている。また，スタックは図3.1(b)に示されるように，セルと冷却板を交互に接続し，スタックの両端に金属の集電板を配置して，外部へ電流を取り出す端子となっている。その外側に絶縁板を介して締め付け板を配置して，スタック全体をボルト・ナットで締め付けて一体化している。また，図3.1(c)の1kW級PEFC本体の外観写真のように，内部マニホールド方式が採用され反応ガスの供給・排出が行なわれる構成となっている[7]。

発電に伴って生成される水分が反応ガスの通路に沿って上から下へ移動する。水分をスタック下部から外に排出しやすくするため，電極面を鉛直に配置している。また，積層されたセルの電解膜の湿潤を均一に保つために温度制御を厳しく

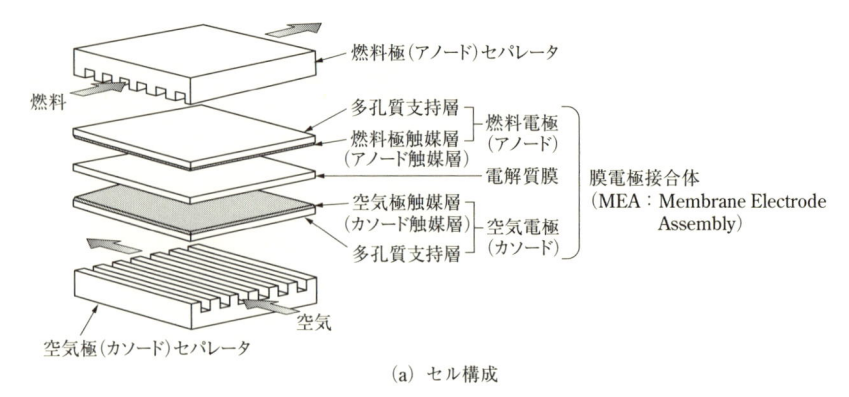

図3.1 セル・スタック構成
(a) セル構成
(b) スタック構成 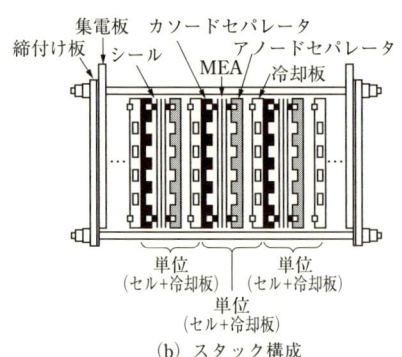
(c) 1kW級PEFC本体の外観写真 
[写真提供：東芝燃料電池システム株式会社]

する必要があり，冷却板は単セルごとに配置されている．

3.1.1 触媒

(1) 触媒担持体と触媒層

PEFCの理論起電力は1.23 Vと高いが，電流を流すとセル電圧は低減する．小さい電流密度領域で実測されるセル電圧と理論起電力との差を活性化過電圧といい，活性化過電圧を小さくして，セル電圧を高めるために白金触媒が使用されている．

白金は高価で，生産量に制約があるため，少ない量で高いセル電圧を発生させることが望まれる．粉状の導電性カーボンブラックの表面に微細な粒子状の白金触媒が担持されている．白金触媒の粒径は1 nmから5 nmで，その比表面積は50 m^2/g から200 m^2/g であり，触媒担持体（カーボンブラック）の10重量パーセン

トから50重量パーセントの範囲で付着されている。白金触媒の粒径は塗布される触媒量（担持量）が多くなるにつれて大きくなるため，比表面積の大きいカーボンブラック上に，小さい粒径の白金触媒を高分散化して使用している。担持体のカーボンブラックはアセチレンブラック（70 m^2/g：担持体の比表面積），グラファダイズドバルカン（80 m^2/g），バルカン（220 m^2/g），ケッツェンブラック（800 m^2/g），ブラックパール（1 500 m^2/g）等が使用され，10 nm から 100 nm 径の一次粒子が凝集体として形成されている。

　触媒層は白金触媒を担持したカーボンブラックに結着機能と撥水性を備えたポリテトラフルオロエチレン（PTFE）と固体高分子膜と同成分のイオノマーを混合して形成している。触媒層の断面を拡大した模式図を図 3.2 に示す。厚さ方向に配置された触媒が反応に寄与するためには各触媒に対し触媒／電解質／反応ガスの3相界面の形成を必要とする。このためイオノマーを触媒層内に混入し，触媒を被覆している。以下，触媒で反応が起こるためのイオン，電子および反応ガスの移動プロセスを説明する。

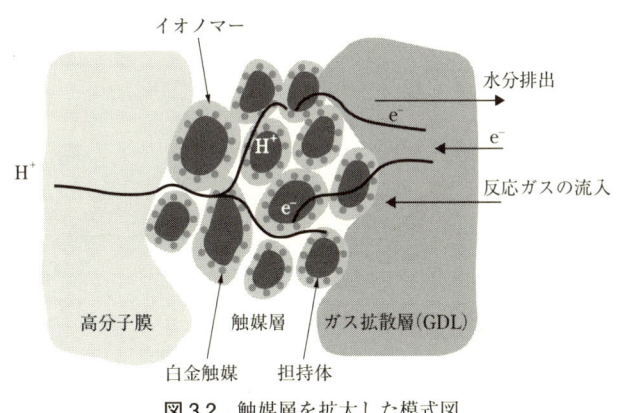

図 3.2　触媒層を拡大した模式図

　アノードで生成された水素イオン（H$^+$）は高分子膜内を移動してカソード触媒層のイオノマーを通ってカソード触媒に到達する。また空気中の酸素はガス拡散層（GDL）を通過後図 3.3 に示すように，数 nm のイオノマー層を透過して触媒に到達する。また，外部回路を通ってきた電子は GDL を通過後，担持体のカーボンブラックを伝わって触媒に到達する[8]。このようにして，カソード触媒上で

酸素,水素イオン,電子が結合して電子を受け取る還元反応が行なわれ水が生成される。発生した水分は触媒層内に滞留すると反応に必要な酸素の侵入が阻害されるので,撥水性の強い PTFE により,触媒層から速やかに排出される。イオノマー内の水素イオンの伝導および酸素の透過は触媒層中の水分が不足すると低下する[9)]。

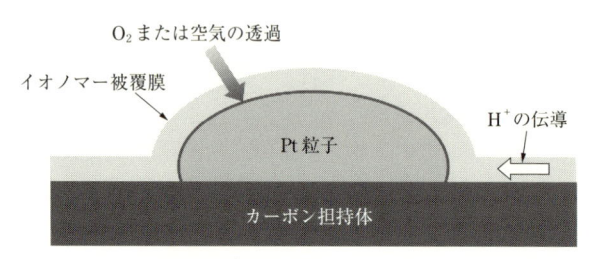

図中ラベル: O₂または空気の透過／イオノマー被覆膜／H⁺の伝導／Pt 粒子／カーボン担持体

図 3.3 触媒を覆うイオノマー

アノードの場合,供給された水素はカソードの場合と同様に触媒を覆っているイオノマー層を通過して,触媒に到達する。アノード触媒層では,水素から水素イオンと電子が酸化反応により生成され,水素イオンはイオノマーを伝わって高分子膜へ移動するとともに電子は触媒担持体のカーボンブラックを通ってアノード GDL へ移動し,外部回路へと導かれる。

触媒層内の触媒が有効にはたらくためには,
①高分子膜内を移動してきた水素イオンが,白金触媒を覆っているイオノマー層を伝導して触媒へ到達できること。
②電子移動については各触媒のカーボンブラックが GDL と電気的に接続されていること。
③反応ガスが触媒まで到達できるように GDL および触媒層内にガス拡散通路の確保とカソード電極の場合は生成水の排出通路が確保されていること。
④触媒を被覆しているイオノマー層の厚さは水素イオンの伝導ならびに酸素および水素が十分透過できる厚さであること。
など,わずか数十μm の厚さの触媒層の中で,多くの機能が満足にはたらき結果として各触媒が 3 次元的に有効に利用され,かつ数千時間から数万時間という長時間にわたってその機能が維持できるような工夫がなされている。

(2) カソード触媒とアノード触媒

触媒は大きくカソード触媒とアノード触媒に分けられ，それぞれの役割にあった材料が用いられている。

まず，カソード触媒は触媒の活性向上と耐久性の向上が重要でる。ここでは，耐久性の向上例を図3.4をもとに説明する。白金とコバルトの合金触媒（PtCo）と白金触媒を用いて，繰り返しサイクル試験（0.87から1.2 Vの繰り返し電圧変化）を行なったときのセル電圧の経時変化を図3.4(a)，(b)に，触媒表面積の変化を図3.4(c)に示す。合金触媒は繰り返し電圧が印加されても触媒表面積の変化が少なく，安定かつ高いセル電圧を示している。

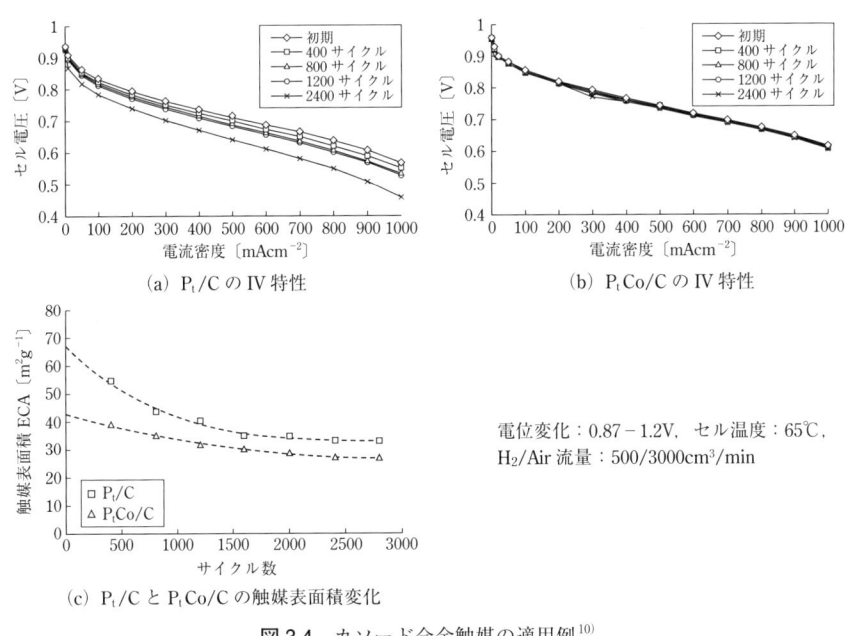

(a) P_t/C の IV 特性

(b) P_tCo/C の IV 特性

電位変化：0.87 – 1.2V，セル温度：65℃，H_2/Air 流量：500/3000cm^3/min

(c) P_t/C と P_tCo/C の触媒表面積変化

図 3.4 カソード合金触媒の適用例[10]

一方，アノード触媒では家庭用燃料電池の場合，アノードへ供給する改質ガス中には一酸化炭素（CO）が10 ppm程度含まれていて，純白金を使用すると白金上にCOが付着し触媒表面積を低減する。このため現在は主に白金（Pt）とルテニウム（Ru）との合金触媒（Pt50 %，Ru50 %）が使用されている。図3.5に示すように，Ruは水を分解して水酸化物（OH）を吸着し，このOHが近くのPt上

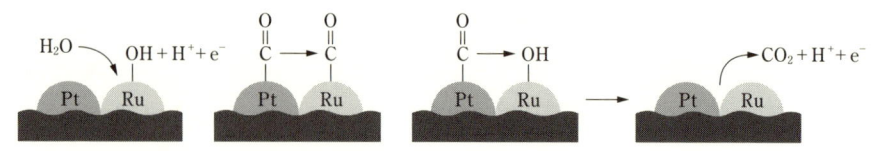

図 3.5 Pt（50 %）－Ru（50 %）触媒の CO 除去メカニズム[11]

の CO を酸化して CO_2 へ変換させて CO を除去する。

(3) 新触媒の開発

PEFC の長寿命化に対し，触媒の劣化抑制は重要である。長時間運転すると白金粒子が溶解・析出して粒径が増大したり，担持体のカーボンブラックが腐食して白金粒子がなくなるなどの現象が見られる。とくにセル温度が高く電極電位が高い場合に，触媒劣化は加速される。

PEFC の実用化に向けては白金触媒量の低減，合金触媒を含めた耐久性の向上，白金に替わる代替触媒の開発など，まだまだ克服しなければならない課題が多い。

白金は資源量が少なく高価である。もし自動車用燃料電池が普及すると，1 台の自動車に搭載する燃料電池の電気出力容量は 100 kW クラスとなり，約 100 g の白金を必要となる。世界中のすべての自動車（約 9 億台）に燃料電池を搭載すると 90 000 t の白金が必要となる。しかし，白金の生産量は年産 180 t のため，とうてい需要をまかないきれない。この問題に対する解決策の 1 つは白金使用量の低減であり，もう 1 つは脱白金触媒（白金の代替え）の開発である。

以下に触媒に使用する白金量の低減と白金の代替について説明する。

(a) 白金量の低減

① 現実的な研究

現実的な研究では，たとえば触媒層内へのイオノマーの含浸量の最適化による触媒利用率の向上，触媒粒径の低減，合金化による触媒活性の向上，ガス拡散性ならびに水分排出の最適化などが試みられている。自動車用では純水素を使用するため，従来使用していたアノード／カソードの触媒量が 0.4/0.4 mg/cm^2 であったものを 0.05/0.2 mg/cm^2 に低減することができた[12]。図 3.6 は反応ガスとして純水素と空気を使用したときのアノード触媒の白金量の低減とセル電圧の関係をプロットしたものである。アノード触媒の白金量を 0.4 mg/cm^2 から 0.05 mg/cm^2 へ低減しても，電流密度 1 A/cm^2 では 20 mV の電圧低下に収まっている。いろい

ろとパラメータを変化させたが，膜の薄膜化による膜抵抗の低減，低 EW 値の膜と触媒層内の低 EW 値のイオノマーの採用による水管理の改善が触媒白金量の低減（別の言葉で表現すると，性能の向上）に有効である。

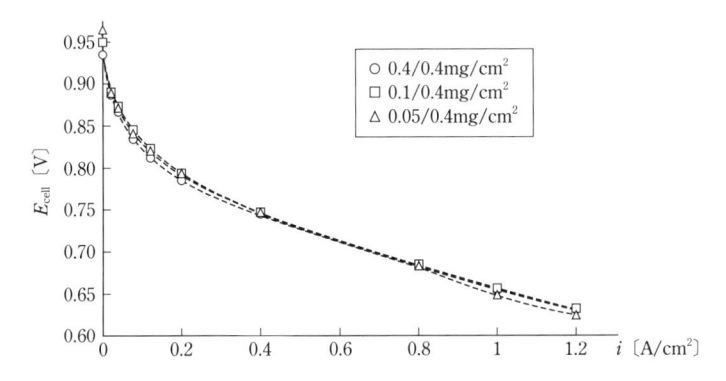

セルサイズ：50cm^2，セル温度：80℃，加湿：フル加湿，圧力：150kPa，ガス流量：H$_2$/Air = 2.0/2.0，ストイック：i = 0.2〔A/cm^2〕以上，ただし i = 0.2〔A/cm^2〕以下では i = 0.2〔A/cm^2〕のときの流量に固定
膜厚さ：25μm，EW：900g/eq，触媒量：47wt%，各電流密度で 10〜15 分間保持．

図 3.6 純水素／空気使用時のアノード触媒白金量の低減とセル電圧特性[12]

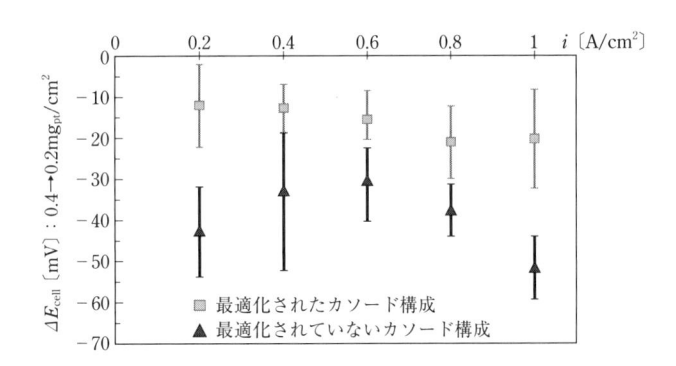

セルサイズ：500cm^2，セル温度：80℃，加湿：アノード　80℃，カソード　64℃
圧力：150kPa，ガス流量：H2/Air = 1.3/2.0 ストイック．
各電流密度で 10〜15 分間保持．

図 3.7 カソード触媒量の低減[12]

図 3.7 はカソードに使用する触媒量を 0.4 mg/cm^2 から 0.2 mg/cm^2 へ低減したときのセル電圧低下を示したものである．触媒層形成が最適化されていない場合は約 30 mV から 50 mV のセル電圧低下が見られたのに対し，カソード触媒層のプロトンの伝導度を改善することにより電流密度 1 A/cm^2 でセル電圧低下を 20

mV以下に押さえ込むことができた．

なお，家庭用の改質ガスを用いた場合はCO濃度100ppmで，アノードに2％の空気を入れてCO濃度の低減を行なってもアノードの触媒量を低減することができず，図3.8に示すように，$0.2/0.4\ mg/cm^2$が限度で$0.1/0.4\ mg/cm^2$ではセル性能は大きく低下した．

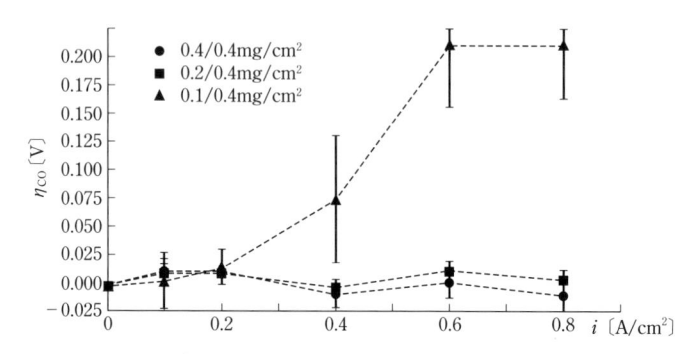

セルサイズ：$500cm^2$，セル温度：80℃，加湿：アノード 80℃，カソード 64℃
圧力：150kPa，改質ガス：100ppmCOを含む．$40\%H_2$，$20\%CO_2$，$40\%N_2$．
ガス流量：H2/Air＝1.3/2.0ストイック．各電流密度で10～15分間保持．

図3.8 改質ガス適用時のアノード触媒量低減とCO被毒による過電圧の関係[12]

② 長期的な研究

次に長期的な研究として進められているNEDO（独立行政法人新エネルギー・産業技術総合開発機構）のプロジェクトの内容を紹介する[13]．触媒の性能（質量活性：A/g）は触媒の単位重量あたりの触媒表面積（比表面積：m^2/g）に触媒の単位面積あたり取り出しうる電流値（比活性：A/m^2）をかけたもので(3.1)式で表示される（6.2.1節参照）．

$$質量活性 [A/g] = 比表面積 [m^2/g] \times 比活性 [A/m^2] \qquad (3.1)$$

触媒の性能を向上させるためには比表面積および比活性をそれぞれ向上させる必要がある．このため，比表面積の向上には触媒の微粒子化，コアシェル化（図3.9に示すように，触媒の表面のみに白金原子を配置して，内部の白金を減らし，白金使用量を低減する），粒径の単分散化（大きな粒子を減らして，全体としての比表面積を増加させる）をはかり，比活性の向上には白金の合金化（PtCO,PtNi,PtCu等），表面原子構造の最適化（図3.10に示すように，活性の高い結晶面のみからなる白金結晶面の最適化）などの研究が行なわれている．これらの取り組み

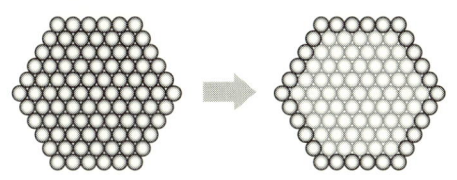

○：Pt 原子
○：中心核となる金属原子
　（Pd, Au など）

図 3.9 コアシェル化[13]

HClO₄ 中の酸素還元活性は Pt(110)＞Pt(111)＞Pt(100)

図 3.10 活性の高い結晶面のみからなる微粒子[13]

は現状の触媒の質量活性を10倍に向上させることにより触媒使用量を1/10に低減させようとするものであり，その実現には大きな期待が寄せられている。

(b) 白金代替触媒

① 非金属酸化物触媒

白金代替触媒の開発について説明する。白金代替触媒は脱白金触媒とも呼ばれ，白金に匹敵するPTFE用非貴金属カソード触媒のことをいう。4および5族酸化物を中心に，PEFCを長時間運転するために必要な安定性（高分子膜は強い酸性のため，耐酸性が必要となる）と，高いセル電圧を維持するために必要な触媒能（高い酸素還元開始電圧を有するもの）を有する材料の探索が行なわれてきた[14]。

図3.11は非金属酸化物と白金の硫酸（H_2SO_4）中の溶解度を示す。TaONとTiO$_{2-x}$は白金に近い酸に対する安定性を示している。また，図3.12は非白金カソード触媒の酸素還元開始電位を示している。タンタル炭窒化物（TaCNO）は白金に近い開始電位を示している。

このような探索をもとに，部分タンタル炭窒化物とケッチェンブラックを混合

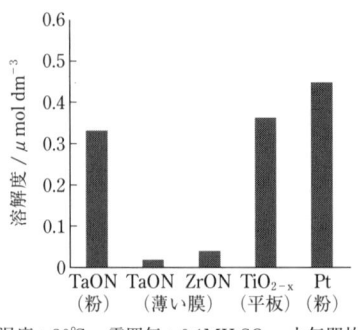

図3.11 非金属酸化物と白金の溶解度[14]
温度：30℃，雰囲気：0.1M H$_2$SO$_4$，大気開放

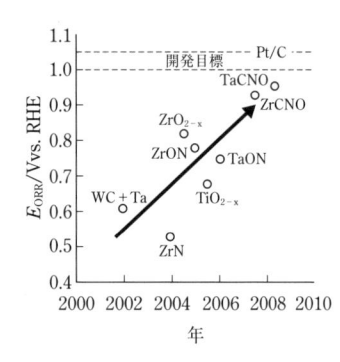

図3.12 横浜国立大で研究開発した非白金カソード触媒の酸素還元開始電位[14]

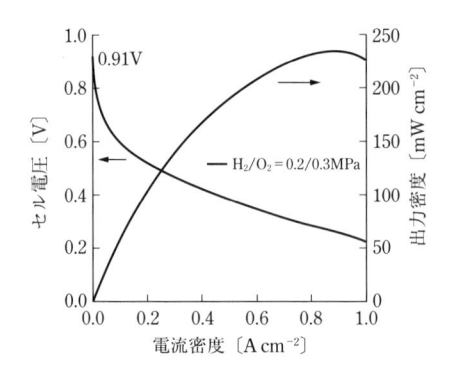

図3.13 タンタル炭窒化物とケッツェンブラックを用いた試験[14]

カソード：TaCNO＋KB，アノード：Pt/C，セル温度：80℃，触媒量：0.5mg/cm^2，ガス圧力 H$_2$/O$_2$：0.2/0.3MPa，セルサイズ：25cm^2，膜：ナフィオン112，加湿 H$_2$/O$_2$：90℃/dry，ガス流量：1000/1000ml/min OCV：0.91V

して製作された触媒を用いて電池を製作し電流電圧特性試験（6.2節参照）が行なわれた。その結果が図3.13に示される。純水素と純酸素を用いて，ガス圧力0.2/0.3MPaのもとでセル電圧0.2V，240mW/cm^{2}の出力が得られている。

このように，白金代替化の研究が着々と進み，セルに組み込んで評価できるレベルに進展してきた。今後さらにこの研究開発を加速させるため，白金の低減化プロジェクトと同様に脱白金プロジェクトがNEDOプロジェクトのもとでスタートされた。

② カーボンアロイ触媒

また，脱白金触媒の別の例として，カーボンアロイ触媒の研究が注目されている。これはナノカーボン材料を用い微細なナノシェルをつくり，あわせて窒素をカーボン中へ導入することにより触媒活性が現れるという現象を利用した触媒で

ある。カーボンアロイ触媒を用いて製作した電池の電流電圧特性を図3.14に示す。開放電圧は0.85 Vを示し，電流密度1 A/cm^{2}で0.2 V，約0.2 W/cm^{2}の出力が得られている。このカーボンアロイ触媒についてもNEDOプロジェクトで研究が進められている[15]。

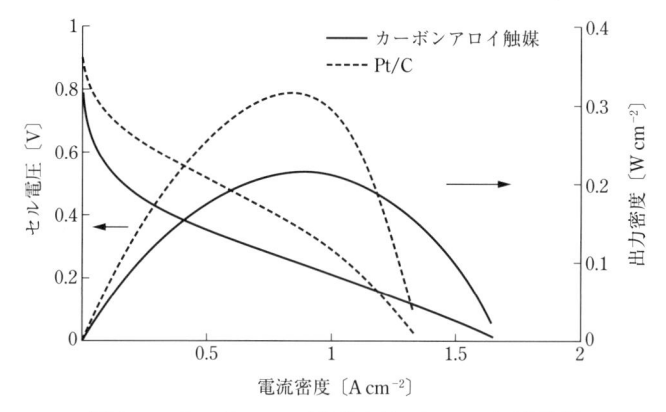

図3.14 カーボンアロイ触媒を用いたセル電圧特性[15]

3.1.2 高分子膜

PEFCの電解質にはイオン交換膜が用いられている。イオン交換膜は，①アノードで生成された水素イオンをカソードまで移動させる（プロトン伝導），②水素と酸素が直接接触しないようにガスの透過を抑制する（ガス隔離），③アノードとカソードが電気的に短絡しないように絶縁の機能を有する（電子隔離），の役割を担っている。現在，主に使用されているイオン交換膜はフッ素系高分子電解質膜であり，この膜は水がないと水素イオンの伝導性が著しく低下するため，適度な湿潤が必要である。具体的に使用されているイオン交換膜の材料はパーフルオロスルホン酸ポリマー（PFS：Perfluorosulfonic acid）である。

PFS膜は化学的安定性に優れ，高いプロトン伝導度を有するもので1980年代の初頭にデュポン社がナフィオン膜として食塩電解隔膜用に開発し，同様に旭化成，旭硝子も開発に取り組み，1995年以降燃料電池用電解質膜として本格的な開発が進められ今日に至っている。デュポン社はナフィオン膜を，旭硝子社はフレミオン膜を，旭化成社はアシプレックス膜を製造・販売している。なお，ダウケミカル社もダウ膜を開発したが現在は製造されていない。また，ゴア社は延伸多

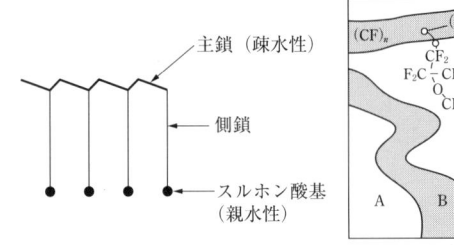

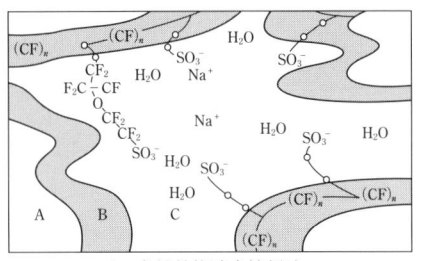

(a) 電解質膜構造の模式図
- 主鎖（疎水性）
- 側鎖
- スルホン酸基（親水性）

(b) 電解質膜のミクロ構造
A：主鎖骨格疎水性領域
B：ガス透過性中間領域
C：親水性イオンクラスタ領域

図 3.15　電解質膜の模式図とミクロ構造

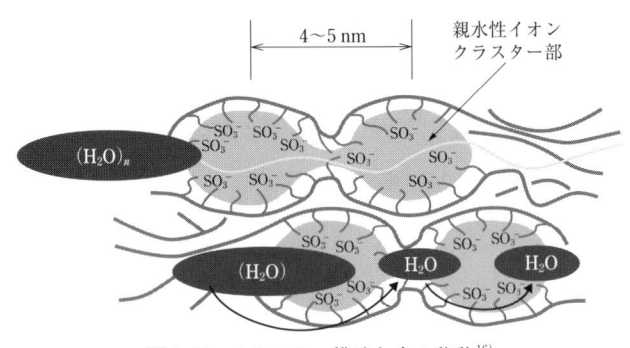

図 3.16　クラスター構造と水の移動[16]

孔質ポリテトラフロロエチレンを補強材に用いた高分子電解質膜を市販している。

電解質膜の模式図とミクロ構造を図 3.15 に示す。疎水性で骨格となる主鎖と親水性のスルホン酸基を有する側鎖から構成されている。スルホン酸基が集まった親水性の領域をクラスターといい，図 3.16 に示されるように，直径が 4 nm から 5 nm の球状のクラスターが円柱状の直径 1 nm のパスでつながっている。このクラスターに水が取り込まれるとクラスターおよびパスの径は膨潤し，水素イオンはこの中を移動する。膜内にある水分は束縛水と自由水に分けられる。そのようすが図 3.17 に示される[16]。スルホン酸基のまわりに存在する水分を束縛水とよび，自由空間を満たしている水分を自由水とよんで，膜の伝導はこの自由水によって行なわれる。雰囲気の相対湿度と膜の伝導度の関係を図 3.18 に示す。同じ相対湿度でもセル温度が高い方がセル内に含まれる水分量は増大し，伝導度は高くなる。

燃料電池用の高分子膜の膜厚さは 30 μm から 175 μm で，電解質膜の特性を示

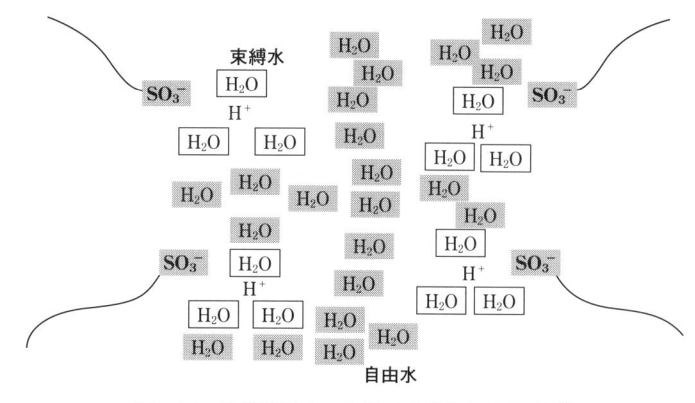

図 3.17 電解質膜内の水分（束縛水と自由水）[16]

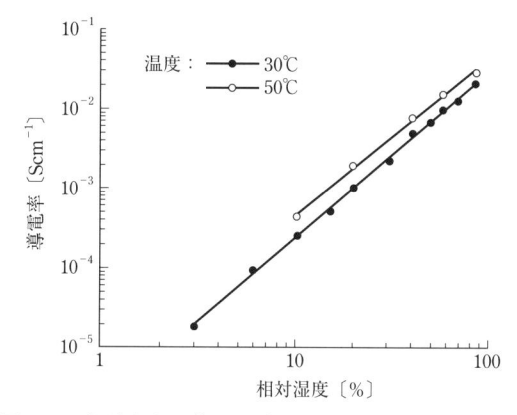

図 3.18 相対湿度と導電率（電解質膜：ナフィオン 120）

すイオン交換容量（AR）は 0.91 meq./g から 1.1 meq./g（AR =（1/EW）× 10^3，EW：交換基当量重量 = 900 g/eq. から 1 100 g/eq.）で，最近は膜厚さが 15 μm，低加湿用として EW 値が 700 g/eq. から 800 g/eq. のものが開発されている。交換基当量重量とプロトン伝導度の関係を図 3.19 に示す。交換基当量重量が小さくなるほど，また温度が高いほど，伝導度は増大するが，膜の機械的強度は低下する。また，膜を薄くするとセル抵抗は低減するが，図 3.20 に示すようにガスリーク量が増大し，膜劣化が加速される場合があるので，最適な膜厚さが必要となる。

PFS 膜は基本的な役割のほかにも，実用面で化学的安定性，機械的安定性，耐不純物性，熱的安定性，寸法安定性等が要求される。

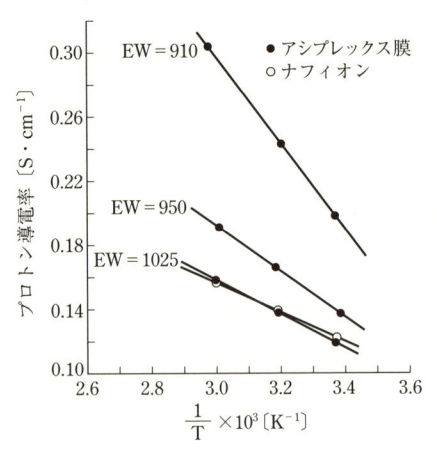

図 3.19 交換基当量重量（EW 値）とプロトン伝導度[17]

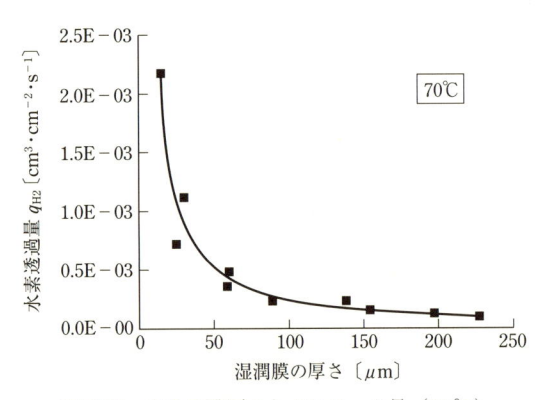

図 3.20 高分子膜厚さとガスリーク量（70℃）

電解質膜の実用化に向けては基本的特性の向上のほか，低加湿化，高温化，低コスト化の研究・開発が進められている。

(1) 低加湿化

自動車用の PEFC は効率向上，コンパクト化から加湿装置を極力小さくするための検討がなされている。しかし，低加湿運転は特性低下をもたらすだけでなく，膜寿命を低下させる。この問題への対策として，膜劣化を促進する過酸化水素やヒドロキシラジカルに対する化学的安定性を付与する膜の開発[18]，触媒層でラジカルが発生しても膜内へラジカルが移動しないように，膜と触媒層間にラジカル

トラップ層を設ける処置[19]，あるいは膜内でラジカルを消滅させる材料を入れた膜開発[20] などの検討が進められている。

(2) 高温膜の開発

現状の製品のセル温度は 80 ℃程度であるが 120 ℃程度まで使用できる高温膜が開発されれば，自動車用としてはラジエータの小型化が，家庭用としては CO 被毒の低減および熱利用の拡大が可能となる。しかし，高温運転では低加湿運転を必要とするため，低加湿運転でも高伝導を維持できるように EW 値の小さい膜の開発が進められている[21]。そのほか，フッ素系膜とは異なるが耐熱性の高いポリベンツイミダゾール（PBI）膜にりん酸をドープしたものも開発されている[22]。

(3) 低コスト化

低コスト化のため，炭化水素系の電解質膜が検討されている。たとえば，スーパーエンジニアリングプラスチックといわれるポリマー分子にスルホン酸性基を導入したもの[23]や炭化水素系の欠点である脆さを克服するためにナノレベルのポリマー設計による新規膜の開発などが行なわれている[24]。

3.1.3 セパレータ

セパレータは空気と燃料ガスを分離するという意味で使用されている。また，セパレータの両面にアノードとカソードがあるため，2 つの極があるという意味でバイポーラプレートとよばれることもある。

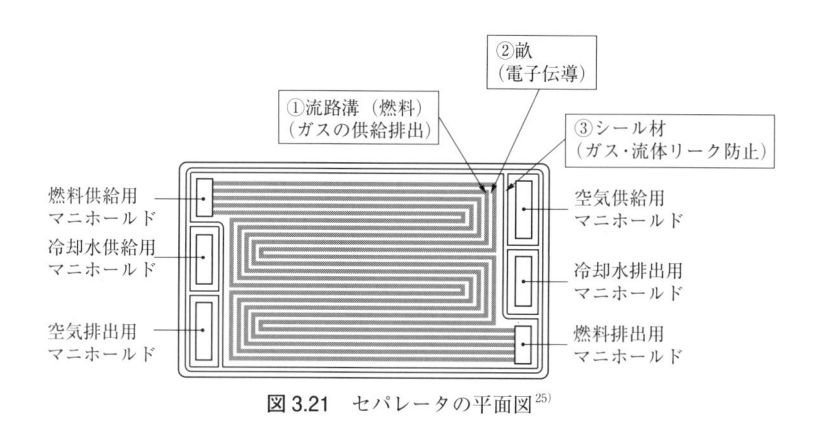

図 3.21 セパレータの平面図[25]

（1）セパレータの役割

セパレータの平面図を図 3.21 に示す。セパレータの役割は空気や燃料ガスを供給する流路を確保したり，加湿用に供給された水分やセル内部で発生した水分を速やかに排出するほか，図 3.22 に示すように空気と燃料ガスを分離（セパレート）したり，電子伝導性に優れ，あわせて冷却板への熱伝導をよくするなどの機能を有している。

図 3.22(a) は1セルごとに冷却するタイプであり，図 3.22(b) は2セルあわせて冷却するタイプである。水滴が流路に滞留すると反応ガスの触媒層への供給が損なわれセル電圧低下の要因となるため，水滴が速やかに排出されるように反応ガスの圧損を高めたり，溝形状，流路構成などに工夫がなされている。

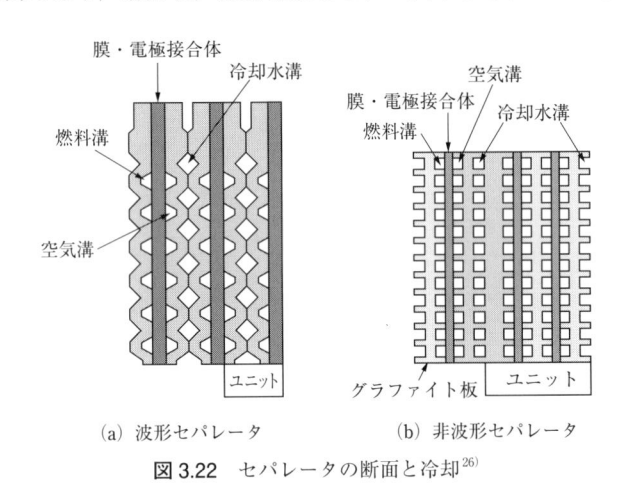

(a) 波形セパレータ　　(b) 非波形セパレータ

図 3.22　セパレータの断面と冷却[26]

（2）セパレータ材料の種類

セパレータ材料は耐食性，導電性，低接触抵抗，軽量，低価格などが要求される。セパレータ材料の種類には主にカーボンセパレータと金属セパレータがある。カーボンセパレータは①焼結グラファイトカーボン板にフェノール樹脂を含浸してガス透過を抑制したもの，②グラファイト粉とプラスチック粉の混合粉を金型につめて加熱プレスで圧縮成形したもの，③膨張黒鉛のシートをプレス成形したものなどがある。

一方，金属セパレータは電気抵抗が小さくガス透過の面で優れ，機械的強度が高いため薄くできる反面，固体高分子膜は超酸であり，酸化・還元雰囲気に置か

れると通常の材料は腐食するため，貴金属メッキあるいは表面処理を行なう必要がある．

(3) セパレータのガスフロー構造
(a) 従来方式

従来の反応ガスフローの流路は図 3.23 に示すように，並行溝タイプと蛇行溝タイプ（サーペンタイプ）に分けられる．この溝が水分によってふさがれると多数積層したセル内に配流のアンバランスが生じ，セル電圧低下の要因となる．セル内で水分が凝縮したときに水滴がスムーズに排出されるようにセパレータの溝形状，溝の粗さ，圧損の最適化等が行なわれている．

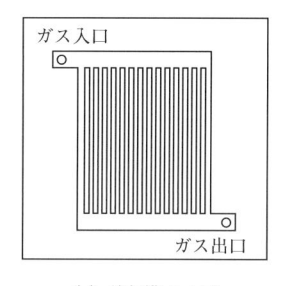

(a) 並行溝タイプ　　(b) 蛇行溝タイプ

図 3.23　並行溝タイプと蛇行溝タイプ（サーペンタイン）

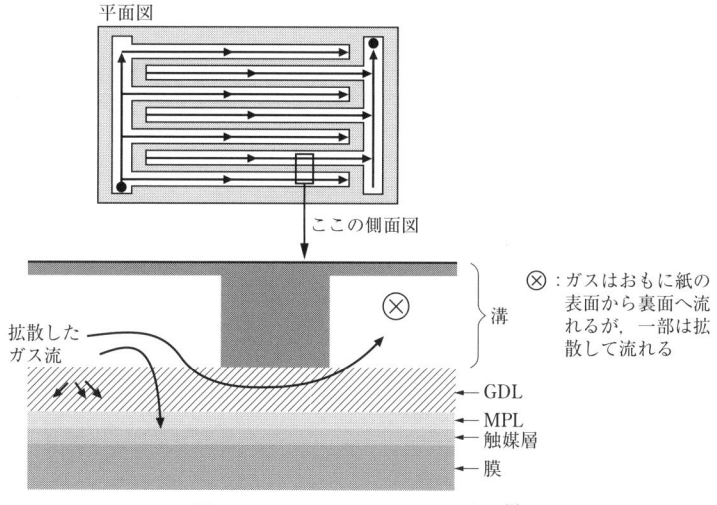

図 3.24　インターディジット方式[27]

3.1 PEFC のセル・スタック構成

(b) インターディジットフロー

　従来の方式はガスが溝内を通っている間に基板にガスが侵入していき，触媒へ到達して反応をつかさどる構造となっているが，インターディジットフローは図3.24に示すように，溝の終端あるいは流入部をふさいでガスを強制的に基板内へ流し込む構造となっているので，触媒とガスとの接触は向上し，セル電圧の上昇が期待できる[27]。しかし逆に高加湿，高電流密度で発電する場合はセルの入口と出口間の圧損が増大するので注意が必要である[28]。

3.2 水管理

　PEFCは電解質膜に水が含まれないとイオン伝導性が発現しないため，セルを適度な湿潤状態に保つ必要がある。PEFCセルに供給された水分はセル抵抗の低減のみならず，ガス拡散性阻害を引き起こす。本節では，セル内の水分の挙動，すなわち水管理に関する基礎事項について述べる。

3.2.1 セル内水分移動

　加湿されたガスをセルへ供給し，発電するとセル内では水分が発生し，流入水分と生成水が滞留し，排ガスとともにセル外へ排出される。セル内の水分は高分子膜内を移動する。セル内の水分挙動の模式図を図3.25に示す。アノードからカソードへ水素イオン（H^+）は水分を伴って移動する。この現象を電気浸透現象という。一方，カソードでは電池反応により生成水が発生し，アノードから移動し

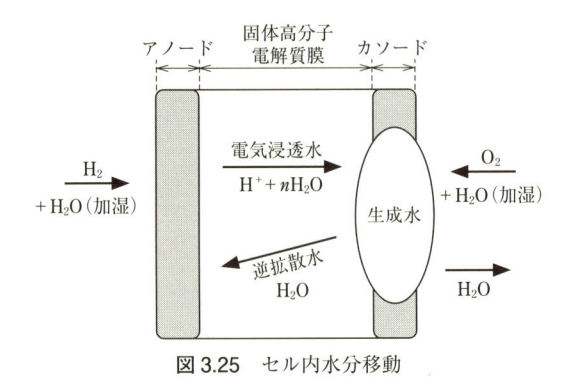

図3.25　セル内水分移動

てくる水分と外部からカソードへ供給される水分に，生成水が加わってカソードを加湿する。このためカソード側の水分濃度は高まり，アノードとカソードとの間に水分濃度勾配ができ，カソードからアノードへ水分が移動する。このときのカソードからアノードへ移動する水分を逆拡散水という。

セル内の水分移動現象を明らかにするために，水分の移動量を定量化し下記に示す。

セル内に外部から入ってくる水分量は(3.1)，(3.2)式で示される[29]。

$$W_{a,1} = \frac{tM_{H_2O}v_a P_{H_2O,Th}}{(22.4 \times 10^3 \times (P - P_{H_2O,Th}))} \tag{3.1}$$

$$W_{c,1} = \frac{tM_{H_2O}v_c P_{H_2O,Th}}{(22.4 \times 10^3 \times (P - P_{H_2O,Th}))} \tag{3.2}$$

ここで $W_{a,1}$ はアノードに外部から入る水分量〔g〕，$W_{c,1}$ はカソードに外部から入る水分量〔g〕，M_{H_2O} は1モルあたりの水分の重量〔g〕(18 g)，v_a はアノードに入る水分を含まないガス流量〔cc/s〕，v_c はカソードに入る水分を含まないガス流量〔cc/s〕，Th はセル温度〔℃〕，$P_{H_2O,Th}$ はセル内に外部から入ってくる

コラム (3.1)式の算出根拠について

水分1 Molの重量は18 gで，水蒸気の体積に換算すると22.4 Lとなるので，水分 y〔g〕の水蒸気の体積 x〔cc〕は①式で表示できる。

$$y : x = 18 : 22.4 \times 10^3 \quad \text{より} \quad y = 18 \times x/(22.4 \times 10^3) \tag{①}$$

ここでセルに流入する乾燥したガスの体積を V_t，水蒸気の流入体積を x とし，水蒸気分圧を $P_{H_2O,Th}$，全圧を P とすると流入ガスの分圧は $(P - P_{H_2O,Th})$ となり，水蒸気と流入ガスの分圧比は水蒸気と流入ガスの体積比に等しいことから②式が成立し，②式を①式に代入すると③式が成立する。

$$x = P_{H_2O,Th} \times V_t / (P - P_{H_2O,Th}) \text{〔cc〕} \tag{②}$$

$$y = 18 V_t \times P_{H_2O,Th} / (22.4 \times 10^3 \times (P - P_{H_2O,Th})) \tag{③}$$

ここで $M_{H_2O} = 18$ g であり，V_t は v_a，v_c と置き換えることができるため，上記の(3.1)，(3.2)式が成立する。$W_{a,1}$，$W_{c,1}$ は時間 t〔s〕経過後の流入水分量である。

水分の水蒸気分圧〔atm〕，P はセル内の全圧〔atm〕，t は時間〔s〕である。

電流が流れたときにセル内で生成される水分量は，

$$W_f = \frac{tM_{H_2O}I}{2F} \tag{3.3}$$

となる。ここで，I は試験時の電流値〔A〕，F はファラデー定数である。アノードとカソードの排ガス中に含まれる水分量をそれぞれ $W_{a,2}$，$W_{c,2}$ とすると（これらは試験時に実測できる），アノードからカソードへ移動する水分量は，

$$W_t = W_{a,1} - W_{a,2} \tag{3.4}$$

となる。したがって，電気浸透による水素イオン1個あたりの水分子の移動量は(3.5)式で与えられる。

$$n = \frac{W_t}{\dfrac{tM_{H_2O}I}{F}} \tag{3.5}$$

電気浸透水の移動によりアノードは乾燥する傾向にあるが，固体高分子電解質膜の厚さが薄い場合，カソードからアノードへの水分移動が容易となり逆拡散水が増大し，アノードの乾燥は抑制される。その例を図 3.26 に示す。電気浸透水から逆拡散水を差し引いたアノードからカソードへ移動する水分量を見かけの水分量とすると，見かけの水移動係数 n は(3.5)式で表され，図 3.26 に示されるように，電流密度とセル温度の増大とともに，n は低下する。また，膜厚さが薄くなるほどその傾向は大きい。逆拡散水がなければ n は水素イオン1個あたりの水分子の移動量となるが，電流密度の上昇とともに生成水は増大し，また膜厚さが薄

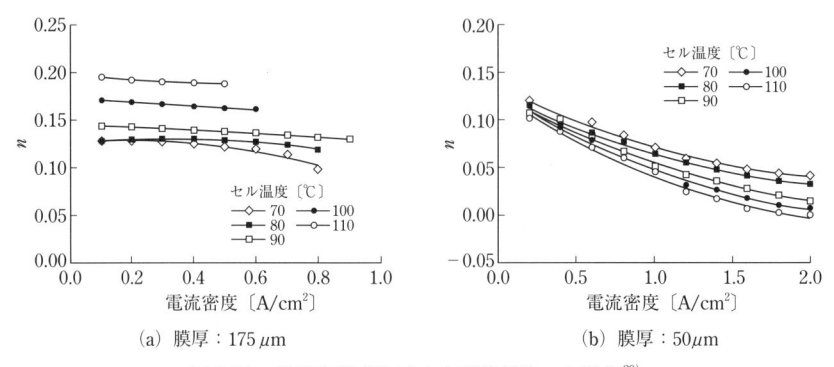

(a) 膜厚：175 μm

(b) 膜厚：50 μm

図 3.26 電流密度変化時の水移動係数 n の変化[29]

く，セル温度が高いほど逆拡散水の駆動力が増して逆拡散水は増大するため n は低下する。したがって，固体高分子電解質膜厚さの低減はアノードとカソードの水分濃度を均一化させるのに有効である[30]。

3.2.2 並行流と対向流

燃料および酸化剤の流れには並行流と対向流があり，並行流の場合の流れの概念図とセル内相対温度分布を図 3.27 に示す[31]。カソードの下流側に向かって生成水と電気浸透水およびカソードの入口からの流入水分が集積するため，下流側ほど相対湿度は高くなる。このため，電極基板，触媒層の気孔を閉塞するフラディング現象やガス流路を閉塞するブラッキング現象が発生する。この結果，とくに

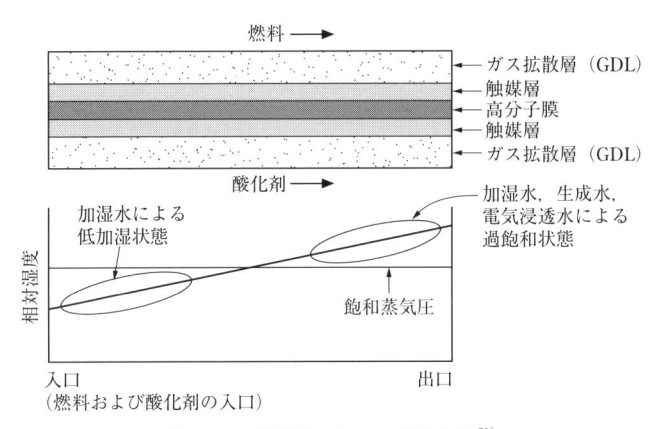

図 3.27 並行流のセル内湿度分布[31]

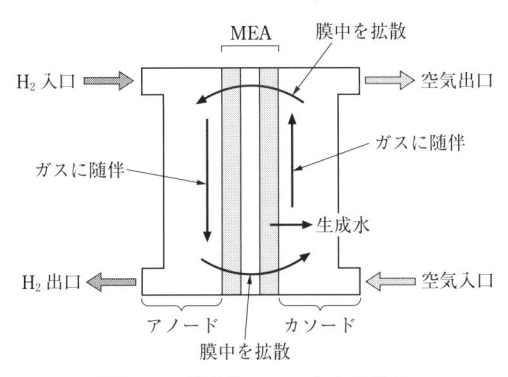

図 3.28 対向流のセル内水分移動

触媒への酸素の供給が制約されるためセル電圧は低下する。また，アノードおよびカソードの入口近くでは，低加湿条件下で運転すると流入水分量が少なく，固体高分子電解質膜の水分量は低下して，入口側のセル内部抵抗の増大をもたらし，セル電圧は低下する。この欠点を除くのが対向流方式で，図3.28に示すように水素と空気を対向して流れるようにすることにより，カソード出口の過剰水分を高分子電解質膜を通してアノードの水素の入口へ移動させ，水素の出口側の水分をカソードの入口へ移動させる。このことによりセル内の相対湿度分布を比較的均一化することができ，セル電圧の上昇をはかることができる。

3.2.3 加湿方式

セルの加湿方式について述べる。加湿方式は表3.1に示すように外部加湿方式，内部加湿方式および無加湿方式に大別される。

外部加湿方式の例を図3.29に示す。外部加湿方式にはバブラー加湿方式，水蒸気添加方式，

表3.1 セルの加湿方法

加湿分類	方式
外部加湿	バブラー加湿方式
	水蒸気添加方式
	湿度交換方式
内部加湿	IFC社の加湿方式
	水分注入方式
	自己加湿膜方式
そのほか	無加湿方式

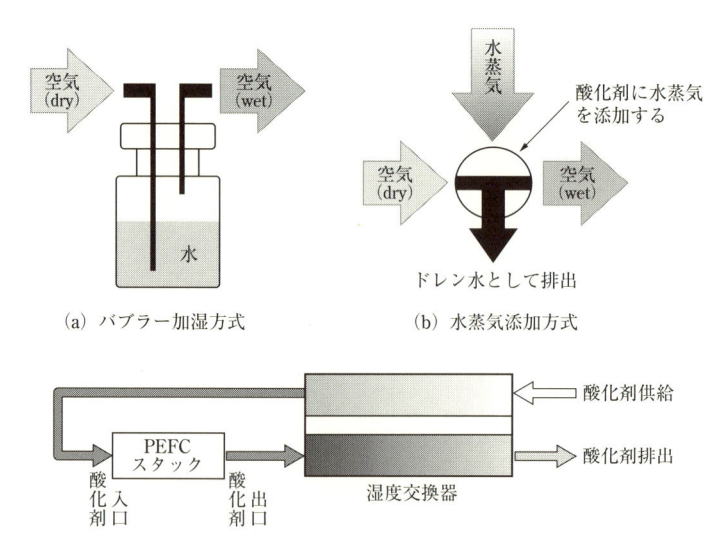

(a) バブラー加湿方式

(b) 水蒸気添加方式

(c) 湿度変換器を用いたスタック加湿方式

図3.29 外部加湿方法

湿度交換器方式がある。バブラー加湿方式は水槽の中にガスを通す方法で、水槽を加熱するのにエネルギーを必要とするため、通常は実験室レベルで使用される。水蒸気添加方式は通常、酸化剤に水蒸気を添加して加湿する方式で大きなスタックを用いるときに使用する。湿度交換方式はスタックの出口の排ガス中に含まれる多くの水分を湿度交換器を通して、スタックへ流入するガスへ供給するものである。これはセル内のカソードからアノードへ逆拡散水が移動する現象と同じ原理を利用したものである。

次に、内部加湿の例を図 3.30 に示す。図 3.30(a)はアメリカ IFC 社の特許に示

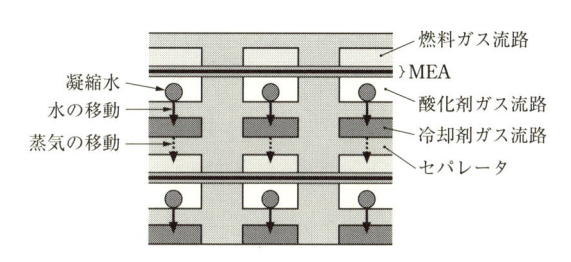

(a) セル全面を加湿する方式[32]

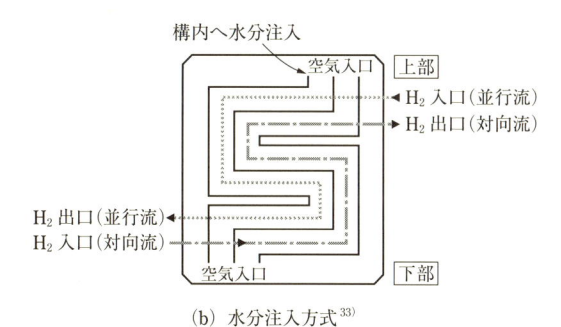

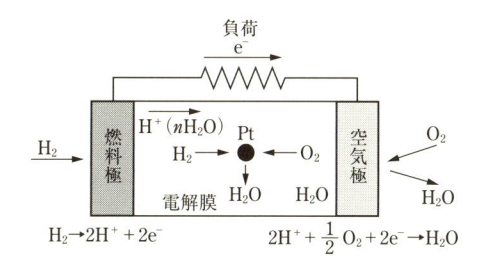

(b) 水分注入方式[33]

$H_2 \rightarrow 2H^+ + 2e^-$ 　　　　　$2H^+ + \frac{1}{2}O_2 + 2e^- \rightarrow H_2O$

(c) 膜内に白金を入れた自己加湿方式[34]

図 3.30　内部加湿方法

される内部加湿セルの概念図を示す[32]。セパレータはカーボン製の多孔体であり，含水することにより，水の表面張力によって気孔部をふさぐため，燃料ガスと空気の移動は抑えられる。一方，蒸発した水分は多孔体内の微小径細孔を通過することができ，燃料ガスや空気を加湿することができる。さらに，燃料ガスや空気の圧力に比べて冷却水の圧力を低く設定することにより，ガス流路や電極基板内にある凝縮した水分は吸収されて，冷却剤流路へ回収されるためフラディングの発生は回避できる。図3.30(b)はカソードの入口側に水分を注入する加湿方式である[33]。カソードへ注入された水分でカソード側を加湿するとともに，逆拡散水によりアノード側も加湿する。図3.30(c)は自己加湿方式で固体高分子電解質膜中に白金を分散させ，この膜の両側からクロスリーク（水素はアノードからカソードへ，酸素はカソードからアノードへ高分子膜内を漏れる現象をいう）した水素と酸素を膜内の白金表面で反応させて得られる生成水を利用して加湿する方法である。また，膜中に白金に加えてシリカやチタニアのような固体酸化物の超微粒子を高分散化させて固体酸化物の保水力によって膜中に生成した水分を保持することも考案されている[34]〜[36]。

最後に，無加湿方式[37]について説明する。無加湿方式とは外部および内部加湿を行なわず，図3.28に示したように対向流のセルを用いて，セル内で生成された水分を有効に加湿に利用する方式のことをいう。セル内へ流入する空気流量が多いときは，図3.31に示すようにセル内平均酸素濃度は高い。一方，図3.32に示す

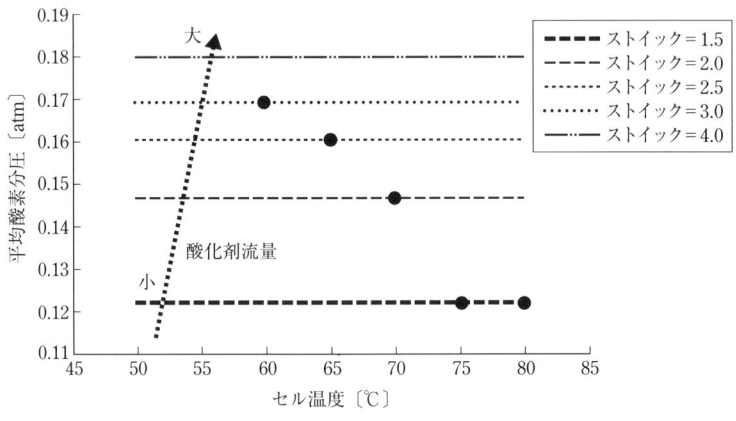

図3.31 無加湿運転時の空気流量のセル内酸素濃度への影響[37]

ように空気流量が少なくなるほど，セルからの水分の排出量が減少するため，相対湿度は上昇する。さらにセル温度を低下させると相対湿度は上昇する。このように空気流量とセル温度を調整することにより，セル内水分量の最適化がはかられ，セル抵抗の低減とフラディングの発生を抑制した運転が可能となる。図3.31の黒丸はセルが運転でき，かつ高いセルの電圧を維持する空気流量変化時のセル温度の最適点を，図3.32の黒丸はセル温度に対する空気流量の最適点を示し，そのときのセル出口の相対湿度は約60％に相当する（無加湿運転時のセル電圧特性が図4.27に示されているので参照のこと）。

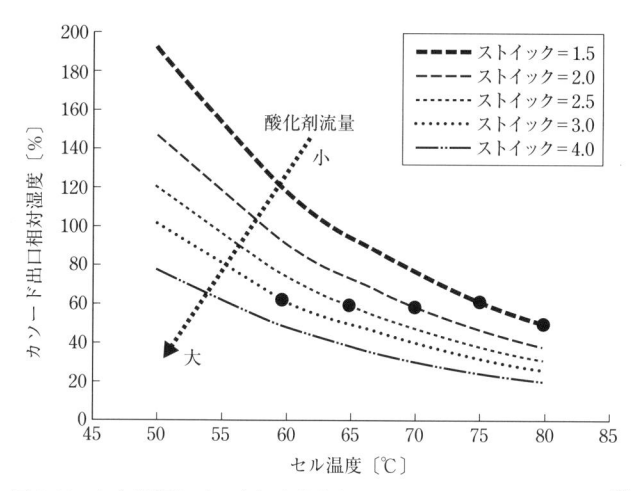

図3.32 無加湿運転時の空気流量変化時のセル内相対湿度への影響[37]

3章 参考文献

1) 電気学会・燃料電池発電次世代システム技術調査専門委員会『燃料電池の技術』オーム社，2002
2) 水素・燃料電池ハンドブック編集委員会『水素・燃料電池ハンドブック』オーム社，2006
3) 池田宏之助編『燃料電池のすべて』日本実業出版社，2001
4) 本間琢也編『PEFCの開発技術と応用』ビーケィシー，2001
5) 燃料電池研究会『燃料電池の本』日刊工業新聞社，2001
6) 本間琢也編『燃料電池のすべて』工業調査会，2003
7) 知沢洋，金子隆之，小川雅弘，小上泰司，大間敦史『家庭用1kW級PEFCシステムの開発』第8回FCDICシンポジウム，pp70-75，2001
8) S. S. Kocha『Principles of MEA preparation』Handbook of Fuel Cells, Vol. 3, Chapter37,

pp538-565, Wiley, 2003

9) Hubert A. Gasteiger, Mark F. Mathias『Fundamental research and Development Challenges in Polymer Electrolyte Fuel Cell Technology』General Motors Corporation-Fuel Cell Activities, Proceedings of the Third International Symposium on Proton Conducting Membrane Fuel Cells, 202nd Meeting of the ECS, Salt Lake City, October 2002

10) Ping Yu, Marianne Pemberton, Paul Plasse『PtCo/C cathode catalyst for improved durability in PEMFCs』Journal of Power Sources144, pp11-20, 2005

11) K. Ruth, M.Vogt, and R. Zuber『Development of CO-tolerant catalysts』Handbook of Fuel Cells, Vol. 3, Chapter39, pp489-496, Wiley, 2003

12) H. A. Gasteiger, J. E. Panels, S. G. Yan『Dependence of PEM fuel cell performance on catalyst loading』Journal of Power Sources 127, pp162-171, 2004

13) 稲葉稔『低白金化技術』脱白金触媒・低白金化技術に関する新規プロジェクト研究計画発表会, NEDO主催, 2008年9月

14) 太田健一郎『酸化物系非金属触媒』脱白金触媒・低白金化技術に関する新規プロジェクト研究計画発表会, NEDO主催, 2008年9月

15) 宮田清蔵『カーボンアロイ触媒』脱白金触媒・低白金化技術に関する新規プロジェクト研究計画発表会, NEDO主催, 2008年9月

16) 橋本康博『燃料電池電解質膜の含水状態が性能へ与える影響』技術情報協会主催ゼミナー, 平成19年10月

17) 脇添雅信, 上坂圭介『燃料電池用イオン交換膜』PEFCの開発技術と応用, ビーケイシー, 2001

18) 遠藤栄治, 川添仁郎, 本村了『PEFC用フッ素系高温・高耐久MEAの開発』燃料電池 Vol, No. 3, 2007

19) 弦巻『DSS対応長寿命電池技術の研究開発』NEDO燃料電池・水素技術開発, 平成17年度成果報告要旨集, 2006

20) Eiji Endoh『Development of Highly Durable PFSA Membrrane and MEA for PEMFC Under High Tempesrature and Low Humidity Conditions』ECS Transactions, 16 (2), pp1229-1240, 2008

21) 三宅直人『低加湿・高温作動の電解質膜開発の展望』NEDOシンポジウム, PEFCの高性能化・高耐久化への展望と今後の技術開発の重点課題, 2008-2

22) 宗内篤夫, Jochen Baurmeister, Thomas J. Schidt『中温形PEFC用膜およびMEAの開発』燃料電池, Vol. 7, No.2, 2007

23) 渡辺政廣『文部科学省リーディングプロジェクト ―次世代型燃料電池プロジェクト―』

24) 谷口孝『炭化水素系電解質膜の耐久性向上』NEDOシンポジウム, PEFCの高性能化・高耐久化への展望と今後の技術開発の重点課題, 2008-2

25) 前田秀雄『PEFC用セパレータ』水素・燃料電池ハンドブック, オーム社, 2006

26) D. P. Wilkinson and O. Vanderleeden『Surpentine flow field design』Handbook of Fuel

Cells, Vol. 3, Chapter27, pp315-324, Wiley, 2003

27) T. V. Nguyen and W. He 『Interdigitated flow field design』 Handbook of Fuel Cells, Vol. 3, Chapter28, pp325-336, Wiley, 2003

28) Haruhiko Yamada, Tatsuya Hatanaka, Hajime Murata, and Yu Morimoto 『Measurement of Flooding in Gas Diffusion Layers of Polymer Electrolyte Fuel Cells with Conventional Flow Field』 Journal of The Electrochemical Society, 153 (9), ppA1748-A1754, 2006

29) Minoru Mizuhata, Keisuke Oguro, and Hiroyasu Takenaka 『Water Transport phenomena in Polymer Electrolyte Fuel Cells』 Proc, 1st Scientific Workshop for Electrochemical Materials, pp169-178, 1996

30) 安田和明 『PEFC の開発技術と応用』,「第6章　水管理」, ビーケィシー, 2001

31) 堀美知郎 『PEFC：水管理，シールおよび冷却』水素・燃料電池ハンドブック, オーム社, 2006

32) インターナショナル・フュエル・セルズ社, 特許出願 2001-520495 号

33) 宗内篤夫, 霜鳥宗一郎, 高須和彦, 榎並正雄『定置用固体高分子型燃料電池システムの開発』第4回 FCDIC シンポジウム, pp99-102, 1997

34) M.Watanabe, H. Uchida, and M. Emori 『Polymer Electrolyte membranes incorporated with nanometer-size particles of Pt and/or metal-oxides, experimental analysis of self-humidification and suppression of gas crossover in fuel cells』 J. phys. chem. 102, p3129, 1998

35) M. Watanabe, H. Uchida, Y. Seki, and M. Emori 『Self-humidifying polymer electrolyte membranes for fuel cells』 J. Electrochem. Soc. 143, p3847, 1996

36) H. Uchida, Y. Ueno, H. Hagihara, and M. Watanabe 『Self-humidifying electrolyte membranes for fuel cells-Preparation of highly Tio2 particles in Nafion 112』 J. Electrochem. Soc. 150 (1), A57-A62, 2003

37) Minkmas V.Williams, H.Russell Kunz, James M.Fenton 『Operation of Nafion-based PEM fuel cells with no external humidification：influence of operating conditions and gas diffusion layers』 Journal of Power Sources135, pp122-134, 2004

第4章 セル性能

　PEFCのセル性能の向上は電池の小型・軽量化に極めて重要である。また，セル性能はたとえば運転圧力，温度，流量条件などによって左右される。

4.1　セル性能の向上

　PEFCのセル性能が向上した主要因は下記のような技術開発に基づく。

(1) 高分子膜厚さとEW値の低減

　図4.1に示すように，膜厚さおよびEW（交換基当量重量）値の低減がセル抵抗を低下させ，セル性能を大きく向上させている。開発当初の高分子膜厚さは175/125 μm（ナフィオン117/115）であったのが，現在はガスリーク量を考慮して25 μmから30 μmのものが使用されている。また，EW値は当初1 100 g/eq.であったものが，現在は700 g/eq.から800 g/eq.のものが開発されている。

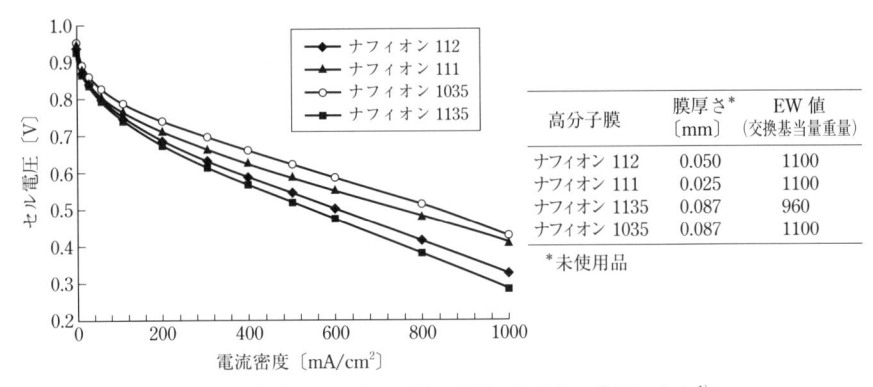

高分子膜	膜厚さ*〔mm〕	EW値（交換基当量重量）
ナフィオン 112	0.050	1100
ナフィオン 111	0.025	1100
ナフィオン 1135	0.087	960
ナフィオン 1035	0.087	1100

*未使用品

図4.1　膜厚さおよびEW値の低減によるセル性能の向上[1]

(2) 触媒の微粒子化および高分散化

　触媒は粒径が1 nmから5 nmの白金触媒を10 nmから100 nmの粒状の触媒担

持体であるカーボンブラックの上に付着させて形成される。白金触媒の比表面積が大きいほど触媒の活性は高まるので、担持体の表面積の大きいカーボンブラックの上に微粒子化された白金触媒を高分散化させるのが望ましい。

図4.2(a)は触媒担持体を変化させたときのCV測定結果で、(b)はその触媒を用いてセル性能試験を行なった結果である（CV測定とはサイクリックボルタンメトリー法の略で、触媒表面積を電気化学的に求める方法であり、6.1節で紹介する）。

触媒担持体の表面積が大きいほど触媒表面積は大きく、セル電圧は上昇していることがわかる。

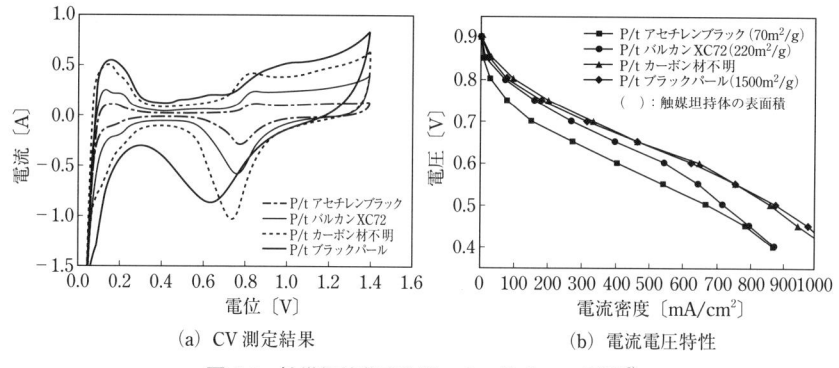

(a) CV測定結果

(b) 電流電圧特性

図4.2 触媒担持体変化時のセル性能への影響[2]

次に、白金の塗布量を 0.4 mg/cm^2 と一定とし、触媒担持体の1つであるバルカンに付与される白金量の重量%の最適化が検討され、その結果が図4.3に示される。

白金量が約20重量%のとき、セル性能がいちばん良かった。この要因は表4.1に示されるように白金量の重量%が大きすぎると、触媒担持体上に多くの白金触媒が付与されるため、白金触媒と白金触媒の粒子間隔が狭まり、白金触媒同士が結合しやすくなりその結果、触媒粒径が大きくなり触媒表面積が低下するためである。一方、重量%が小さいと触媒表面積は大きいが、重量%が低い分触媒担持体量を増やす必要があり、そのため触媒層が厚くなり、結果としてガスの拡散経路が増えてガス拡散阻害が増大する。

以上のほかに、白金触媒の微粒子化ならびに合金化の研究が進められ、セル性能の向上に寄与している。

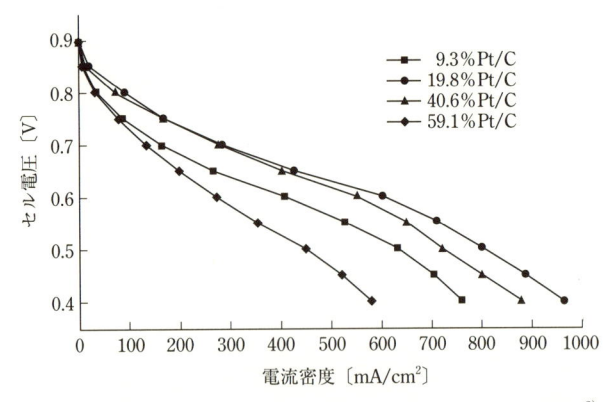

図4.3 担持体に付与される白金の重量比変化とセル電圧特性[2]

表4.1 担持体バルカンに付与される白金の重量比変化と触媒の物性値

Pt/バルカン XC72 〔%〕	平均 Pt 粒径〔Å〕	Pt 表面積	触媒層の厚さ〔μm〕
9.3	20	140	34.0
19.8	25	112	23.0
40.6	39	72	11.7
59.1	88	32	3.5

(3) 触媒層へのイオノマーの含浸

アノードから高分子膜内を移動してきた水素イオンが触媒層内の多くの触媒へ到達し,触媒層の厚さ方向の触媒が有効に利用されるように,触媒層内へ高分子膜と同じ成分のイオノマーが含浸されている。

イオノマーの量(重量ベース)とセル性能の関係が図4.4に示される。イオノマーの量が少ないとイオノマーの被覆がない触媒があらわれ,そのような触媒には,水素イオンは到達できないので触媒の利用率は低下する。逆に,イオノマーの量が多いとガスの拡散性が阻害されてしまう。一連のパラメータ調査の結果,イオノマーの量は約40%が最適とされる。

上記のほかにGDLのガスの拡散性および水の排水性の向上等により,高電流密度領域でも運転できるセルが開発されるようになった。電流電圧特性の中で優れた特性の代表例が図4.5に示される。

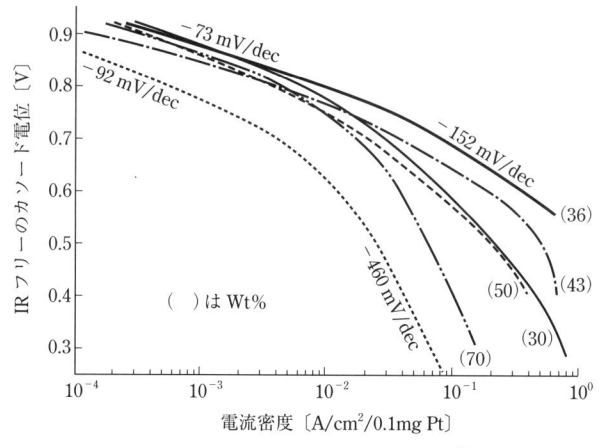

図 4.4 イオノマーの量とセル性能[3]

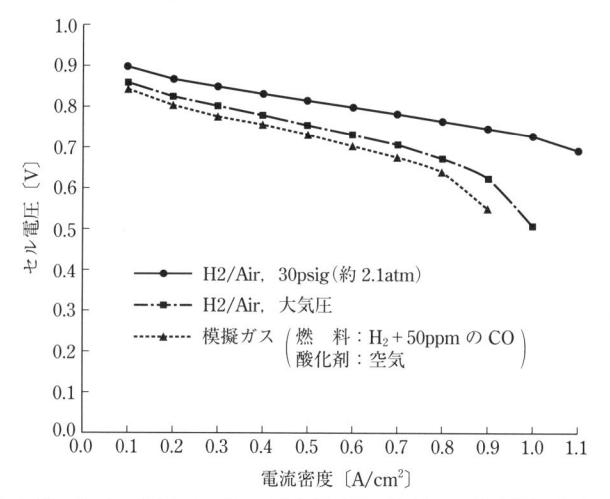

図 4.5 代表的な電流電圧特性[4]

セル温度：70℃，アノード/カソード：フル加湿アノード/カソード流量（ストイック）：1.5/2.5

4.2 セル電圧特性

　セル電圧特性は運転圧力，温度，ガス流量（燃料・空気利用率），加湿（高加湿，低加湿），不純物の種類・濃度などによって左右される．以下にその影響を述べる．

4.2.1 運転圧力特性

(1) 加圧化によるセル電圧の上昇

PEFCは通常，常圧で運転するが運転圧力を高めると空気中の酸素濃度が上昇するため，セル電圧は上昇する。セル電圧の圧力依存性を図4.6に示す。運転圧力の上昇とともにセル電圧は上昇している。

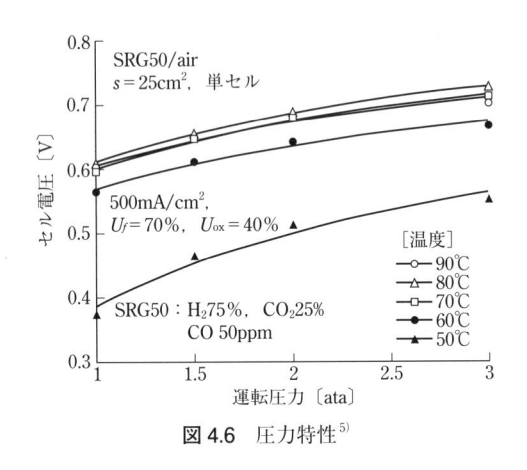

図4.6 圧力特性[5]

(2) セル温度上昇の課題と解決策

PEFCの将来の技術課題として，セル温度の上昇が検討されている。現在，セル温度は80℃程度であるが90℃から120℃に上昇させることにより，自動車用はラジエータの縮小化，家庭用はCO被毒の低減や熱利用の拡大が期待できる。

運転温度の上昇に対し，高温用の膜開発が重要なテーマとなり，現在精力的に開発が進められているが，ここではセル温度上昇による運転上の課題と解決策について記述する。

図4.7(a)に示すように，運転温度が80℃で100%加湿時の水蒸気分圧は0.48 atmとなり，常圧運転では残りが水素および酸化剤の分圧で0.55 atmとなっている。この程度の水素および酸素分圧（これは濃度に置き換えることができる）があれば，正常な運転が可能となる。ところが，運転温度を上昇させると100%加湿時の水蒸気分圧は，たとえばセル温度90℃では0.71 atm，100℃では1.03 atmとなり，セル温度の上昇とともに水素および酸化剤の分圧は大きく低下し，運転ができなくなる。

この解決策として，下記のものが挙げられる。

①図 4.7(b)に示すように，運転圧力を上昇させると圧力上昇分だけ水素および酸化剤の分圧が高まる。

②フル加湿をやめて相対湿度を下げて運転する。水蒸気分圧の低下分だけ水素および酸化剤の分圧は上昇する。

ただし，運転圧力の上昇は反面コンプレッサーの圧力上昇など別の課題もある。また，相対湿度を下げた運転はセル性能の低下および膜劣化をもたらすので，バランスのとれた条件設定が必要である。

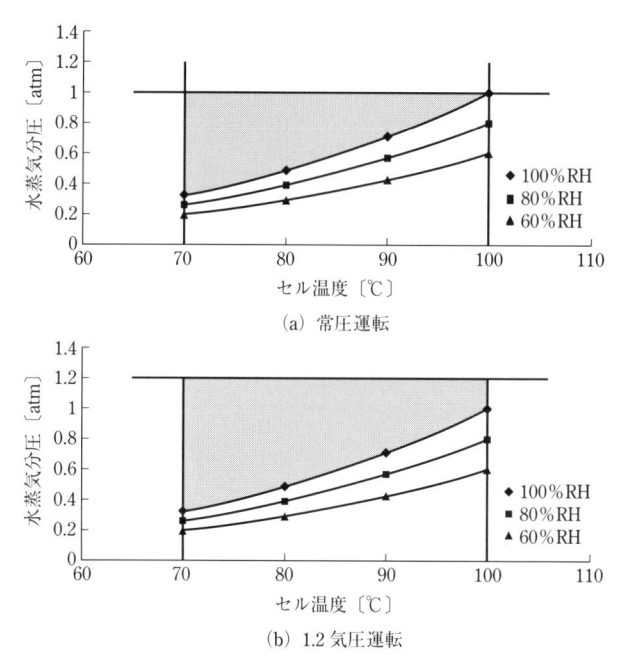

(a) 常圧運転

(b) 1.2 気圧運転

図 4.7　運転圧力と水蒸気分圧，水素・酸素分圧

4.2.2　セル運転温度特性

PAFC では，セル温度の上昇に伴い触媒活性が向上し，結果としてセル電圧が約 $1\,mV/1\,℃$ の割合で上昇する。

しかし，PEFC では必ずしもセル温度の上昇に伴ったセル電圧の上昇はない。セル電圧の運転温度特性の一例を図 4.8 に示す。図では加湿温度が 65 ℃ に維持された状態で，セル温度（この実験では冷却水の出口温度を変化）を上昇させたと

きのセル電圧特性を示している。

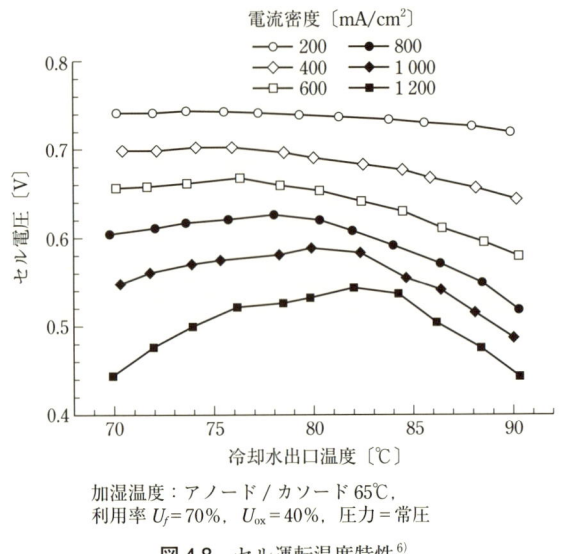

図4.8 セル運転温度特性[6]

加湿温度：アノード／カソード65℃，
利用率 U_f =70%，U_{ox} =40%，圧力＝常圧

電流密度の小さい試験ではセル温度の上昇とともにセル内相対湿度は低下し，セル抵抗が増大するため，セル電圧は徐々に低下する。一方，電流密度の大きい試験では電流密度に比例した生成水が外部加湿水に加算されるため，セル温度の低い領域では過剰加湿となり，ガス拡散阻害が発生しセル電圧は低下する。一方，セル温度を徐々に上昇させると，過剰加湿が解消されるためセル電圧は上昇する。さらにセル温度を上げていくと過剰加湿は解消されるものの，相対湿度は低下してセル抵抗が増大するためセル電圧は低下する。

このように，PEFCの場合，セル電圧は加湿の状態に大きく影響されるため，単純にセル温度の上昇に伴いセル電圧が上昇するというわけではない。

4.2.3 利用率特性

燃料流量のセル電圧特性への影響を燃料利用率特性（燃料利用率：水素を燃料としたとき，セル内で発電により消費される水素量をセル入口の水素量で除した値）といい，空気流量の影響を空気利用率特性（空気利用率：セル内で消費される酸素量をセル入口の空気中に含まれる酸素量で除した値）という。

(1) 燃料利用率特性

家庭用燃料電池は天然ガス，プロパンガスを燃料として改質器で水素リッチな改質ガスを製造し電池へ供給している。一方，自動車用燃料電池あるいは一部の定置用燃料電池は純水素を電池へ供給し使用している。

(a) 改質ガスを用いた燃料利用率特性

燃料に改質ガスを用いたときの燃料利用率特性を図4.9に示す。燃料利用率が80 %を越えたあたりからセル電圧は低下し，スタック内のセル電圧のばらつきも増大している。そのため，改質ガスを使用する場合は，燃料利用率を70 %から80 %に設定するのが一般的であり，セル内で消費されずに残った改質ガスは改質器のバーナの燃焼用に有効活用されている。

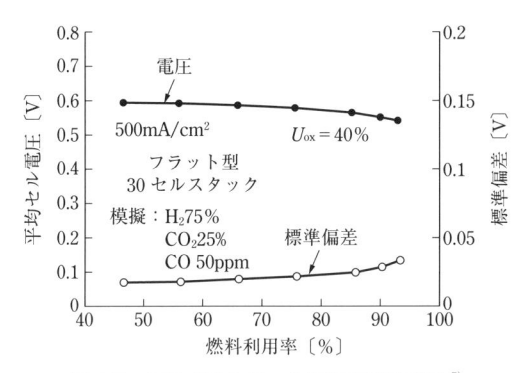

図4.9 加湿ガスを用いた燃料利用率特性[7]

(b) 純水素を用いた燃料利用率特性

純水素を燃料とする場合，排出される水素は燃料の損失となり電池効率の低下につながるため，排出水素量を極力減らす高燃料利用率運転か，電池からの排出水素を電池のアノードへ戻し，再度セル内で利用するアノードリサイクル運転が行なわれている。アノードリサイクル運転は燃料循環のための駆動力を必要とし，電池のシステム効率低下の要因となるので，ここでは前者の高燃料利用率運転について，実験データならびに発生した課題に対する解決策を紹介する[8]〜[10]。

一例として使用した電池は85個のセルを直列に接続したスタックで，燃料利用率試験を行ない得られたセル電圧分布例を図4.10に示す。ここで使用されているセルはガスの流れが対向流で，空気の入口に水分を注入して加湿する方式を採用

している。燃料利用率が 90 %のとき，No. 11 のセル電圧が 0.69 V となり，さらに燃料利用率を 95 %に上げると，セル電圧は 0.5 V 以下に低減することが示された。これは直列に接続されたセル数が 85 セルと多いため，セル製造時のバラツキなどにより，スタック内で配流のアンバランスが生じ，流量不足のセルにセル電圧低下が起きたと思われる。したがって，このスタックの燃料利用率の限界は約 85 %と考えられる。

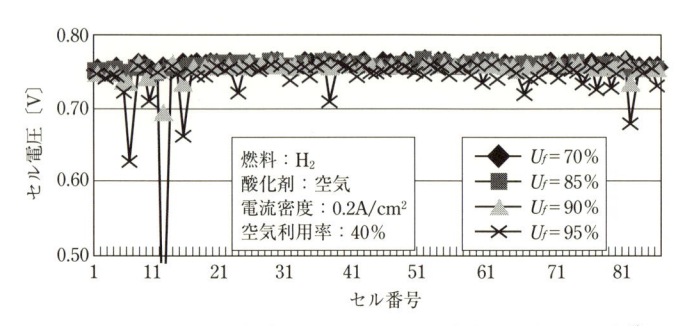

図 4.10 85 セルから構成されるスタックの水素利用率特性分布[8)]

もともとこのスタックの燃料利用率の目標値は 96 %としているため，新たな解決策が必要となる。以下，その内容を説明する。

解決策の1つが分割スタック方式の採用である。図 4.11 に従来のスタック方式と分割スタック方式の構成の比較を示す。ここでいう分割スタックとは従来のスタックのセル数を変えることなく，主スタックと従スタックの2つに分割するものである。また，この分割スタック方式の場合，水素は主スタックへ供給し，主スタックから排出される水素を従スタックの入口に供給する方法を採用する。一方，空気は従来スタックと同様に各セルへ均一に供給する。このような分割スタックを採用することの効果を次に示す。

たとえば，100 セルから構成される従来スタック方式の燃料利用率を 96 %とし，1セルあたりの水素消費量を1とすると，このスタックへ供給される水素量は 104.2（100/0.96 = 104.2）となる。一方，分割スタック方式では水素供給量は従来スタック方式と同じ（104.2）であるが，主スタックの燃料利用率は 81.6 %（85/104.2 = 0.816），従スタック方式の燃料利用率は 78.1 %（15/(104.2 − 85) = 0.781）となり，主スタックと従スタックの燃料利用率は従来スタック方式と比べ大きく

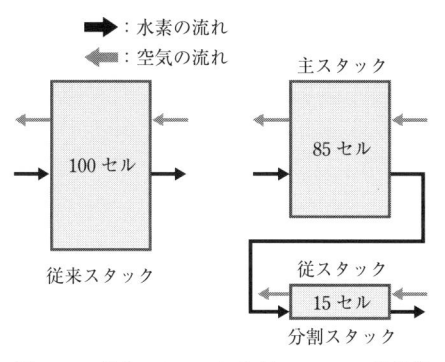

図 4.11 従来スタックと分割スタックの比較[8]

低減していることがわかる．したがって，分割スタックで運転すると1スタックで運転する場合の燃料利用率96％がそれぞれ主スタックでは81.6％，従スタックでは78.1％へ低減するため，図4.10に示されるようにセル電圧の低下は避けられる．この考えに基づいて主スタックのセル数85と従スタックのセル数15とから構成される分割スタックを製作し試験した結果を図4.12に示す．燃料利用率が98％のとき一部のセルに0.63Vと低い値が見られたが，燃料利用率が目標の96％ではセル電圧の大きな低下は見られず運転できることが示された．なお，ここでは2分割スタックの検討結果を示したが3分割あるいは4分割のように分割数を増やせば分割したスタックの燃料利用率はさらに低減されるため，一層の高利用率運転が可能となる．

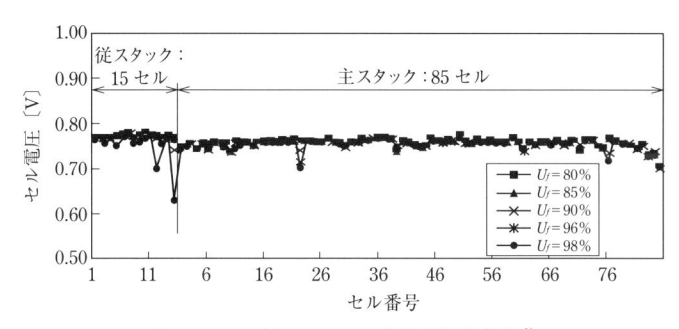

図 4.12 分割スタックの燃料利用率特性[8]

また，セルレベルでは図4.13のようなリターンフロー方式を，またスタックレベルではシリアルフロー方式を採用すれば同様に高燃料利用率運転が可能となる．

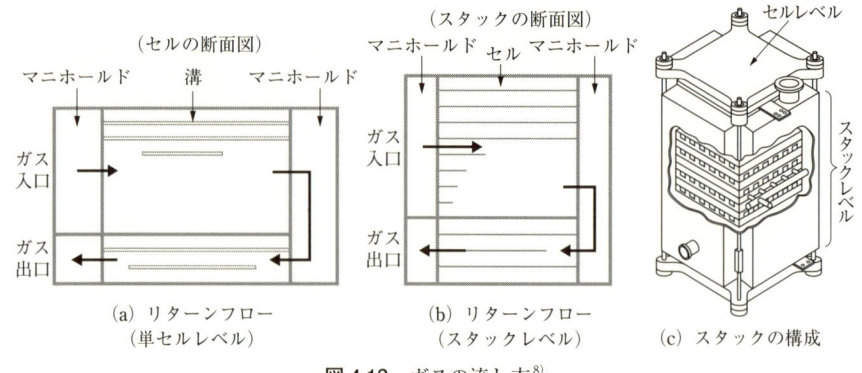

図 4.13 ガスの流し方[8]
(a) リターンフロー（単セルレベル）
(b) リターンフロー（スタックレベル）
(c) スタックの構成

（2）空気利用率特性

空気利用率は燃料利用率より小さく通常 40 % から 60 % 程度の値が使用される。

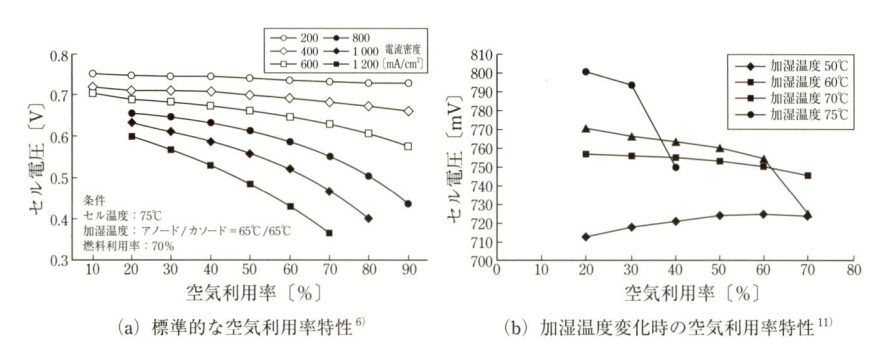

(a) 一般的な空気利用率特性

空気利用率特性を図 4.14 に示す。図 4.14(a) は一般的な空気利用率特性で，空気利用率が増大するとセル内の酸素濃度が下がりセル電圧は低下する。とくに電流の大きい領域でセル電圧低下が著しい。

図 4.14 空気利用率特性
(a) 標準的な空気利用率特性[6]
(b) 加湿温度変化時の空気利用率特性[11]

(b) 加湿温度変化時の空気利用率特性

PEFC のセル電圧特性は加湿の影響が大きい。したがって，空気利用率特性も加湿温度に大きく影響される。図 4.14(b) は加湿温度を変化させたときの空気利用率特性を示す[11),12)]。PEFC は空気利用率を増大させるとセルからの排出水分量が減少する。セル温度 80 ℃ で加湿温度が 70 ℃，75 ℃ の高加湿温度条件で運転する

と，わずかな空気利用率の変化でも水分が蓄積されガス拡散阻害（フラディング現象という）が発生し，セル電圧は急激に低下する。一方，加湿温度が50℃のように低い場合は空気利用率の増加とともにセル内の水分量が増加する。そのため，セル抵抗が低減しさらに触媒層内の水分が増えるため，イオノマーを含浸させた触媒層内のイオン伝導も増加する。その結果として，触媒利用率が向上しセル電圧は上昇する。ただし，低加湿運転は高加湿運転と比べセル電圧が著しく小さい。

以上の現象を説明するデータを図4.15から図4.18に示す。図4.15は加湿の影響を考慮したセル内平均酸素濃度を求めたものである。加湿されないときは空気利用率の増加とともに酸素濃度の低下は大きい。一方，加湿されると水蒸気分圧が増え酸素分圧は低下するので，空気利用率の増加にともなう酸素濃度の低下は高加湿ほど小さい。

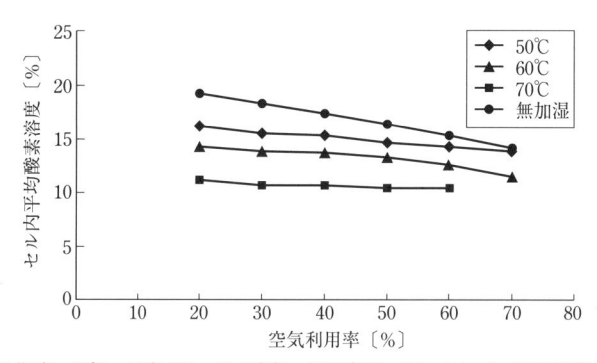

セル温度：80℃，反応ガス：H_2/空気，電流密度：200mA/cm^2，燃料利用率：70%

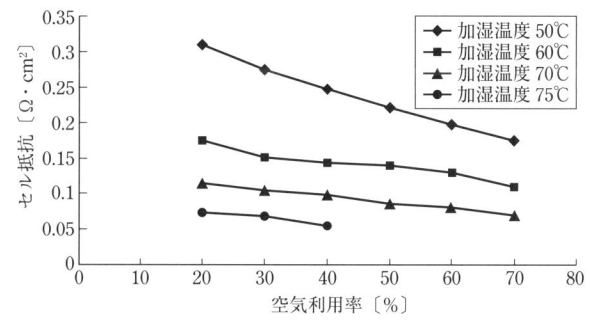

図4.15 加湿の影響を受けたセル内酸素濃度[11]

セル温度：80℃，反応ガス：H_2/空気，電流密度：200mA/cm^2，燃料利用率：70%

図4.16 加湿温度をパラメータとした空気利用率とセル抵抗[11]

4.2 セル電圧特性

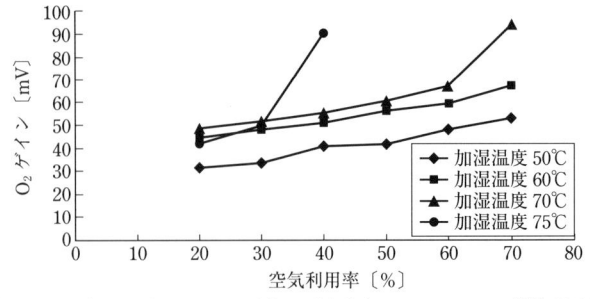

図 4.17　空気利用率と O_2 ゲイン [11]

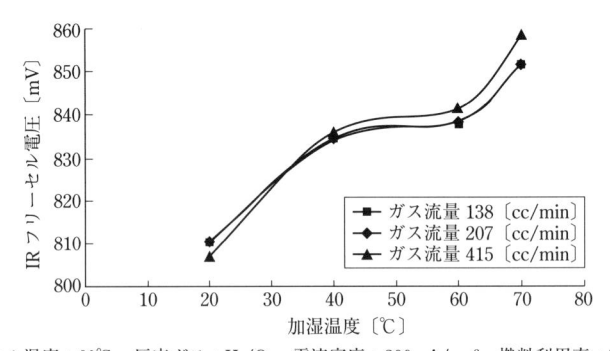

セル温度：80℃，反応ガス：H_2/空気，電流密度：200mA/cm^2，燃料利用率：70%

図 4.18　加湿温度と IR フリーのセル電圧 [11]

セル温度：80℃，反応ガス：H_2/O_2，電流密度：200mA/cm^2，燃料利用率：70%

　図 4.16 は空気利用率変化時のセル抵抗の変化を示す。空気利用率が増大するとセル内に水分が蓄積されてセル抵抗は低減する。

　図 4.17 は空気利用率変化時の O_2 ゲイン（発電試験時に用いる酸化剤を空気から酸素に替えたときのセル電圧差をいう）の変化を示す。加湿温度が 70 ℃，75 ℃と高いときはわずかな空気利用率の変化に対しても，セル内に蓄積された水分の影響により空気の拡散性が阻害されて，セル電圧は著しく低下する。それに対し，純酸素試験ではその影響が極めて小さいため O_2 ゲインは加湿温度が高いほど，また空気利用率が増大するほど大きい値を示している。

　また，図 4.18 に示すように純酸素試験の場合，加湿されるほど触媒層内の水分量が増えるため触媒利用率が向上し，さらに空気試験のようなガス拡散阻害によるセル電圧低下は小さいためセル電圧は上昇する。

4.2.4 加湿特性

PEFCは一般的に高加湿条件で運転するが、電流密度を増大させすぎるとガス拡散阻害が発生し、セル電圧低下の要因となる。自動車用は冷却器の縮小化のため、家庭用ではCO被毒除去および熱利用の拡大のため、高温運転が要求され、その際は低加湿運転が必要となる。

加湿特性の例を図4.19に示す。加湿温度の増大とともに、すなわち高加湿運転ほどセル電圧は増大している。この主要因はセル抵抗の低減と触媒層内のイオノマー伝導度の上昇による。以下に高加湿条件時と低加湿条件時のセル電圧特性について紹介する。

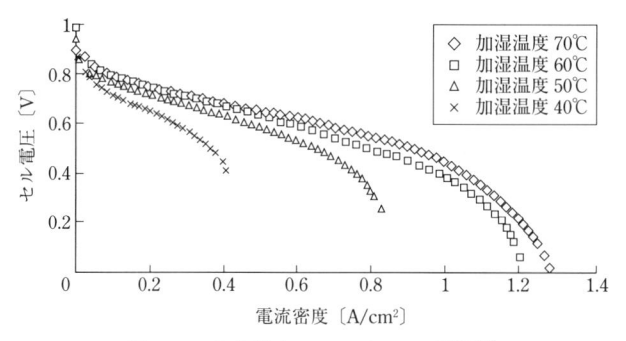

図4.19 加湿温度のセル電圧への影響 [13]

(1) 高加湿条件時のセル電圧経時特性

高加湿条件で運転を持続するとセル電圧は徐々に低下することがある。その一例を図4.20に示す。試験条件はセル温度73℃、両極加湿温度60℃、電流密度400 mA/cm^{2}で、250時間運転したときの結果である。

電圧低下の要因を調べるためO_2ゲイン試験を定期的に行なったところ、O_2ゲインは徐々に上昇していた。これは試験時間の経過とともにセル内に水分が蓄積しガス拡散性阻害が徐々に発生していったためと考えられる。このガス拡散性阻害を除去するには、セル温度を上げるかガス流量を増やしてセル内の水分を追い出すことが必要である。ここではセル温度の上昇により、セル内水分を取り除きガス拡散成阻害を除去した実験例を紹介する。

250時間の試験終了後、セル温度を上昇させたときのセル電圧の変化を図4.21に示す。空気を用いた試験では、はじめセル温度の上昇とともにGDLならびに

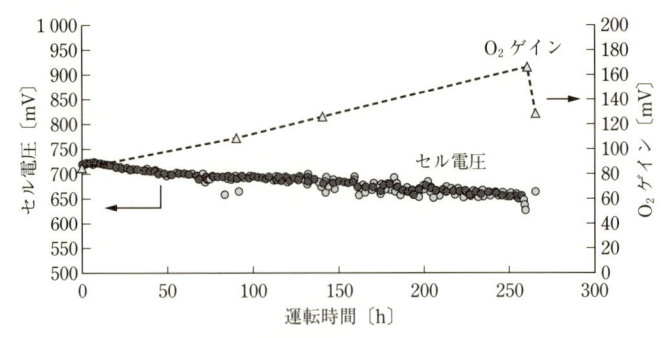

図4.20 セル温度73℃,両極加湿温度60℃,電流密度400 mA/cm² 時のセル電圧経時特性[14]

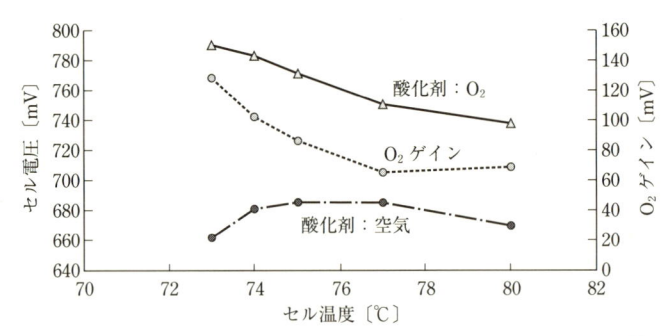

図4.21 ガス拡散阻害抑制のためのセル温度上昇とセル電圧特性[14]

触媒層から水分が抜けて,ガス拡散性が向上するためセル電圧は上昇するが,セル温度が75℃を超えてから徐々に低下し始めた。これはセル温度の上昇とともにガス拡散性は向上する反面,セル内の水分が不足し,その結果セル抵抗が増大し,さらに触媒層内のイオノマーのイオン伝導の低下がもたらす触媒活性の低下により,セル電圧は低下したと考えられる。

酸化剤に純酸素を用いた試験では,セル温度の上昇とともにセル電圧は徐々に低下している。純酸素を用いた試験では,もともとガス拡散阻害によるセル電圧低下は小さいので,セル温度の上昇はセル内水分量の低下をもたらし,そのためセル抵抗の増大と触媒層内のイオン伝導の低下による触媒活性の低下により,セル電圧は低下していったと推定される。このように酸化剤として空気を用いる場合と純酸素を用いる場合とでは,同じ加湿条件下でもセル電圧の挙動が大きく異なること,また空気を用いた試験ではセル温度の上昇によるガス拡散阻害の抑制

も限られた温度範囲であるといえる。

(2) 低加湿条件時のセル電圧特性

(a) 低加湿運転時のセル電圧経時変化

低加湿運転を継続したとき，セル電圧は時間の経過とともに徐々に低下していく。以下ではこの現象を説明する。高加湿と低加湿条件下でのセル電圧経時特性の比較を図4.22に示す。高加湿運転に対し，低加湿運転を行なうとセル電圧は著しく低下した。

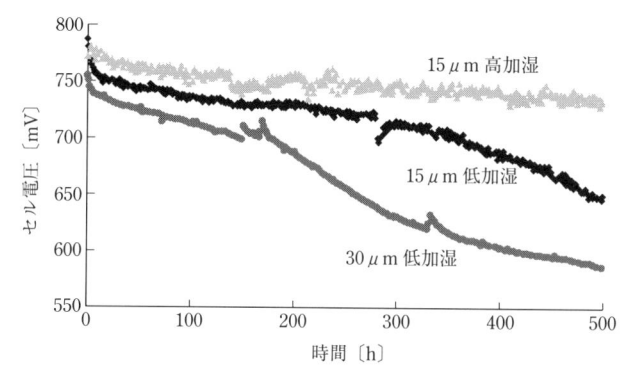

フル加湿：セル温度／アノード／カソード，加湿温度 80/80/80℃
低加湿：80/80/50℃, $I = 200 [mA/cm^2]$, U_f：70%, $U_{ox} = 40\%$

図 4.22 セル電圧経時特性[15]

この要因を調べるため，開放電圧試験とガスリーク試験を定期的に行なったところ，図4.23に示すように膜厚さが 15 μm のセルは試験の途中でクロスリークが発生し，そのため開放電圧が低下した。この現象は膜厚さが薄いために生じた現象である。一方，膜厚さが 30 μm のセルはクロスリークが発生していないのに開放電圧の低下が著しく増大していた。以下ではこの現象の解明を中心に説明する。

低加湿試験終了後の分極分離の結果は図 4.23(c)に示されるように，30 μm セルの活性化分極が著しく増大していた。この要因はセル内の水分が時間とともに低下し，触媒層内のイオノマーのイオン伝導が低下して，その結果触媒の利用率が低下し，活性化分極の増大，セル電圧の低下に至ったものと推定される。以下に推定の根拠を述べる。

理論起電力，セル電圧，各種分極，開放電圧とリーク電流の間に(4.1)式，(4.2)

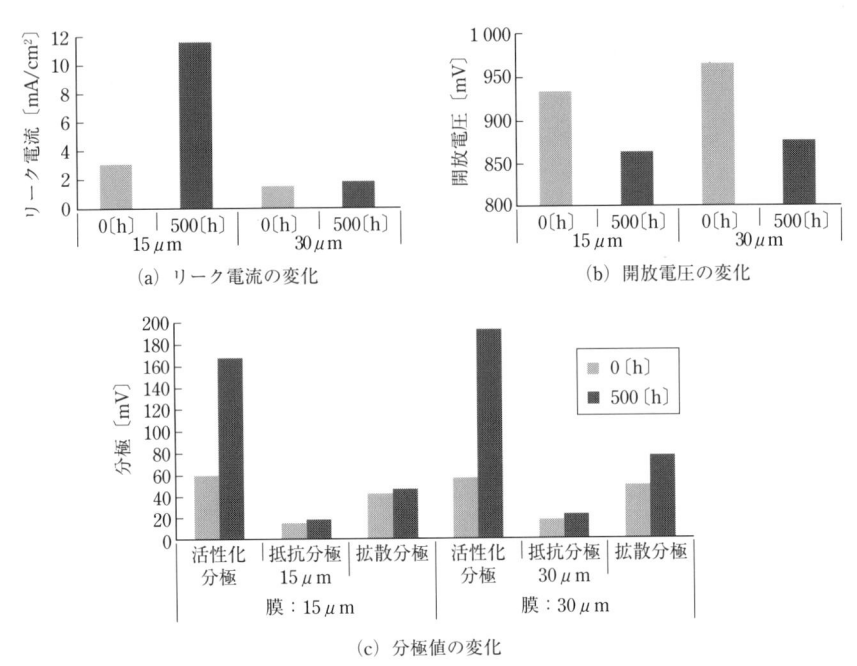

図4.23 試験前後のリーク電流,開放電圧および各種分極値の変化[15]

式が成立する。

$$E_o = E_{cell} + \eta_{act} + \eta_{ir} + \eta_{dif} \tag{4.1}$$

$$\eta_{act} = b\log\left(\frac{i_{eff}}{i_0}\right) \tag{4.2}$$

ここで,E_o は理論起電力,E_{cell} はセル電圧,η_{act} は活性化分極,η_{ir} は抵抗分極,η_{dif} は拡散分極,i_{eff} は実効電流密度で i と i_{cross} の和,i は実電流密度,i_{cross} はリーク電流密度,i_0 は交換電流密度,b はターフェル勾配である。また,実電流密度がゼロのとき,

$$\eta_{ir} = 0, \quad \eta_{dif} = 0, \quad i_{eff} = i_{cross}$$

であるから,(4.1)式,(4.2)式は(4.3)式となる。

$$E_o = V_{OCV} + b\log\left(\frac{i_{cross}}{i_0}\right) \tag{4.3}$$

ここで,V_{OCV} は開放電圧である。この式から定期的に開放電圧とリーク電流を測定することにより,時間経過に対する交換電流密度を求めることができる。交換

電流密度は触媒の活性を示すため，交換電流密度を触媒利用率に置き換えることができ，交換電流密度の初期値を触媒利用率 100 % とすると，30 μm セルの触媒利用率の時間的変化は図 4.24 に示されるように，時間の経過とともに低下し，運転終了時には運転初期に対し 6.6 % まで低下していた。

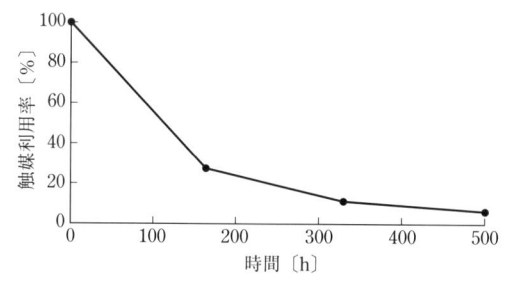

図 4.24 触媒利用率の時間的変化[15]

別途 CV 法で触媒表面積を求め表面積の低下（フル加湿条件下で触媒表面積を測定）からセル電圧の低下を算出すると約 14 mV である。一方，図 4.23 に示されるように触媒活性に起因するセル電圧低下は 135 mV と極めて大きい。したがって，セル電圧の低下要因は触媒の劣化ではなく，低加湿運転のため，時間の経過とともに触媒層内の水分が低下していき，それによって触媒利用率が低下し，セル電圧が低下していったものと推定される。

(b) 加湿条件変化時の電解質膜厚さ，電解質膜およびイオノマーの EW 値のセル電圧特性への影響

低加湿運転時のセル電圧特性への影響を見るために電解質膜厚さ，電解質膜および触媒層内のイオノマーに使用されている EW 値の影響について紹介する。加湿条件はアノード／カソード：100 %／100 %，100 %／ドライ，ドライ／50 % の 3 種類である。実験に使用したセル N112 は膜厚さ 50 μm，EW 値 1 100，N111 は膜厚さ 25 μm，EW 値が 1 100，ゴアセルは膜厚さ 25 μm，EW 値が 1 000 以下のものである。ガス流量はアノード／カソードストイック：2.0/2.0 である。この試験結果が図 4.25 に示される。図 4.25(a)は電流密度が 0.1 A/cm^2，図 4.25(b)は 0.8 A/cm^2 時のセル電圧を示す。低加湿条件（アノード／カソード加湿：100 %／ドライ，ドライ／50 %）では同じ EW 値を使用した場合，膜厚さの薄いものほど，また，膜厚さが同じ場合は EW 値の小さいものほどセル電圧は大きい。

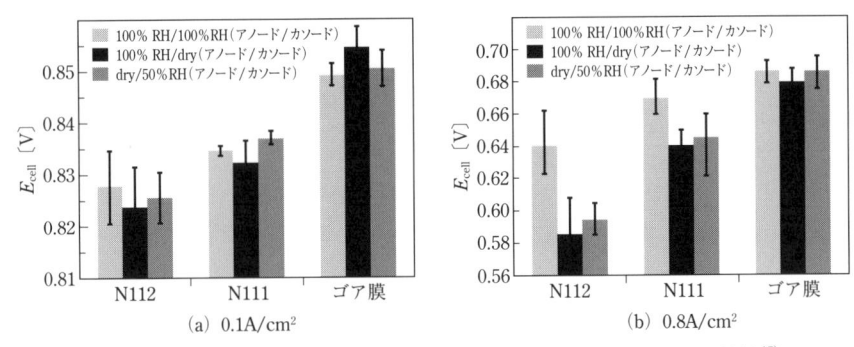

図 4.25 電解質膜厚さ，EW 値の相違による低加湿運転時のセル電圧特性[17]

加湿は膜抵抗と触媒層内のイオノマーのイオン伝導に影響を与えることから，アノード/カソード：100 %/100 %，100 %/ドライでの試験条件下でのセル電圧差，すなわち（100 %/100 % − 100 %/ドライ）セル電圧差および IR フリーのセル電圧差（膜抵抗の影響が除去され，触媒層内のイオン伝導のみの影響が示される）と電流密度の関係が求められ，結果が図 4.26 に示される。ゴア膜は低加湿条件でもセル抵抗は小さく，触媒層内のイオン伝導も優れているため，低加湿環境に適用してもフル加湿と同様のセル性能を発揮することが示されている。

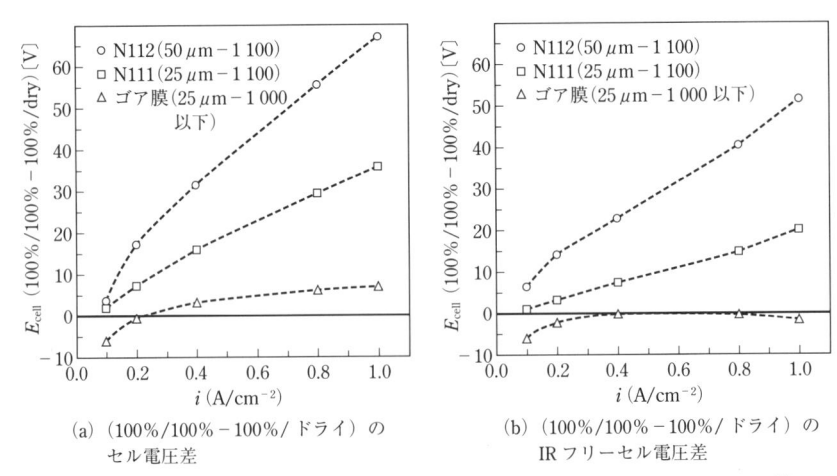

図 4.26 電解質膜厚さ，EW 値の相違による高加湿時と低加湿時のセル電圧差[17]

(c) 無加湿運転特性

外部からの加湿なし運転が可能であれば PEFC システムの小型化が可能となる。

以下に無加湿運転特性について示す。電流が流れるとセル内に生成水が発生し，生成水は排ガスとともにセル外へ排出される。したがって，セル温度および反応ガス流量を最適化することにより，セル内の水分を有効に活用することができ，外部からの加湿を行なわない運転が可能となる。

一例を図 4.27 に示す。セル温度が低いときは空気流量を増やして，過剰の水分を排出してフラディングの抑制をはかり，セル温度が高いときは空気流量を低減して排出水分量を減らし，セル内の水分量を増やし，セル抵抗の低減をはかる運転をすることにより，外部からの加湿なし運転が可能となる。

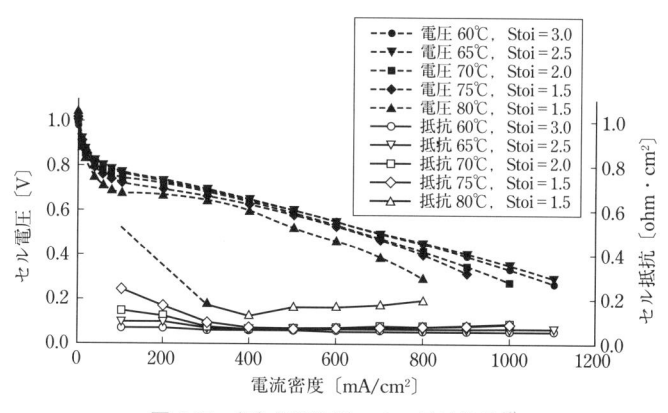

図 4.27 無加湿運転時のセル電圧特性[18]

4.2.5 一酸化炭素の影響

天然ガス，プロパンガスなどから製造した改質ガス中には一酸化炭素（CO）が含まれるため，セル電圧低下の要因となる。そのため，電池本体に改質ガスを供給する前に，選択酸化装置を設置して CO 濃度を 10 ppm 以下に低減して運転をしている。

CO 濃度が 10 ppm 程度でも，アノードに白金触媒を使用するとセル電圧は低下する。このため白金（Pt）／ルテニウム（Ru）の合金触媒を使用して，CO 被毒を抑制している。白金／ルテニウムを使用した際のセルにおける CO 濃度の影響が図 4.28 に示される。この例では，CO 濃度が 10 ppm 場合，セル電圧低下は純水素に比べ 50 mV であった。この理由は図 4.29 に示すように，CO 被毒によりアノード触媒表面積が 53 % に低減し，有効面積あたりの電流密度が増え図 4.30 に示

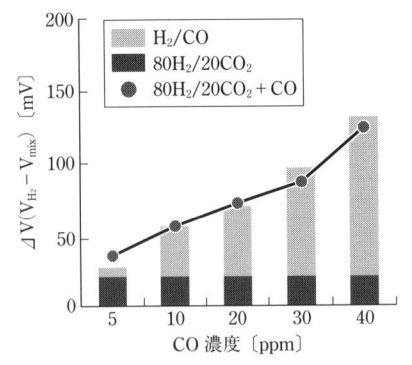

25cm², 単セル, セル温度：80℃, アノード触媒：Pt/Ru, 電流密度：500mA/m²

図 4.28　一酸化炭素濃度のセル電圧への影響[19]

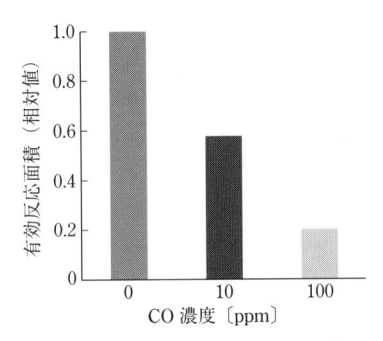

図 4.29　CO 濃度とアノード触媒有効面積の関係[20]

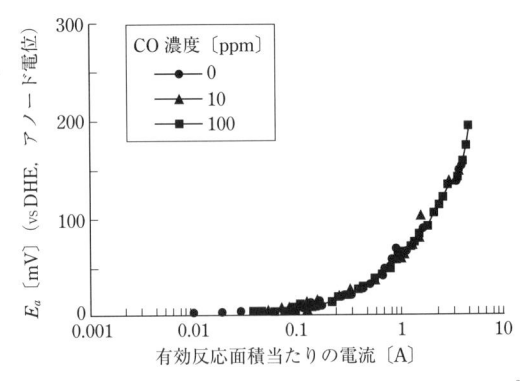

図 4.30　有効反応面積あたりの電流と燃料極分極の関係[20]

すように，セル電圧低下が上昇すると推定される。

以上のデータは開発初期のデータであるが，現在の白金／ルテニウム合金触媒を使用したときのCO濃度とセル電圧低下の関係が図4.31に示される。CO濃度が100 ppmと比較的大きくてもセル電圧低下は35 mV以下に低減している。また，CO被毒のセル温度依存性を図4.32に示す。運転温度を高くすると，セル電圧低下は著しく低減される。このようにセル温度の上昇はCO被毒低減に有効である。

図4.31 CO濃度とセル電圧低下[21]

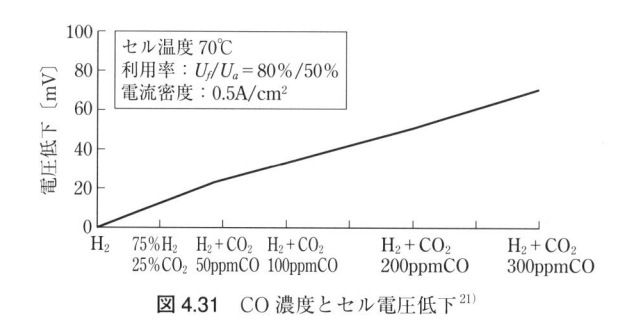

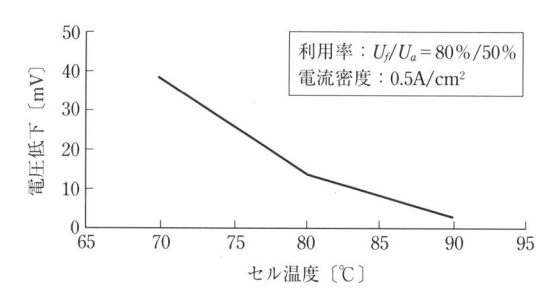

図4.32 COによるセル電圧低下と運転温度[22]

CO被毒に対する別の解決方法として，燃料極に数％の空気を供給する方法（air injection あるいは air bleed：空気注入）がある。改質ガス中にCO濃度100 ppmが含まれるときに，空気を注入した場合としない場合の特性比較が図4.33に示される。4％の空気を注入することにより，COが含まれていない場合と同等の特性が得られる。

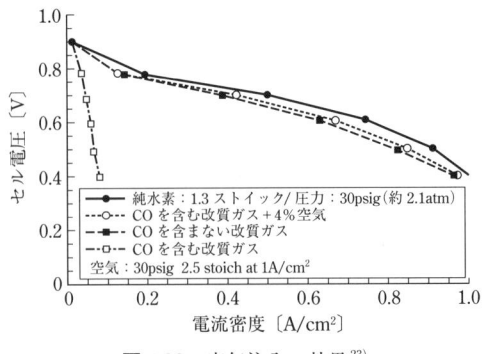

図4.33 空気注入の効果[23]

4.2.6 そのほかの不純物ガスの影響

バイオガスを燃料とする改質ガス中にはアンモニア（NH_3）や硫化水素（H_2S）等が含まれる。また，空気中には硫化水素，二酸化硫黄（SO_2），二酸化窒素（NO_2）が含まれる。これらのガスに対するセル特性への影響を示す。

純水素にアンモニアおよび硫化水素を微量に添加した混合，ガスのセル特性への影響を図4.34に示す。アンモニア，硫化水素濃度が大きいほど，セル電圧低下が大きい。これら不純物ガスから純水素に切り替えても数時間ではセル電圧は回復しない。セル電圧低下の要因はアンモニア混入ガスの場合，膜抵抗の増大[24),25)]，硫化水素混入ガスの場合はアノード触媒の被毒による[26)]。

(a) アンモニア混入ガス[25)]　　(b) 硫化水素混入ガス[26)]

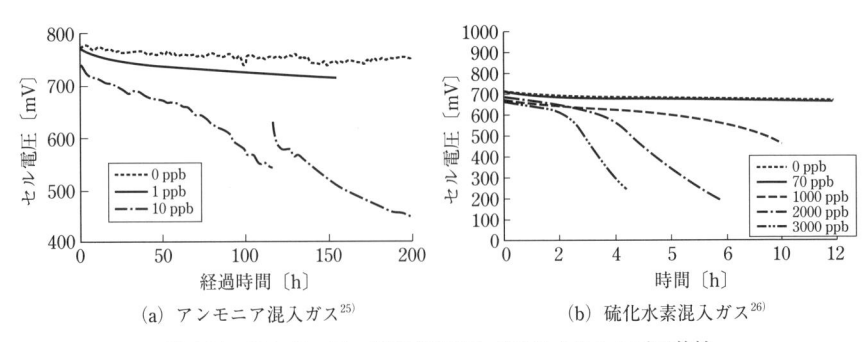

図4.34　アンモニア・硫化水素混入ガスによるセル電圧特性

次に，空気中に含まれる硫化水素，二酸化硫黄，二酸化窒素の影響が図4.35に示される。空気中にこれらの不純物が含まれるとセル電圧は低下する。硫化水素および二酸化硫黄ガスが混入した空気を不純物を含まない空気に切り替えてもセ

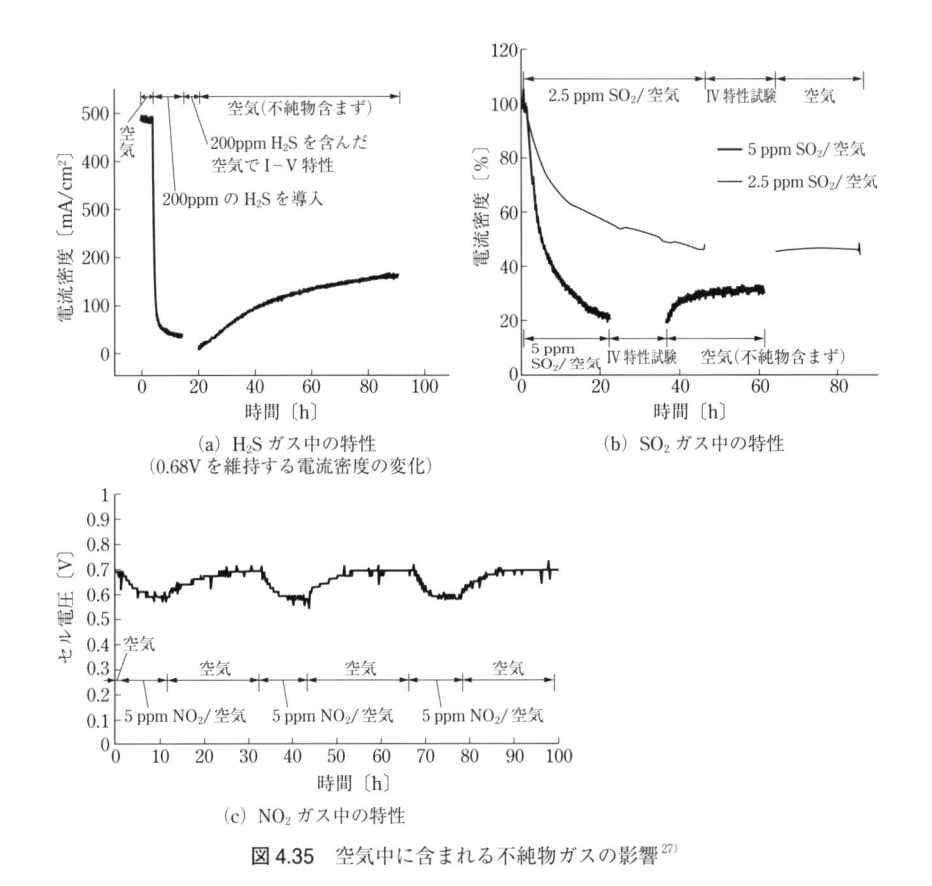

ル電圧は回復しなかったが二酸化窒素ガスではセル電圧は回復した。

(a) H_2S ガス中の特性
(0.68Vを維持する電流密度の変化)

(b) SO_2 ガス中の特性

(c) NO_2 ガス中の特性

図4.35 空気中に含まれる不純物ガスの影響[27]

4章 参考文献

1) Sergei Gamburzer, A.John Appleby 『Recent progress in performance improvement of the proton exchange membrane fuel cell (PEMFC)』 Journal of Power Sources107, pp5-12, 2002

2) M.Prasanna, H. Y. Ha, E. A. Cho, S. A. Hong, I. H. Oh 『Investigation of oxygen gain in polymer electrolyte membrane fuel cells』 Journal of Power Sources137, pp1-8, 2004

3) Peter Gode, Frederic Jaouen, Goran Lindbergh, Anders Lundlad, Goran Sundholm 『Influence of the Composition of the structure and Electrochemical characteristics of the PEFC Cathode』 Electrochimica Acta　48, pp4175-4187, 2003

4) Fuel Cell Handbook 7th Edition 『Polymer Electrolyte Fuel Cells』 DOE/NETL, 2004

5) 前田秀雄，福本久敏，光田憲朗，鴻野健二，中山稔夫『可搬型PEFCの特性評価』第6回FCDICシンポジウム，pp39-42, 1999

6) T. Tanaka, K. Otsuka, K. Oyakawa, S. Watanabe 『Development of a performance test method for PEFC stack』 Journal of Power Sources, 147, pp208-213, 2005
7) H. Maeda, H. Fukumoto, and K. Mitsuta 『Development of PEFC for transportation』 The 3rd IFCC, pp53-56, 1999
8) H. Nishikawa, H. Sasou, R. Kurihara, S. Nakamura, A. Kano, K. Tanaka, T. Aoki, Y. Ogami 『High fuel utilization operation of pure hydrogen fuel cells』 International Journal of Hydrogen Energy 33, pp6262-6269, 2008
9) 宗内篤夫, 酒井勝則, 田中和久, 狩野昭雄, 西川尚男 『純水素形燃料電池の高利用率運転特性』 電学論B, 122巻8号, pp938-943, 2002
10) 狩野昭雄, 田中和久, 青木努, 小上泰司, 佐宗秀寿, 阿部聡, 針山卓, 西川尚男 『カソード内部加湿方式水素燃料固体高分子形燃料電池のガス供給形式による特性変化』 電学論B, 126巻8号, pp821-826, 2006
11) 針山卓, 佐宗秀寿, 阿部聡, 西川尚男, 菅原俊一, 青木努, 小上泰司 『固体高分子形燃料電池の空気利用率特性に及ぼす加湿温度の影響』 電学論B, 127巻9号, pp1041-1047, 2007
12) Suguru Hariyama, Hidetoshi Sasou, Satoshi Abe, Hisao Nishikawa, Toshikazu Sugawara, Tsutomu Aoki, and Yasuji Ogami 『Effect of Humidification Temperature on Air Utilization of Polymer Electrolyte Fuel Cells』 Electrical Engineering in Japan, Vol. 165, No. 4. 2009 (Wiley Periodicals. Inc) Translated from Denki Gakkai Ronbunnshi, Vol. 127-B, No. 9, 2007
13) 堀美知郎 『水管理, シールおよび冷却』 水素・燃料電池ハンドブック, オーム社, 2006
14) 菅原俊一, 森田裕之, 西川尚男 『交流インピーダンス測定によるフラディング発生有無の検証』 電気学会全国大会, 2005-3
15) 西川尚男, 菅原俊一, 栗原星, 青木努, 小上泰司 『固体高分子形燃料電池の低加湿運転におけるセル電圧低下特性』 電学論B, 125巻7号, pp680-686, 2005
16) 菅原俊一, 栗原星, 森田裕之, 西川尚男 『固体高分子形燃料電池のセル電圧低下特性』 電気学会 新エネルギー・環境研究会, FTE-05-10, 2005
17) H. A. Gasteiger, W. Gu, R. Makharia, M. F. Mathias and B. Sompalli 『Beginning of life MEA performance-Efficiency loss contributios』 Handbook of Fuel Cells, Vol. 3, Chapter46, pp593-610, Wiley, 2003
18) Minkmas V.Williams, H.Russell Kunz, James M.Fenton 『Operation of Nafion-based PEM fuel cells with no external humidification : influence of operating conditions and gas diffusion layers』 Journal of Power Sources135, pp122-134, 2004
19) 松林孝昌, 金子実, 中岡透, 濱田陽, 三宅泰夫, 西尾晃治, 榎並正雄, 高須和彦 『常圧作動型数kW級家庭用電源システム開発の要素研究』 第4回FCDICシンポジウム, pp107-111, 1997
20) 松林孝昌, 金子実, 中岡透, 三宅泰夫, 西尾晃治, 鴻野健二, 高須和彦 『燃料中不純物が固体高分子型燃料電池に与える影響の解析』 第5回FCDICシンポジウム, pp107-111, 1998
21) T. Tada 『High dispersion catalysts including novel carbon supports』 Handbook of Fuel

Cells, Vol. 3, Chapter 38, pp481-488, Wiley, 2003

22) T. Tada, M.Inoue, Y. Yamamoto 『Development of Anti-CO Catalyst for PEFC』 The3rd IFCC, pp107-110, 1999

23) S. Gottesfeld 『Direct and Indirect Methanol Fuel Cells』 The2nd IFCW, pp35-43, 1998

24) Francisco A.Uribe 『Effect of Ammonia as Potential Fuel Impurity on Proton Exchange Membrane Fuel Cell Performance』 Journal of The Electrochemical Society, 149 (3), A293-A296, 2002

25) 小林洋臣,　直井宗則,　阿部聡,　佐宗秀尊,　西川尚男 『不純物混入ガスのセル特性への影響』電気学会新エネルギー・環境研究会, 2004

26) 引田覚, 中谷文洋, 鈴木美康, 清水建博, 山根公高, 高木靖雄 『固体高分子形燃料電池における硫黄被毒の影響』自動車技術論文集, Vol. 35, No. 2, April, pp95-100, 2004

27) R. Mohtadi, W-k. Lee, J. W. Van Zee 『Assessing durability of cathodes exposed to common air impurities』 Journal of Power Sources 138, pp216-225, 2004

第5章 セル劣化

　セルへ供給されるガスの加湿状態により，触媒層あるいは高分子膜が乾燥したり，基板あるいは触媒層内に過剰水分が蓄積されて，セル電圧が低下することがある。しかし，このような現象は外部加湿の調整により，もとの状態へ戻すことができる。それに比べ，触媒のシンタリング，電解質膜のクロスリーク量の増大，炭素基板（GDL）の腐食といった現象が生ずるとセル電圧はもとの状態へは戻らない。セルの寿命はこれらの劣化によって決まる。本章では代表的な劣化現象について紹介する。

5.1 触媒劣化

　触媒劣化を触媒層内の触媒機能の低下と考えると，その要因は①触媒粒径の増大，②合金触媒の金属脱落，③坦持体の腐食などが考えられる。

5.1.1 カソード触媒の劣化

　発電中に触媒坦持体上の白金粒子が集まって触媒粒径が増大する現象をシンタリングという。これは粒径の小さい白金触媒が溶解して大きな白金触媒上に再析出する場合や白金触媒が坦持体上を移動し，近くの白金触媒と結合して大きくなる現象である。その結果，白金触媒の表面積が低下し，触媒活性が低下する。この現象は運転条件によって変化する。

　たとえば，電流密度 $0.2\ A/cm^2$（セル電圧：$0.75\ V$）の定常負荷試験時と開放電圧放置〔OCV試験〕試験時のセル電圧経時変化を比較すると，電流密度 $0.2\ A/cm^2$ 時のセル電圧低下率は $25\ \mu V/h$ であり，OCV試験時のセル電圧低下率は $20\ \mu V/h$ であった。そして，このときの触媒表面積の低下は図5.1に示されるように，$0.2\ A/cm^2$ で運転した場合，2 000時間後の触媒表面積は運転初期の約59 %

に低下していたのに対し，OCV試験では21％まで低下していた。このことから，セル電圧が高いほど触媒表面積の低下の大きいことがわかる。

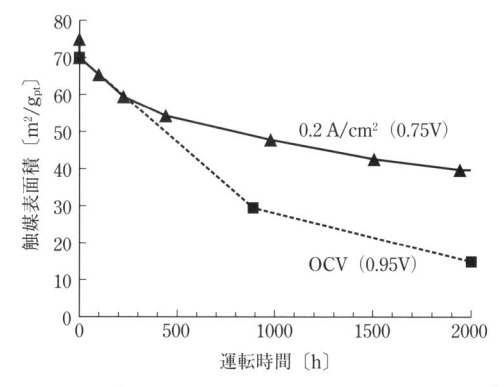

図5.1 定常負荷試験とOCV試験時の触媒表面積低下[1]

これまで示した実験は定常状態の試験の例であるが，自動車用燃料電池の場合，頻繁に起動停止あるいは加速減速が行なわれるので，セル電圧は大きく変動する。このようなセル電圧変動が生じた場合の触媒劣化への影響を次に示す。

0.7 Vと0.9 Vのセル電圧をそれぞれ30秒間繰り返し印加しながら，セル温度と加湿条件を変えたときの触媒への影響が図5.2に示される。10 000回のサイクル試験の結果，同一温度では加湿の大きい方が触媒の劣化は大きい。相対湿度が25 ％RHでは，触媒表面積は初期の85 ％に低下したのに対し，フル加湿では49 ％まで低下している。これは触媒層中の水分が多いと坦持体上の触媒は溶解しやすくシンタリングが起きやすいことによる。また，同じ加湿条件でもセル温度の高い方が劣化が大きいことがわかる。図5.2の場合，5 000回のサイクル試験結果で比較すると相対湿度25 ％RHではセル温度80 ℃で触媒表面積は90 ％に，セル温度120 ℃では80 ％に低下している。

以上は触媒劣化についてCV測定（6.1節に示す）による触媒表面積の低下を示したものであるが，次にTEM（Transmission Electron Microscope：透過電子顕微鏡）による観測結果ならびに観測結果をもとにした触媒粒径分布の結果を示す。

試験はセル電圧を0.4 Vと0.9 Vの間で，上昇・下降速度を50 mV/sとして，セル電圧の上げ下げを繰り返し実施したときの触媒劣化についての調査結果であ

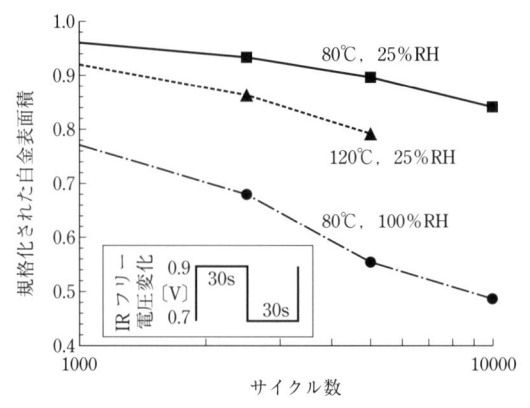

図 5.2 サイクル試験時の加湿とセル温度の影響[1]

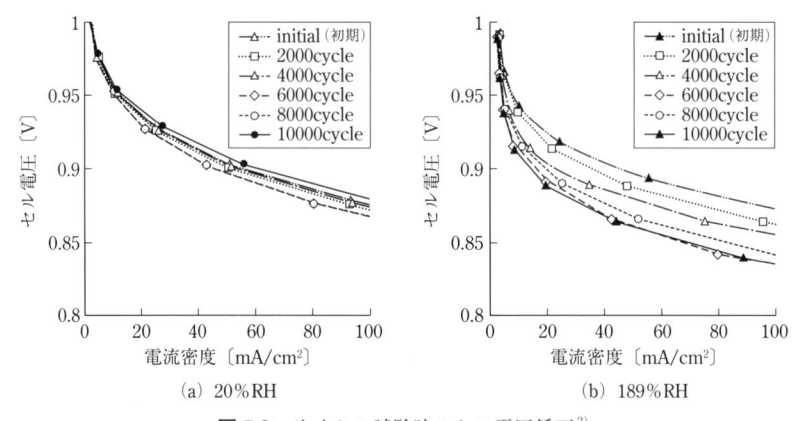

使用触媒：Pt/C，セルサイズ：50cm^2，使用ガス：H2/Air，
セル温度：80℃，運転圧力：150kPa

(a) 20%RH

(b) 189%RH

図 5.3 サイクル試験時のセル電圧低下[2]
［NEDO成果報告書（100012539：成果報告書管理番号）より転載］

る。まず，セル電圧の電流電圧特性結果が図5.3に示される。相対湿度が20％RHにおいて，空気中で10 000回のサイクル試験ではあまり変化が見られなかったが，過剰加湿（189 % RH）試験ではセル電圧が著しく低下するのが見られた。そのときの触媒表面積の低下が図5.4に示される。過剰加湿では触媒表面積の低下が著しいことがわかる。また，粒径変化が図5.5に示される。初期の平均粒径が3 nmであったのが，相対湿度20 % RHのとき4.5 nm，過剰加湿（189 % RH）では7.0 nmへと増大していた。また，相対湿度100 % RH時の酸素濃度変化時の

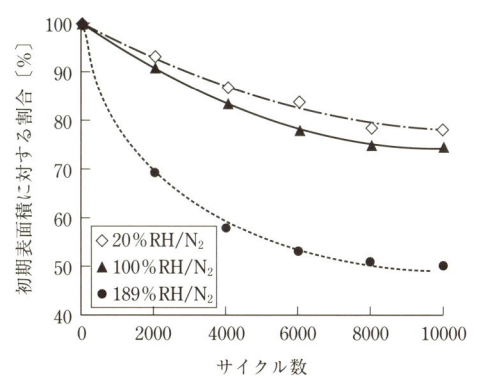

図5.4 相対湿度変化時の触媒表面積の低下（N_2中）[2]
［NEDO 成果報告書（100012539：成果報告書管理番号）より転載］

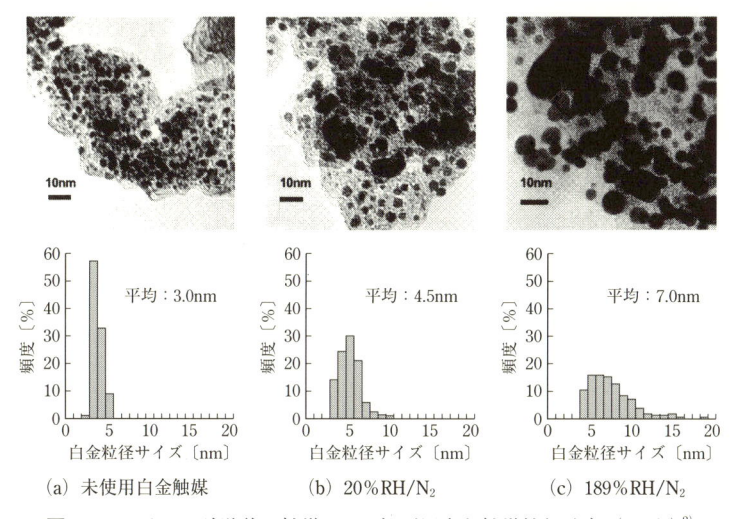

(a) 未使用白金触媒　　(b) 20%RH/N_2　　(c) 189%RH/N_2

図5.5 サイクル試験後の触媒 TEM 観測写真と触媒粒径分布（N_2中）[2]
［NEDO 成果報告書（100012539：成果報告書管理番号）より転載］

触媒表面積の低下が図5.6，5.7に示される。酸素濃度が増加するほど，触媒表面積の低下が大きい。

最後に，自動車用サイクル試験（US06drive cycle 試験）の電圧変化に対する触媒表面積低下が図5.8に示される。試験条件はセル温度80℃，アノード/カソード加湿＝225/100％RH である。電圧変化が大きいほど，触媒表面積の低下が大きいことがわかる。

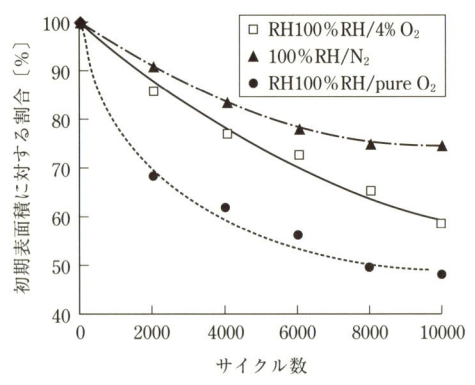

図5.6 相対湿度100％時の酸素濃度変化と触媒表面積の低下[2]
［NEDO 成果報告書（100012539：成果報告書管理番号）より転載］

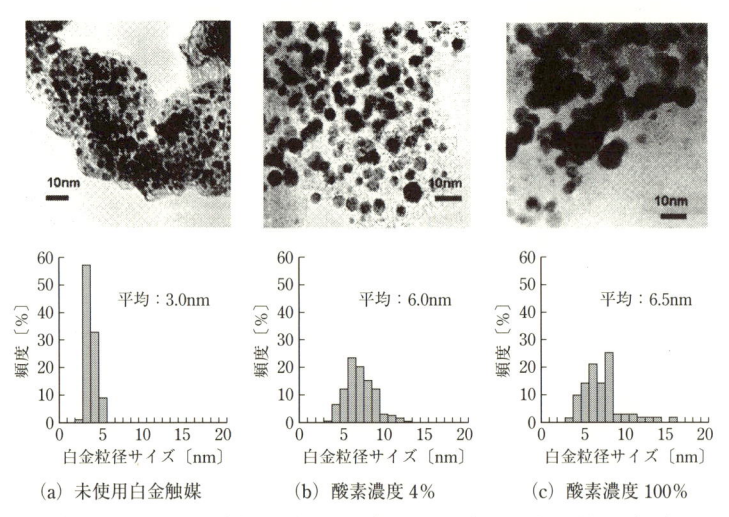

(a) 未使用白金触媒　　(b) 酸素濃度4％　　(c) 酸素濃度100％

図5.7 4％酸素および100％酸素中で行なった触媒 TEM 観測写真と粒径分布（100％RH）[2]
［NEDO 成果報告書（100012539：成果報告書管理番号）より転載］

　これまでは触媒表面積の低下について記述した。ここでは高加湿条件下でのセル電圧変化について述べる[4),5)]。高分子膜と触媒層近傍の様子が TEM で観測され，その結果が図5.9に示される。0.1 V から1.2 V までのサイクル試験の結果で，触媒が膜と触媒層の境界部まで移動している様子が示されている。
　このように，触媒の劣化は触媒粒径の増大による触媒表面積の低下のみならず，触媒が溶解して高分子膜まで移動し，結果として触媒量が低減する場合もある。

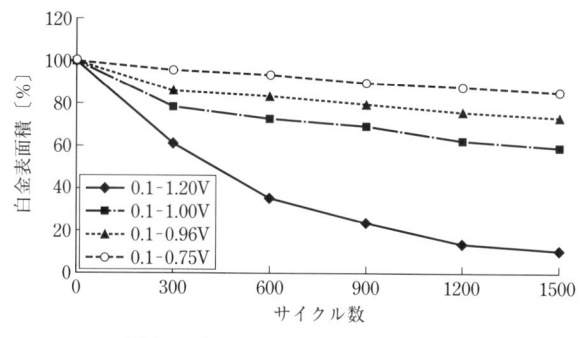

図 5.8 電圧変化の触媒劣化への影響[3]（US06drive cycle 試験）

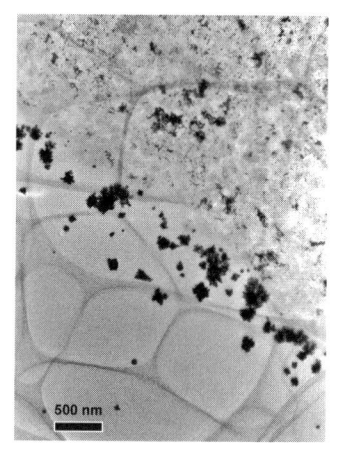

セル温度：80℃，アノード／カソード加湿：225/100%

図 5.9 高分子膜／触媒層の境界近傍の TEM 写真[5]
［写真：文献 5 より転載］

5.1.2 アノード触媒の劣化

　自動車用燃料電池は燃料に純水素を使用するため，アノード触媒に白金のみが使用されているが，家庭用燃料電池は天然ガスを改質して水素リッチなガスを電池へ供給しており，この改質ガス中には CO が 10 ppm 程度含まれているため，白金のみの場合ではセル性能の低下をもたらす。したがって，家庭用燃料電池のアノード触媒には触媒被毒を除去するため合金化された白金／ルテニウム触媒が使用されている。家庭用燃料電池のアノード触媒は通常の運転ではアノード電位が小さいため問題ないが，アノードに電位変動が生ずると触媒中に含まれるルテニ

ウムの溶出が想定され，触媒劣化が生じる。また，水素欠乏が発生するとアノード触媒が劣化する。

(1) アノードへ空気が流入した場合のアノード触媒劣化

燃料電池の運転停止時にアノードへ空気が流入することが考えられ，流入した場合アノード触媒の劣化につながる。この現象を模擬するため，アノードへ定期的に空気を流入させ，アノード触媒の劣化を解明する調査が行なわれているのでその内容を紹介する[6]。

調査の手順はアノードに水素を流し，続いて窒素を注入し，セル内の水素を排出し（このような操作をパージという），その後空気を流入し再度窒素でパージする。この一連のガス切り替え操作を1サイクルとしている。なお，カソードの保護のためカソード内には水素を流入している。

ガス切り替え時のセル電圧変化を図5.10に示す。アノードに空気を流入するとアノード電位は−1.0 V近くまで変化する。このようなガス切替えサイクル試験を500回実施し，定期的に燃料にCOを50 ppm含有した場合としない場合のセル電圧試験を実施し，平均のセル電圧差（ΔV_{CO}はCOを含有しない場合のセル電圧とCO50ppmを含有した場合のセル電圧の差）とサイクル数との関係を図5.11に示す。サイクル試験回数の増加とともにΔV_{CO}は増大し，温度が高いほどアノード触媒の劣化が大きく，したがってΔV_{CO}の変化も大きい。これは高いセル温度でアノード電位変化が大きいほど，アノード触媒中のルテニウムが溶出してCO被毒低減の効果が低下するためと推定される。

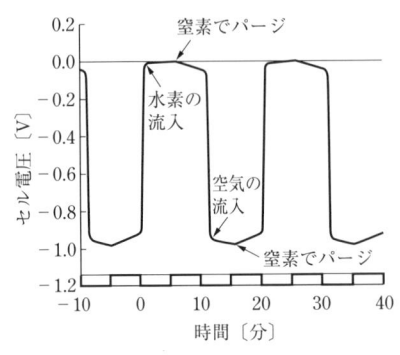

図5.10 アノードへ空気が流入する場合の電圧変化[6]

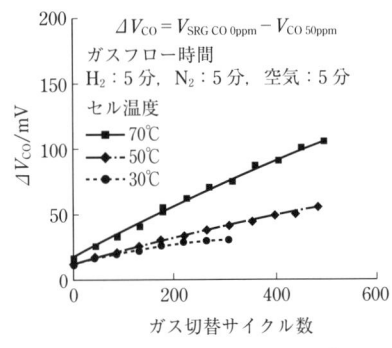

図5.11 ΔV_{CO}の時間的変化[6]

$\Delta V_{CO} = V_{SRG\,CO\,0ppm} - V_{CO\,50ppm}$
ガスフロー時間
H_2：5分, N_2：5分, 空気：5分
セル温度
■ 70℃
◆ 50℃
● 30℃

(2) 燃料欠乏によるアノード触媒劣化

スタック運転中にある特定のセルのアノードへ供給される水素が欠乏し，しかも電流が継続して流れている場合，セル電圧は正から負へ逆転する。この現象を水素欠乏（水素スタベーション）による転極という。水素欠乏が発生すると，アノード電位が上昇し，その結果，触媒を塗布している基板あるいは触媒の坦持体が腐食して水素が生成され，その水素によって電流が維持される。一方，カソード電位は低下し，その差であるセル電圧は正から負へと逆転する。そのようすを図 5.12 に示す。

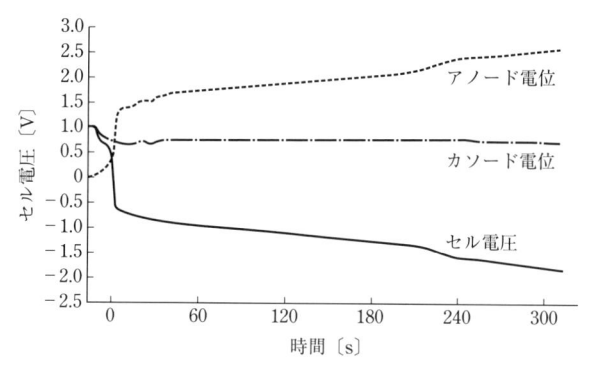

図 5.12 アノード，カソード電位の時間的変化[7]

このような水素欠乏が生ずるとセル電圧は短時間（数分間）で低下する（図 5.13）。セル内では燃料供給の下流側ほど水素の流量は低下するため，水素欠乏が進み，その結果，合金触媒中のルテニウムが減少する。そのようすを図 5.14 に示す。ルテニウムが減少すると白金の比率が相対的に増大するため，この図から下流側ほどルテニウムの減少が大きいことがわかる。

このように水素欠乏が生ずると転極が発生し，アノードの基板と触媒坦持体を構成するカーボンは腐食して重量が低減するほか，アノード触媒中のルテニウムが溶出してなくなるとともに，アノード触媒の粒径が増大する。その結果，CO 被毒が増大するとともにセル電圧は低下する。また，カーボン腐食がさらに進展すると，セルを構成する基板あるいはセパレータはやせ細り，またシール機能も低下して運転不能に至る。

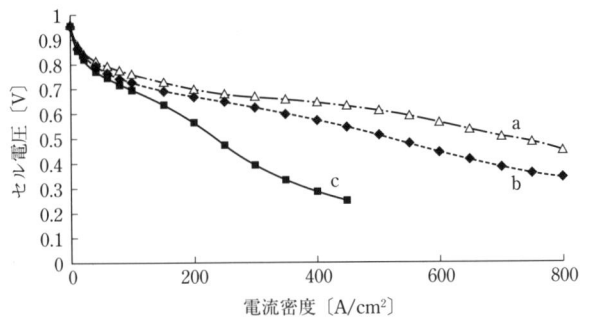

a：試験前，b：転極発生後 3 分経過，c：7 分後

図 5.13 水素欠乏によるセル電圧低下[7]

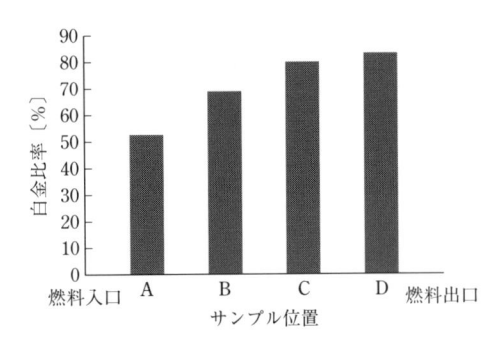

図 5.14 水素欠乏が 2 分経過後のセル内触媒のルテニウム脱落状況[7]

5.1.3 触媒坦持体の劣化

ここでは，触媒を構成する坦持体の腐食によるセル電圧低下について記述する。

(1) 高電圧印加による坦持体の腐食

PEFC の運転温度は通常 80 ℃であり，りん酸形燃料電池の 200 ℃と比べて低いため，触媒の坦持体は比較的焼結温度の低いものが使用されている。焼結温度が低いものほど坦持体の表面積は大きく，白金の高分散化が可能となり高性能化が期待できる。

しかし，PEFC の運転状況を調べると，特に自動車用は起動・停止や負荷としてアイドル運転から加速時の運転など，高いセル電圧の印加およびセル電圧変化がともなうため，触媒に使用している坦持体は腐食されやすい。セル電圧 0.9 V と 1.2 V が印加されたときのカーボンの損失の状況を図 5.15 に示す。セル電圧が高いほど腐食が大きいことがわかる。また，標準品と比べ耐久性の高いカーボン

担持体を用いた合金触媒はカーボン損失が少ない。図5.16は1.2Vの電圧が印加されたときの標準触媒と耐久性に優れたカーボン担持体を用いた合金触媒の時間経過に対する電流電圧特性を示す。標準触媒は短時間で劣化しているが合金触媒は劣化していないことが示されている。

　以上をまとめると，耐久性を考慮していない触媒は高電圧下では担持体がやせ細り，白金が担持体からこぼれ落ちセル電圧は低下する。また，担持体の撥水性

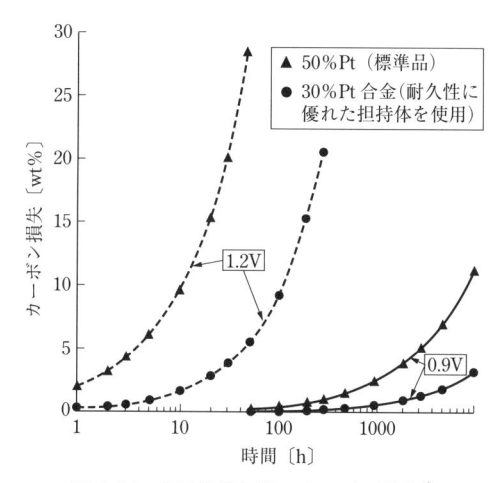

図 5.15 高電位印加時のカーボン損失[1]

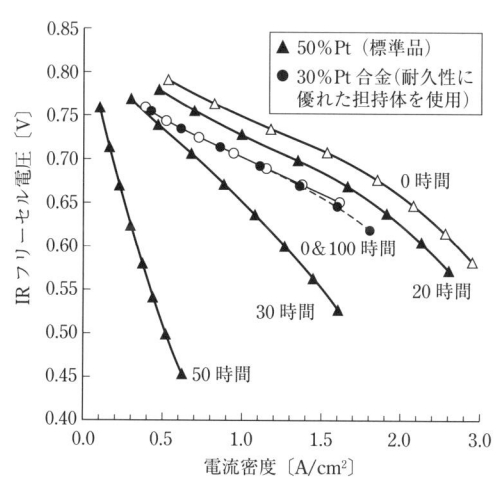

印加電圧：1.2V，セル温度：80℃，加湿：100%RH
図 5.16 高電位印加時のセル電圧低下[1]

5.1 触媒劣化　93

が低下するためガス拡散性が阻害され，長時間運転時の空気利用率特性試験では高利用率領域でセル電圧は低下すると予測される。一方，耐久性に優れたカーボン担持体を使用すると，初期のセル電圧は低いものの極めて劣化は少ないといえる。

(2) 過酸化水素によるカーボンの腐食

膜劣化と同じメカニズムで，膜を介して水素および酸素がクロスリークするとカソード触媒あるいはアノード触媒で過酸化水素が発生し，それがカーボンを腐食する。腐食の結果，触媒層はやせ細る。そのようすを図5.17に示す。運転前にカソード触媒層の厚さが 18 μm であったのが，4 000 時間の試験後 8 μm へ低減している例である。高電圧印加時と同様に触媒の担持体がやせ細り，白金が担持体からこぼれ落ちセル電圧低下をもたらすので，耐久性に優れた担持体の使用が求められる。

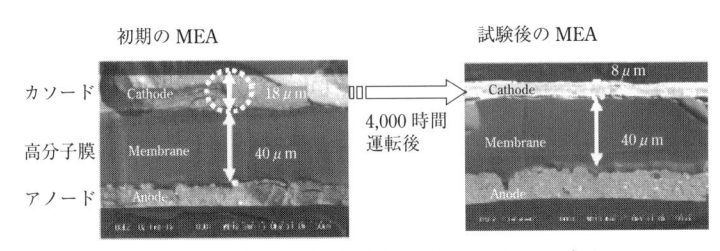

図 5.17 過酸化水素発生によるカーボン腐食[8]
[写真：文献8より転載]

5.2 電解質膜劣化メカニズム

電解質膜が劣化するとガスリーク量が増大し，セル電圧は低下する。劣化したセルを解体して MEA の断面を観測すると膜は薄くやせ細っているのがわかる。加湿が十分な場合はほとんど膜劣化は起こらないが，低加湿運転および OCV 運転を行なうと膜劣化が加速される。以下，低加湿試験，OCV 試験における膜の劣化メカニズムについて説明する。

5.2.1 低加湿試験

燃料入口の相対湿度が 75 % で，ガス流れは対向流の負荷電流試験（燃料利用

率：70 %，空気利用率：40 %，電流密度：0.3 A/cm²）時のセル電圧経時特性が図 5.18 に示される。この試験ではあわせてガスリーク量も定期的に測定されている。運転開始から 2 000 時間後，徐々にガスリーク量は増大し，セル電圧は低下傾向にあることがわかる。

2 700 時間の試験終了後セルが解体され，セル内のどの部分でセル電圧低下ならびにガスリークが発生しているのかを把握するために，MEA を分割し 3 つのセルにつくり直し，特性試験が行なわれた。それぞれのセルで実施された特性試験結果が図 5.19 に示される。燃料の入口近くに位置した部分で製作したセルでは著しくセル電圧が低下していた。一方，出口側のセルは分割前のセルと同等の特性を示していた。特性試験終了後 MEA の断面を見るためにセルを解体し，SEM 観測が行なわれた。その結果が図 5.20 に示される。燃料の入口側の膜は非常に薄く

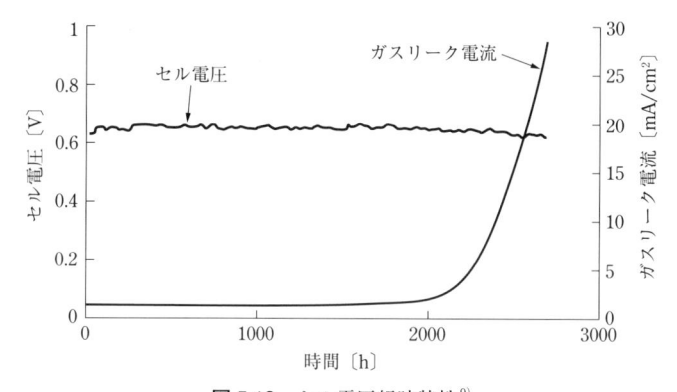

図 5.18 セル電圧経時特性[9]

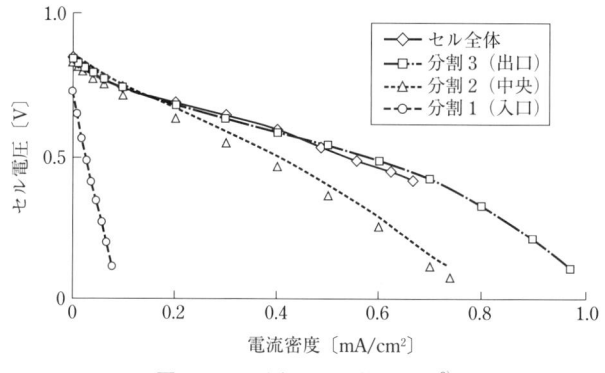

図 5.19 3 分割セルの特性比較[9]

なっており，出口側に行くにつれて健全な膜に近づいている。

　劣化原因を調べるため，セル内湿度分布を求めるシミュレーションが実施され，その結果が図5.21に示される。燃料入口の相対温度がいちばん低く，下流に向かって増大している。この結果から膜劣化はセル内相対温度のいちばん低いところで発生していたといえる[9]。

(a) 健全膜

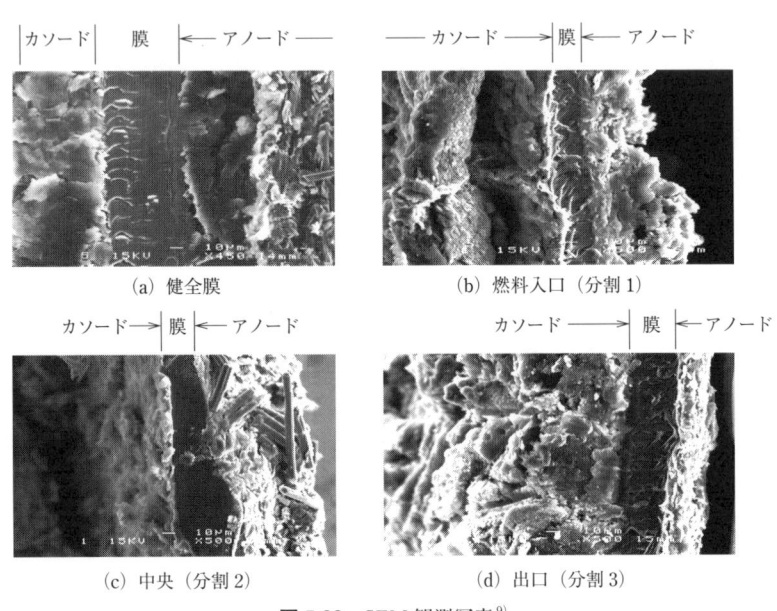

(b) 燃料入口（分割1）

(c) 中央（分割2）

(d) 出口（分割3）

図 5.20 SEM観測写真[9]
［写真：文献9より転載］

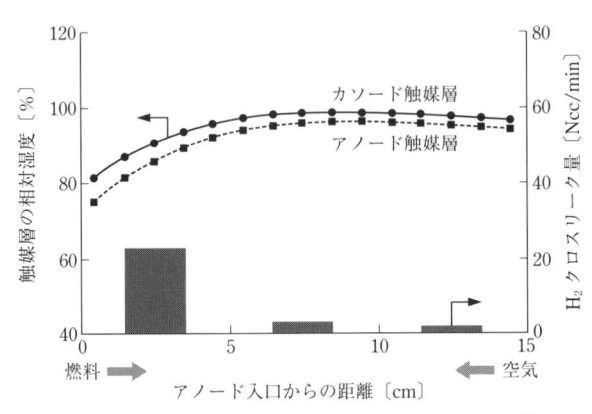

図 5.21 セル内湿度分布のシミュレーション結果[9]

第5章 セル劣化

膜が劣化する基本的なプロセスが図5.22に示される。以下それぞれのプロセスについて，実験データを示しながら具体的に説明する。

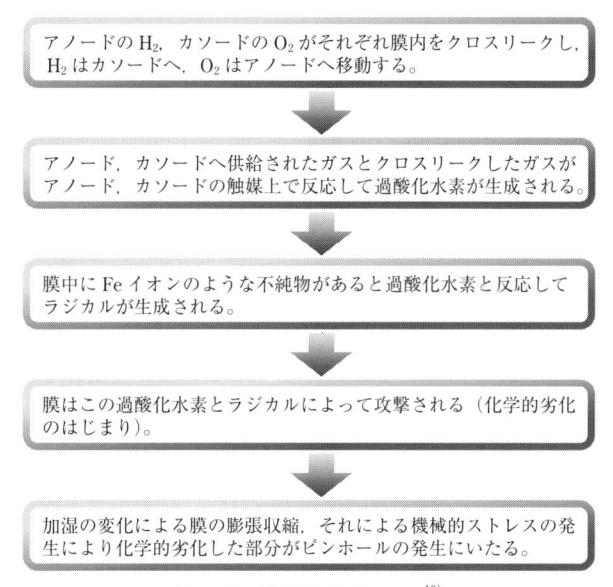

```
┌─────────────────────────────────────────────┐
│ アノードのH₂，カソードのO₂がそれぞれ膜内をクロスリークし， │
│ H₂はカソードへ，O₂はアノードへ移動する。           │
└─────────────────────────────────────────────┘
                    ↓
┌─────────────────────────────────────────────┐
│ アノード，カソードへ供給されたガスとクロスリークしたガスが │
│ アノード，カソードの触媒上で反応して過酸化水素が生成される。 │
└─────────────────────────────────────────────┘
                    ↓
┌─────────────────────────────────────────────┐
│ 膜中にFeイオンのような不純物があると過酸化水素と反応して │
│ ラジカルが生成される。                          │
└─────────────────────────────────────────────┘
                    ↓
┌─────────────────────────────────────────────┐
│ 膜はこの過酸化水素とラジカルによって攻撃される（化学的劣化 │
│ のはじまり）。                                │
└─────────────────────────────────────────────┘
                    ↓
┌─────────────────────────────────────────────┐
│ 加湿の変化による膜の膨張収縮，それによる機械的ストレスの発 │
│ 生により化学的劣化した部分がピンホールの発生にいたる。     │
└─────────────────────────────────────────────┘
```

図5.22　膜劣化のプロセス[10]

(1) ガスリーク量

健全な膜であってもわずかなガスリークが発生している。電気化学的測定法（6.4節ガスリーク測定法参照）により測定したガスリーク量と加湿温度の関係を図5.23に示す。図5.23(a)は膜厚さが15μmで，相対湿度が高いほど水素リーク量は多いことがわかる。なお，ガスリーク量の測定方法のうちの電気化学的な方法とガスクロマトグラフィーを用いた結果はほぼ一致している[11]。

また，図5.23(b)，(c)，(d)に示されるように，ガスリーク量はセル運転温度が高いほど，水素ガスおよび空気の圧力，極間差圧が大きいほど増大している[12]。

(2) 過酸化水素の生成

ガスリークが生ずるとアノード側，カソード側に供給されるガスとリークしてきたガスとが触媒上で反応して過酸化水素が生成される。発生量は図5.24に示されるように電位が低いほど，また触媒量が少ないほど（すなわち，触媒の分布が均一化されているほど）多い。したがって，運転中はアノード電位は小さく，カ

図 5.23　健全な高分子膜のガスリーク量[(a)11),(b)(c)(d)12)]

(a) 加湿温度とガスリーク量（膜厚さの影響）
セル温度：80℃

(b) セル温度の影響
H_2/Ar：300/300ml/min

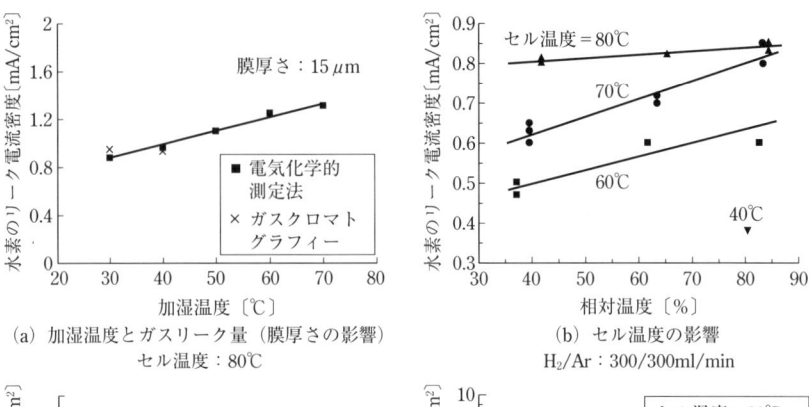

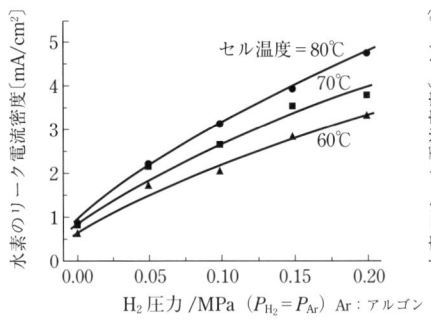

(c) 運転温度とガス圧力の影響
加湿温度：$T_{cell}-4$℃, H_2/Ar：300/300ml/min

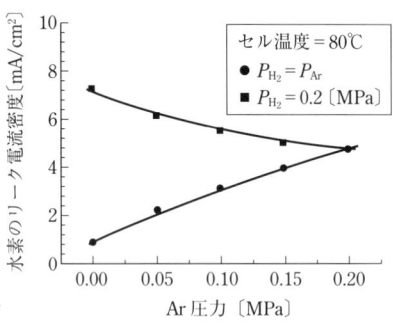

(d) 極間差圧の影響（極間差圧試験は水素圧力=0.2[MPa]一定で，Ar圧力変化，膜厚さ：30μm，セルサイズ：25cm²）
セル温度：80℃，加湿温度：76℃

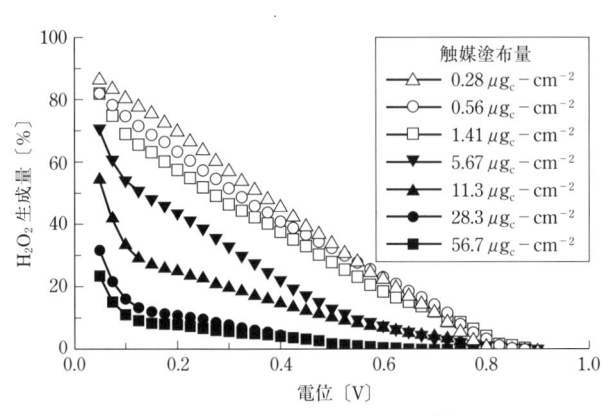

図 5.24　過酸化水素の生成率[13)]

98　第5章 セル劣化

ソード電位は大きいことから、カソード側よりアノード側で多くの過酸化水素が生成されることが予想される[13]。

(3) ラジカルの生成

過酸化水素およびヒドロキシラジカル（HO・, HO$_2$・）の生成プロセスが図 5.25 に示される。膜内に、鉄（Fe）イオン、銅（Cu）イオンのような不純物があると過酸化水素（H$_2$O$_2$）と反応してヒドロキシラジカルが生成される。この過酸化水素およびヒドロキシラジカルが膜劣化の要因となる。

次に、なぜ低加湿試験では膜劣化が加速されるのかの研究内容を紹介する。

試験はセル温度：80℃、アノード／カソード加湿温度：60℃、セルサイズ：25 cm^2、膜厚さ：30 μm、ガス流量 H$_2$/Air：150/350〔ml/min〕で行なわれ（これは燃料利用率、空気利用率ともに 40％に相当する）、そのときのセル電圧経時特性試験結果が図 5.26 に示される。セル電圧は徐々に低下しているが、図中の矢印部でフル加湿試験（セル温度 70℃、加湿温度 67℃）を行なうとセル電圧はもと

$$O_2 + 2H^+ + 2e^- \rightarrow H_2O_2 \quad E_0 = 0.695\ V \quad (1)$$
$$H_2O_2 + Fe^{2+} \rightarrow HO\bullet + OH^- + Fe^{3+} \quad (2)$$
$$Fe^{2+} + HO\bullet \rightarrow Fe^{3+} + OH^- \quad (3)$$
$$H_2O_2 + HO\bullet \rightarrow HO_2\bullet + H_2O \quad (4)$$
$$Fe^{2+} + HO_2\bullet \rightarrow Fe^{3+} + HO_2^- \quad (5)$$
$$Fe^{3+} + HO_2\bullet \rightarrow Fe^{2+} + H^+ + O_2 \quad (6)$$

図 5.25 過酸化水素とヒドロキシラジカルの生成プロセス[12]

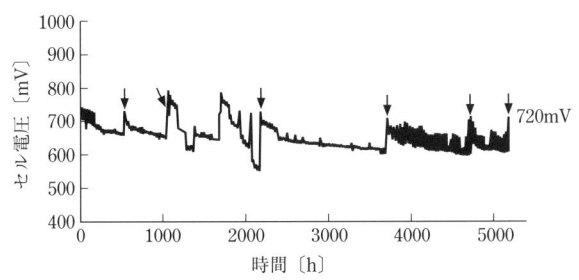

セル温度：80℃、加湿温度：60℃、ガス流量：H$_2$/Air：150/350ml/min、U_f/U_o = 40％、圧力：常圧、矢印はセル温度：70℃、加湿温度：67℃のフル加湿での運転を示す

図 5.26 低加湿運転時のセル電圧特性[14]

の電圧近くまで回復している。

　この試験中に定期的に水素リーク試験が行なわれ，その結果が図 5.27 に示される。2 000 時間経過後から徐々に水素リーク量が増加している。膜が劣化すると膜を構成するフッ素（F）の鎖が切断され，切断されたフッ素は排ガスとともにセル外へ放出され排ガス中に含まれるドレン水内で検出される。ドレン水とは加湿に使用された水分と生成された水分が排ガス中に含まれ，外部に設けたタンク内に水滴として回収された水のことである。

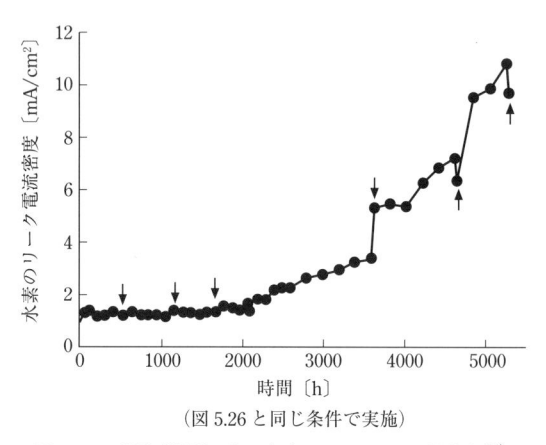

（図 5.26 と同じ条件で実施）
図 5.27　低加湿運転時の水素クロスリーク量変化[14]

　排ガス中に含まれる F^- イオンの経時変化が図 5.28 に示される。このフッ素の排出割合を FRR（Fluoride release rate）という。排出された F^- イオン量はクロスリーク量の増大とは逆に時間とともに低下している。図 5.29 に電流密度を変化させたときの F^- イオンの排出量を示す。電流密度がゼロのときの OCV 試験では F^- イオンの排出量がいちばん多く，電流密度の増大とともに排出量は低下している。

　また，定期的にフル加湿試験を行なうと，図 5.30 に示されるように，試験時に硫黄（S）イオンがカソードの排ガスのドレン水内で検出されていた（SRR (sulfate-ion release rate) という）。これはフル加湿試験を行なうと膜内が十分加湿されるため，低加湿試験中に膜内に蓄積されていた S イオンが洗い出されたものと推定される。

　以上の観測結果から，低加湿試験で膜劣化が加速される理由は，高加湿試験で

(図 5.26 と同じ条件で実施)

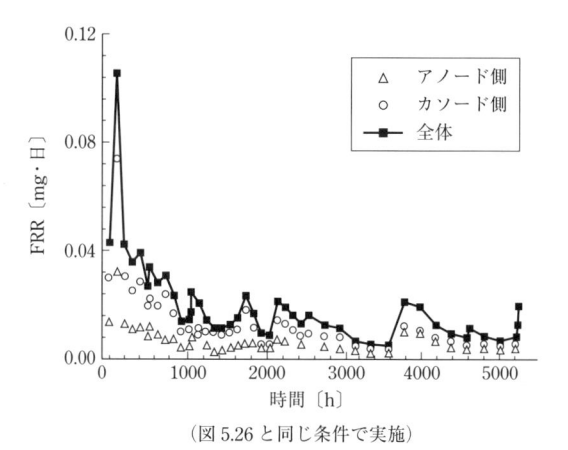

図 5.28 低加湿運転時の F^- イオン放出量[14]

(a) ガス流量一定

(b) 利用率一定

(図 5.26 と同じ条件で実施)

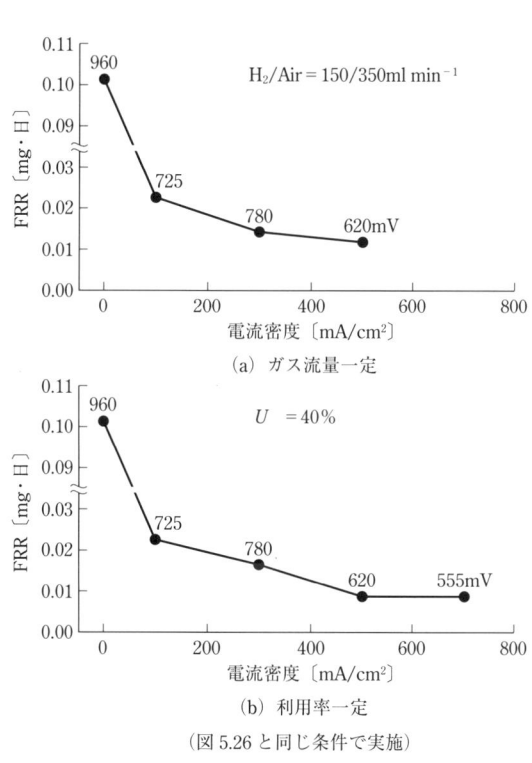

図 5.29 電流密度変化時の F^- イオン放出量[14]

5.2 電解質膜劣化メカニズム

凡例:
- △ アノード側
- ○ カソード側
- ■ 合計

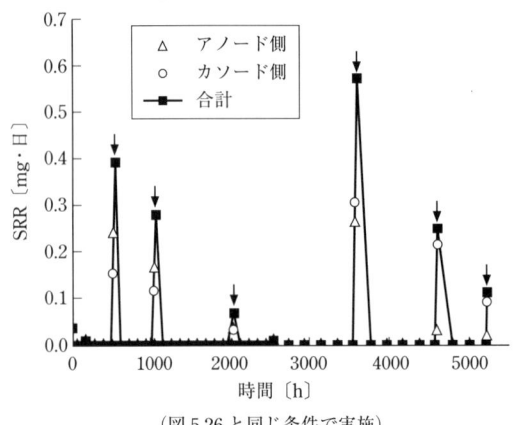

(図5.26と同じ条件で実施)

図5.30 定期的に行なうフル加湿試験時のSRRの変化[14]

は凝縮水により膜内はつねに洗浄されるが，低加湿試験では，不純物（Feイオンなど）や過酸化水素が膜内に蓄積されて膜劣化が加速されると推定される[14]。

これに対し最近低加湿試験の膜劣化について，別の要因が提案されているのでその内容を紹介する[15]。

高加湿条件下では高分子膜を構成するスルフォン酸基（$-SO_3H$）が解離し，（$-SO_3^-$）とH^+に分かれ膜内に数多く存在する。このためヒドロキシラジカル（膜劣化の主要因）が膜内に存在しても（$-SO_3H$）からH原子を剥ぎ取る必要がない。一方，低加湿条件下では（$-SO_3H$）が解離しづらい。このためヒドロキシラジカルは（$-SO_3H$）からH原子を剥ぎ取ろうとする。これが主鎖切断の要因とされる。この対策として膜内にラジカルクエンチャーを入れると，ラジカルが近づいてきても，それを捕まえH_2Oにすることにより劣化が抑制される。このような考えにもとづいてクエンチャーとしてCe^{3+}，Mn^{2+}などを入れた新しい膜が開発され，試験の結果，セル温度120℃，相対湿度50％RHという低加湿環境下で6 000時間の運転に成功している。

5.2.2 開放電圧放置試験（OCV試験）

OCV試験時に白金バンドが形成され，これが膜劣化を加速するとの議論がある。したがって，ここでは膜劣化の要因を，白金バンドが観測される前に提案さ

れた内容と観測された後に提案された内容にわけて説明する。

(1) アノードの過酸化水素（H_2O_2）生成による膜劣化（白金バンドが観測される前に提案された内容）

OCV運転時のセル電圧経時変化が図5.31に示される。セル電圧は時間の経過とともに徐々に低下している。このときの水素リークの測定結果が図5.32に示される。30日経過後から徐々にリーク量は増加し、36日以降H_2O_2も検出された。また、F^-イオンの排出量が図5.33に示される。排出量は時間とともに増大傾向にある。加湿温度変化時のF^-イオン排出量の関係が図5.34に示される。明らかに低加湿運転ほどF^-イオンの排出量は多く、アノード側の排出量がカソード側より多い。

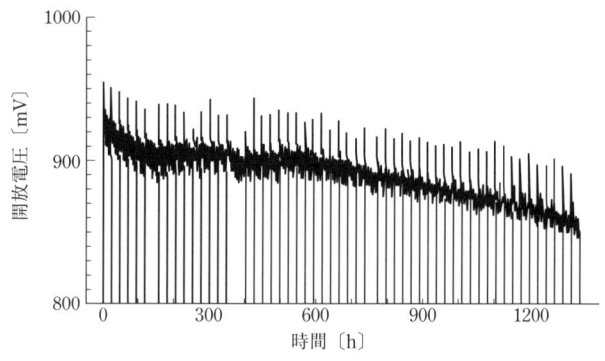

セル温度：80℃，加湿温度：60℃，H_2/Air 流量＝150/150ml/min

図5.31 OCV試験時のセル電圧経時変化[12]

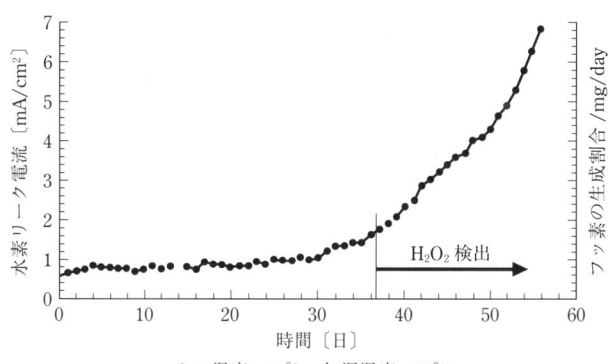

セル温度：80℃，加湿温度：60℃

図5.32 水素リークの経時変化[12]

5.2 電解質膜劣化メカニズム

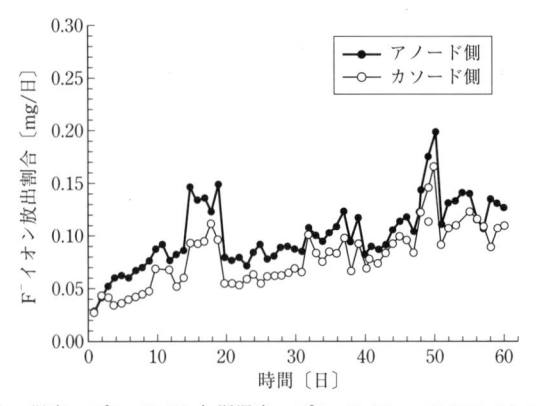

セル温度：80℃，H_2/Air 加湿温度：60℃，H_2/Air：150/150ml/min

図 5.33 F^-イオン放出量の時間的変化[12]

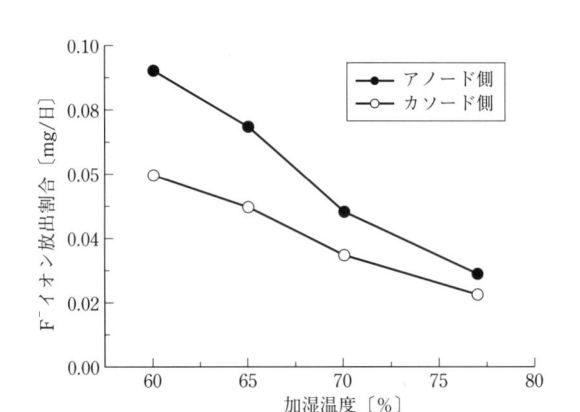

セル温度：80℃，H_2/Air 流量：150/150ml/min，圧力：大気圧

図 5.34 加湿温度のF^-イオン放出量への影響[12]

　また，カソード側に供給するガスとして空気と純酸素を用いたときのF^-イオンの排出量を比較した結果が図 5.35 に示される。F^-イオンの排出量は純酸素の方が多く，カソード側の排出量がアノード側より若干多い。これらの結果をもとに下記の考察が行なわれた。OCV 試験ではカソード側の電位が 900 mV 以上あるので，図 5.24 よりカソード側から H_2O_2 が生成されることは考えられない。また，カソード側には空気が供給されるため，空気中に含まれる酸素とリークする水素とが触媒上で燃焼することで生ずる温度上昇による膜劣化は，注入エネルギーによる温度上昇がきわめて小さいので考えられない。以上を総合すると，膜劣化の

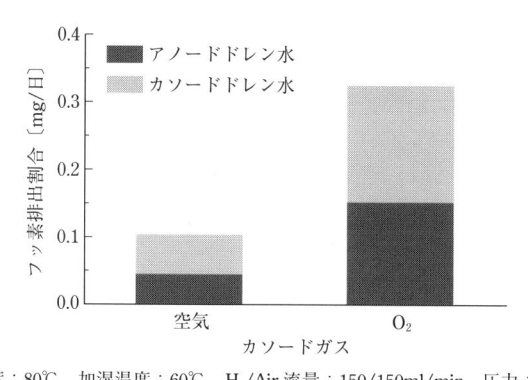

セル温度：80℃，加湿温度：60℃，H₂/Air 流量：150/150ml/min，圧力：大気圧

図 5.35 カソードガスとしての空気および酸素の F⁻ イオン放出量への影響[12]

要因はカソード側から膜を通して漏れてきた酸素が，アノード側で水素と反応して触媒燃焼を起こし過酸化水素が生成され，その過酸化水素が膜へ移動して膜劣化を促進する。さらに Fe イオンや Cu イオンのような不純物があるとヒドロキシラジカルが生成されて膜劣化が加速されると推定される[12]。

(2) 白金バンドの形成による膜劣化

OCV 試験では膜中に白金バンドが形成され，それによって膜劣化が加速されるという考え[16)~20)]とそうではないとの考え[21),22)]があるので，それぞれについての内容を紹介する。

(a) 白金バンドの形成が膜劣化の主因であるとの考え

OCV 試験を行なうと電極部で溶出した Pt イオンが濃度勾配を駆動力として膜中を移動し，膜中を透過してきた水素分子により，膜内で Pt イオンが白金として析出される（$Pt^{2+} + H_2 = Pt + 2H^+$）。この白金粒子の数が多く，あたかもバンドのように見えるため白金バンドとよばれる。膜内で観測された白金分布が図 5.36 に示される（図 5.36 は大きく拡大しているのでバンドのように見えないが，図 5.42 では白金バンドが明確に示されている）。H_2/O_2 試験時の白金は膜の中央付近で観測された。また，図 5.37 に示されるとおり白金バンドの位置に SO/CF，CO/CF の大きな変化が見られた。これは白金バンド近くの膜を構成する側鎖が分解されていることを示す。なおサンプル 2 は触媒に開発品を用いたため，白金バンドの形成および SO/CF，CO/CF の変化も見られず膜劣化は発生していない[16)]。

別の例を紹介する[19),20)]。膜中に空洞が観察されている例が図 5.38 に示される。

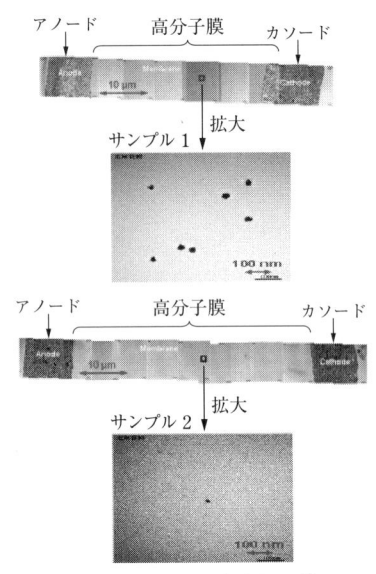

図 5.36 膜内の白金観測[16]
［写真：文献 16 より転載］

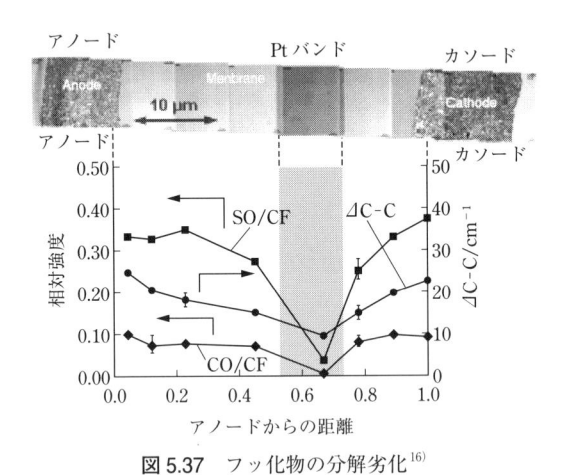

図 5.37 フッ化物の分解劣化[16]
［写真：文献 16 より転載］

カソード側の空洞には，白金粒子が無数に観測されている。これは図 5.39 に示されるように，白金バンド近くの電位がアノード電位に近いこと，膜内に白金が高分散化されていることから図 5.24 に示されるように過酸化水素が生成され，さらに不純物との反応によりヒドロキシラジカルが多く生成され，膜を激しく攻撃し

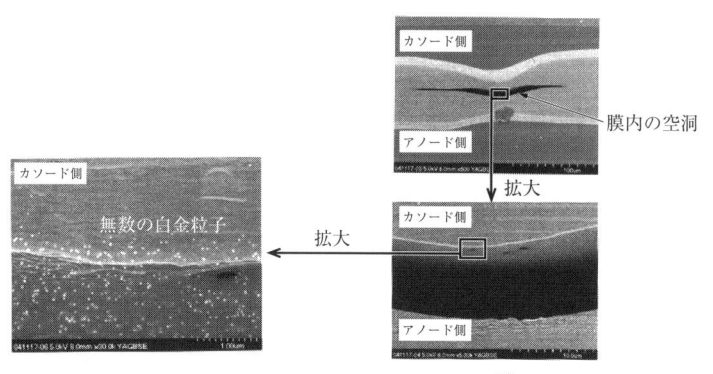

図 5.38 膜中で観測された空洞[19]
[写真：文献 19 より転載]

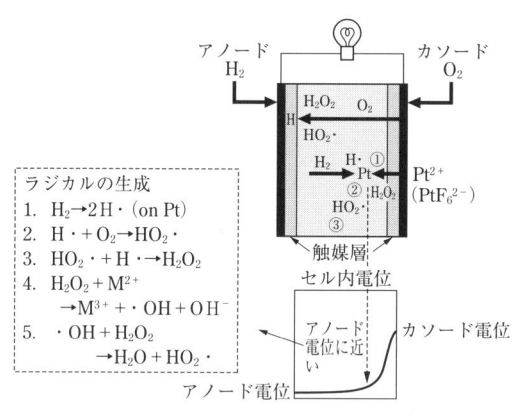

図 5.39 白金バンド近傍の電位[19]

て空洞を発生させ，薄膜化を促進させたと推定される。

(b) 白金バンドの形成が膜劣化の主因でないとの考え

ここでは膜劣化の主因が白金バンドの形成に関係しないとの考え方について紹介する。

OCV試験後，セルを解体して膜断面のカルボン酸（COOH）濃度を分析した結果が図5.40に示される。膜劣化によって引き起こされたカルボン酸の分布はアノード側に多く，白金バンド近くではその量は少なかった。これは過酸化水素がアノードで発生し，アノード近くの膜が過酸化水素とヒドロキシラジカルによって攻撃されたと推定される[21]。

また，膜内の白金微粒子は過酸化水素を分解するので，白金バンドは膜劣化の

5.2 電解質膜劣化メカニズム 107

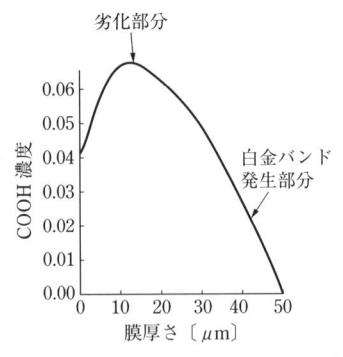

図 5.40　OCV 試験時の膜内 COOH 分布[21]

主要因ではないとしている[22]。

以上から現状では,白金バンドが膜劣化の主因かどうかは不明なところがある。今後セル温度,加湿条件,触媒の製作条件等を明確にしながらさらに劣化メカニズムの究明が必要である。

(3) 白金バンド形成位置の推定

白金バンドが形成される位置についてはかなり明確になってきた。以下その内容を説明する。

(a) 反応ガス濃度からの推定

白金バンドが形成される位置についてアノードとカソードに流入される反応ガスの濃度分圧から推定する方法を説明する[23),24)]。

計算と実験に使用したガスの条件は次の3種類である。

① H_2/Air（分圧：102.6/21.5 kPa）
② 20 % H_2/O_2（分圧：43/215 kPa,水素側と酸素側をそれぞれ加圧）
③ H_2/O_2（分圧：215/215 kPa,水素側と酸素側をそれぞれ加圧）

まず①について,検討条件は膜厚さが 18 μm,セル温度 80 ℃,加湿 100 %,水素濃度 102.6 kPa,酸素濃度 21.5 kPa として,白金バンドのできる位置が計算された。反応ガス濃度が均衡する位置に白金バンドができるとすると,その位置は (21.5/(102.6+21.5))×18＝3.1 となり,カソードから約 3 μm のところ,すなわち図 5.41 に示されるように全体の長さの約 17% のところにできる。

一方,白金バンドが観測された例を図 5.42 に示す。膜厚さが 50 μm の例であるが,カソードから約 16% のところに形成され計算と実測はほぼ一致している。

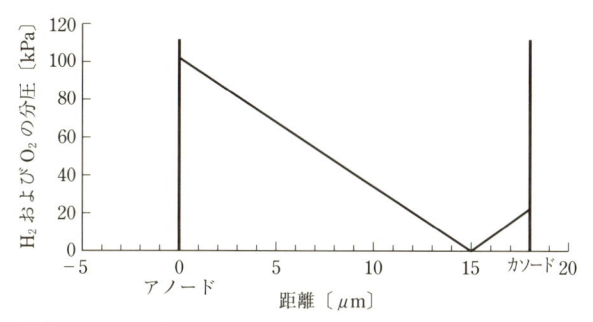

膜厚さ：18 μm，使用ガス：H$_2$/Air，相対湿度：100%，セル温度：80℃，
圧力：150kPa，H$_2$/O$_2$の分圧：102.6/21.5kPa

図5.41　白金バンドができる位置の予測[23]

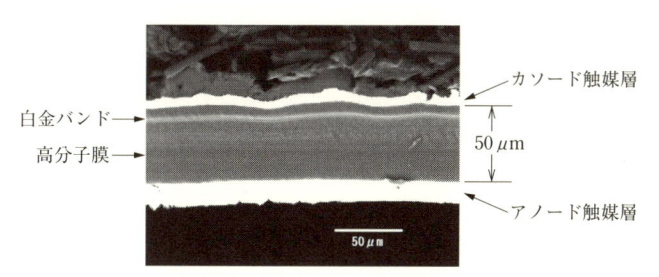

図5.42　白金バンドの形成位置[24]
［写真：文献24より転載］

次に，②について検討する。検討条件は膜厚さが50 μm，セル温度95℃，加湿100 %，水素の分圧43 kPa，酸素の分圧215 kPaである。

解析の予測位置は（43/(43＋215)）×46＝7.7（膜が圧縮されて46 μmと薄くなる）となる。実際の白金バンドの形成はOCV試験条件で1 750時間運転することにより，膜厚さが劣化により42.2 μmとなり，予測値は（43/(43＋215)）×42.2＝7.0とされたが，実測された白金バンドの形成位置はアノードから4.3 μmのところであった。この予測値7.0 μmと実測値4.3 μmとの差は腐食の影響と思われる。

最後の③の検討条件は，膜厚さが47 μm，セル温度95℃，相対湿度100 %，水素の分圧215 kPa，酸素の分圧215 kPaである。

解析結果はほぼ中央に白金バンドの形成が予測され，実測もほぼ中央であった。以上から，白金バンドの形成位置については予測と実測結果がほぼ一致するた

め，白金バンドの形成位置はアノードとカソードに供給される水素および酸素の分圧によって決まると考えられる[23]。

(b) 膜内電位測定からの推定

以上の予測方法のほかに，セル内の膜内に白金のワイヤを入れて，膜内の電位測定から白金バンド形成位置を推定する方法が提案されているのでので，その内容を説明する。膜内の電位測定に用いたセルが図5.43に示される。厚さが$25~\mu m$の膜を8枚重ね，膜間に白金ワイヤを7個入れてアノードに純水素をカソードに酸素濃度が21 kPa，25 kPa，101 kPa，119 kPaのガスを流入した。このとき測定した電位変化が図5.44に示される。なお，試験時の相対湿度は30 %と90 %の2種類である。純酸素相当のガスを流入した場合は膜のほぼ中央で0 Vから0.8 Vの電位変化が，また空気相当（酸素分圧が21 %）ではカソード近くで同様の変化が観測された。この変化部分がアノードおよびカソードからリークしてきた水素と酸素が反応する場所であり，この部分に電位変化が見られ，白金バンドが形成されると予想される。膜の加湿状況によって水素と酸素のリーク量が異なり，低加湿環境下ほど水素と酸素のリーク量の比が大きく，高加湿環境になるほど水素と酸素のリーク量の比は低下するため（高加湿ほど水素のリーク量より酸素のリーク量が多い）高加湿（90 % RH）時の電位変化場所が低加湿時の変化場所より若干アノード側へシフトしているのが見てとれる[25]。

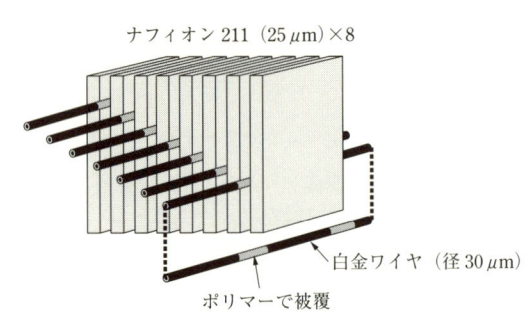

図5.43 電位変化測定に用いたセル構成[25]

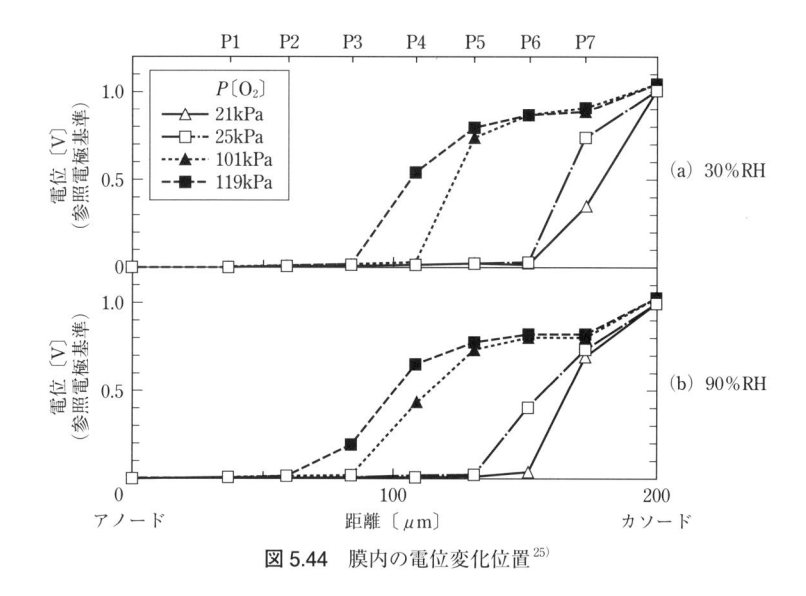

図 5.44 膜内の電位変化位置[25]

5.2.3 低加湿・負荷変動条件

低加湿条件で負荷変動試験を行なったときの膜劣化について説明する[26),27)]。試験条件は表 5.1 に示すように，定常負荷試験（ケース 1）と負荷変動試験（電流密度 0.3 A/cm^2/0.01 A/cm^2 の時間変化，ケース 2：60 s/60 s，ケース 3：30 s/90 s，ケース 4：90 s/30 s）を行なった。セル電圧経時変化が図 5.45 に示される。定常負荷試験ではセル電圧の低下が少ないが，ケース 3 はいちばん早くセル電圧が低下している。水素のガスリークは図 5.46 のようにケース 3 がいちばん早くリーク量が増大し，次いでケース 4，ケース 2 と続いている。

以上より，電流密度 0.01 A/cm^2 で運転する時間，すなわちセルに高電圧が印加されている時間が長いほど，電解質膜の劣化が加速されていることがわかる[26)]。

表 5.1 試験条件[26)]

No.	操作モード
ケース 1	負荷一定：0.3 A/cm^2
ケース 2	負荷サイクル：0.3 A/cm^2 （60 s）/0.01 A/cm^2 （60 s）
ケース 3	負荷サイクル：0.3 A/cm^2 （30 s）/0.01 A/cm^2 （90 s）
ケース 4	負荷サイクル：0.3 A/cm^2 （90 s）/0.01 A/cm^2 （30 s）

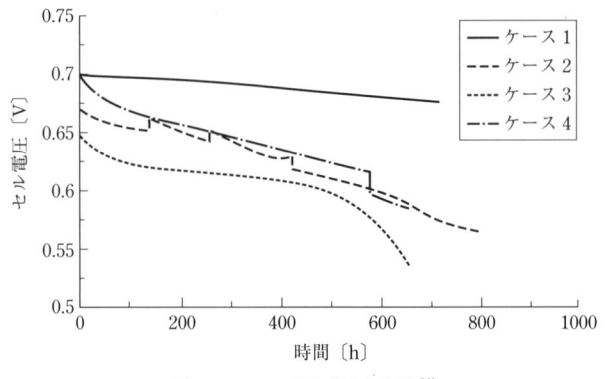

図 5.45 セル電圧経時特性[26]

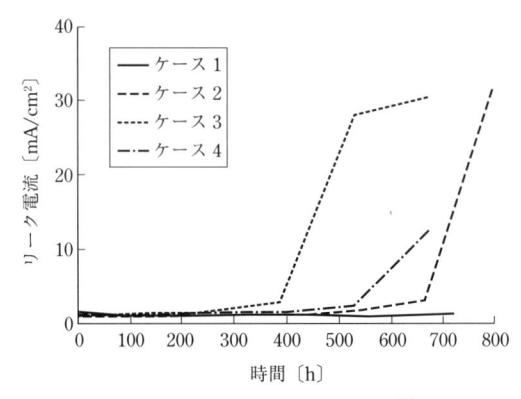

図 5.46 リーク電流の経時変化[26]

5.2.4 膜劣化対策

図 5.47 に膜劣化の進行状況が示される。膜が化学的に攻撃されると膜厚さが薄くなり，そのような状態で負荷変動試験のような生成水による膜内水分量が変化すると，膜は膨潤収縮を繰り返し，結果として機械的ストレスを受けて膜厚さの薄くなった部分に穴が開き，このピンホールを起点にガスリーク量の増大へと発展していくことが推定される[28]。

膜劣化の対策として下記の課題解決が必要である。

① 過酸化水素ならびにラジカルに耐える安定した膜の開発（ラジカルクエンチャーを膜内に導入した新しい膜開発が進められている[15]）

図5.47 膜劣化の進展[28]

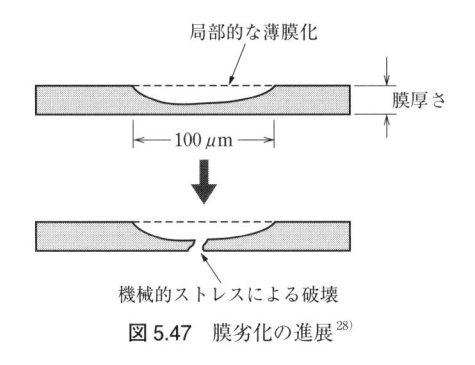

② 過酸化水素発生を低減する触媒の開発
③ 触媒層で生成される過酸化水素およびラジカルを膜と触媒層の境界で捕捉する方法の開発[29]
④ ガスリーク量の低減，Fe イオン，Cu イオンなどの不純物のセル内侵入抑制

上記項目は現在用いられているフッ素系高分子電解質膜に関するMEAの開発課題であり，実用化にあたってはさらに長期信頼性の確保，コスト低減という課題解決が必要である。

5.3 カーボン劣化

PEFC に使用されているカーボン材は触媒の坦持体，MEA を支持している炭素基板（GDL：ガス拡散層），ガスの流路の確保やガスの混合防止をつかさどるセパレータである。以下では，カーボン劣化の主要因であるカーボン腐食について説明する。

5.3.1 高いセル電圧印加時のカーボン腐食

高いセル電圧が印加されるとカーボン腐食が発生する。そのようすはすでに図5.15 に示した。カーボン腐食は(5.1)式の過程でおこる。

$$C + 2H_2O \rightarrow CO_2 + 4H^+ + 4e^- \tag{5.1}$$

(5.1)式からわかるように，カーボンが腐食すると炭酸ガス（CO_2）が発生する。また，カーボン腐食はセル電圧が高いほど増大し，腐食が進行すると撥水性が低下する。

図5.48は印加電圧を0.6 V，0.8 V，1.0 Vと変化させたときの，カーボンの撥水性の時間的な低下を示す．印加電圧が大きいものほど腐食が多く，撥水性が低下している．撥水性が低下すると触媒層からの生成水の除去作用，あるいは炭素基板からの水分排出作用が低下するため，フラディング発生の要因となる．

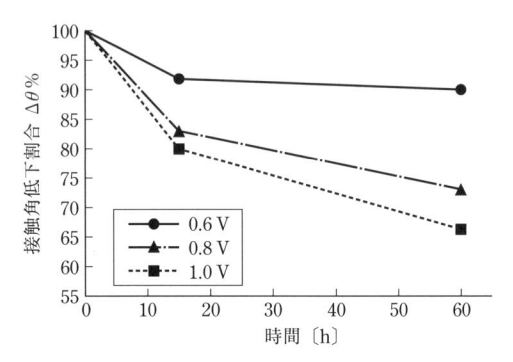

図5.48 電圧を0.6 V，0.8 V，1.0 Vと変化させたときの撥水性低下[30]

5.3.2 急激な電圧印加時のカーボン腐食

セルの運転停止時にセル劣化を抑制するため窒素パージを行なう．窒素パージとはセル電圧の上昇を抑制するため，セル内の水素と空気を窒素ガスで置換する操作をいう．このパージ状態にあるセルに水素と空気を注入すると，図5.49に示されるようにセル電圧は開放電圧まで上昇し，そのときカソード側にCO_2ガスが発生する[31),32)]．

CO_2ガスの発生は開放電圧が印加されている間，持続して発生するのではなく

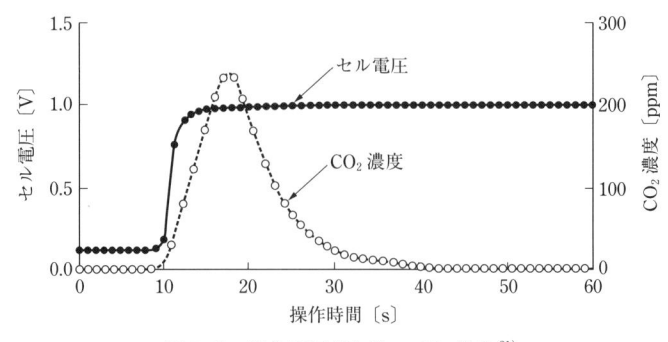

図5.49 開放電圧印加時のCO_2発生[31]

図5.49に示すように電圧印加瞬時の20秒程度の間だけ見られ，その後の発生は見られない。なお，試験は10分間開放電圧を印加した後，0.2 A/cm^2 の負荷電流を10分間流し，その後10分間窒素でパージするというサイクル試験を実施している。

　カーボンの腐食はセル電圧の上昇率に大きく影響される。そのようすが図5.50に示される。図5.50(b)の横軸は開放電圧の立ち上がり時のセル電圧上昇率を示し，上昇率が100 mV/sを超えるとカーボンの腐食割合は増大している。また図5.51に矩形波的なセル電圧の波高値とカーボン腐食の関係を示す。電圧の波高値が400 mVを越えるころから腐食割合は増大している。

　家庭用燃料電池は朝に燃料電池を起動し，夜に停止するという運転（daily start・stop運転）を行なっている。そして起動時には開放電圧相当の電圧がセル

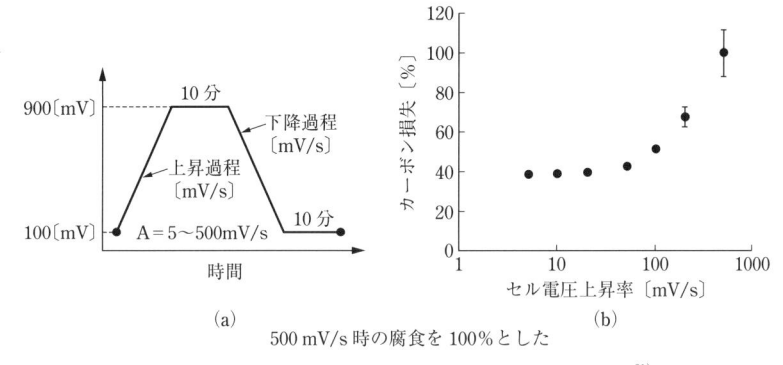

500 mV/s時の腐食を100％とした

図5.50　カーボン腐食に対するセル電圧上昇率の影響[31]

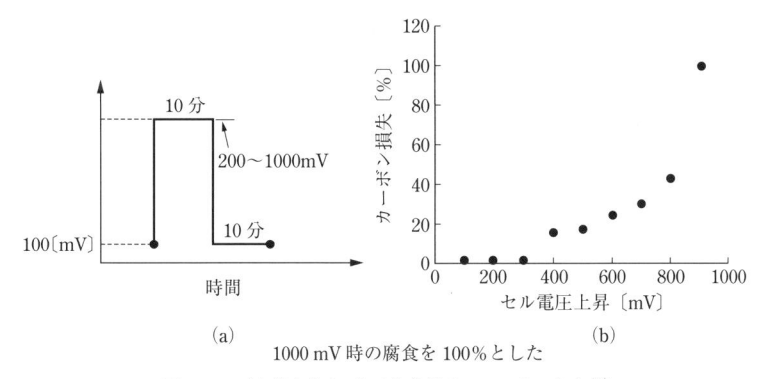

1000 mV時の腐食を100％とした

図5.51　矩形波的な電圧変化値とカーボン腐食[31]

に印加されるため，わずかではあるがカーボンの腐食が発生する。実際の電池はこのような起動・停止の操作を運転期間中，毎日繰り返すため，起動・停止による電池の耐久性を把握することは商用化に向けて極めて重要である。

このような背景から上記の「開放電圧放置—負荷電流通電—電流しゃ断後窒素によるパージ」という一連の操作を行なうサイクル試験が10 000回実施され，1 000回ごとに電池の劣化状況を把握するため電流電圧特性試験が行なわれた。その結果が図5.52に示される。サイクル数が増えるとセル電圧の低下が見られ，とくに電流密度の大きい領域でセル電圧の低下が大きい。サイクル試験経過時の空気利用率特性が図5.53に示される。サイクル数が増えると空気利用率の高い領域で著しくセル電圧の低下が見られる。

これらの結果をもとに時間経過に対する，セル電圧低下の要因を把握するため

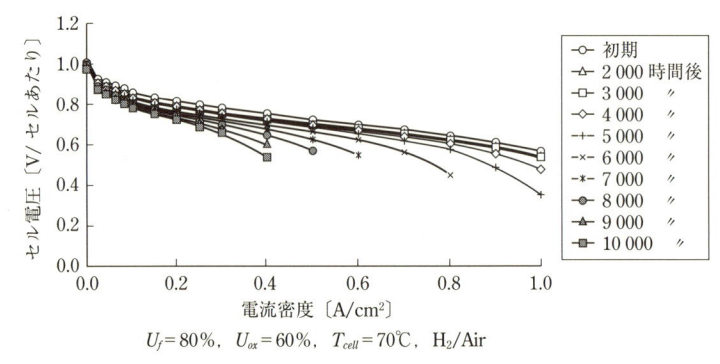

$U_f = 80\%$，$U_{ox} = 60\%$，$T_{cell} = 70℃$，H_2/Air

図5.52 サイクル試験とI-V特性[31]

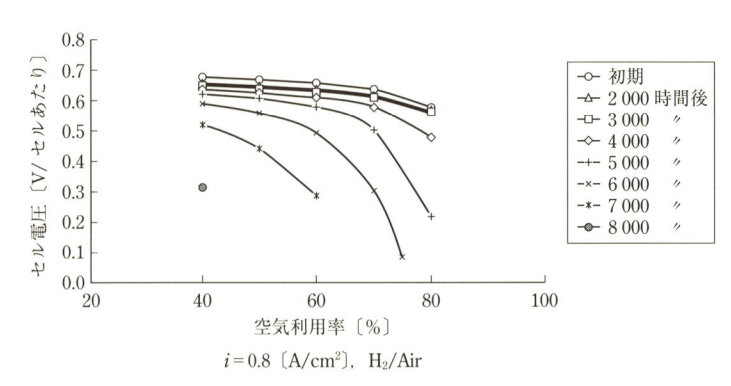

$i = 0.8$〔A/cm²〕，H_2/Air

図5.53 サイクル試験経過と空気利用率試験特性[31]

分極分離を行ない，その結果が図 5.54 に示される。活性化分極は 2 000 時間経過後から飽和気味であり，一方，拡散分極は 4 000 時間経過後から急激に増大している。

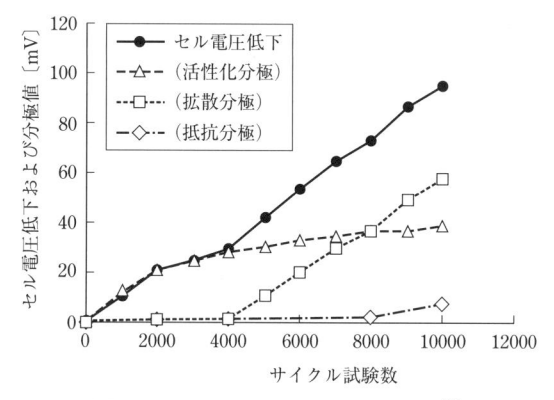

図 5.54 サイクル試験経過と分極分離[31]

CV 法により求めた触媒表面積の時間変化が図 5.55 に示される。サイクル数を対数表示すると触媒表面積は直線的に低下している。この触媒表面積の低下をもとにセル電圧の低下を算定すると，その値は活性化分極の増大とほぼ等しい。また，触媒表面積の低下は試験後セルを解体し，TEM 観察した触媒粒径の増大から算定した値ともほぼ等しい。これから活性化分極の増大は触媒の劣化に起因し，触媒粒径増大による触媒表面積の低下によるといえる。

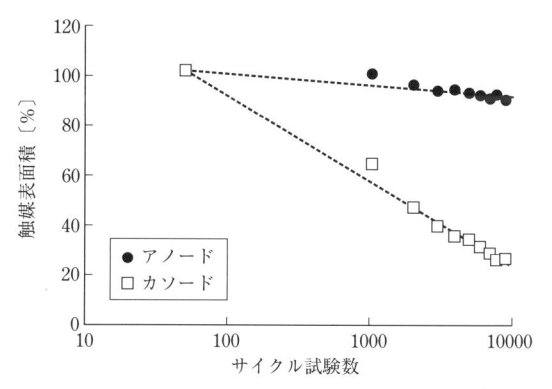

図 5.55 サイクル試験経過と触媒表面積低下[31]

一方，サイクル数の増加とともに O_2 ゲインが増大し，高空気利用率領域でセル電圧の低下が著しい。これはカーボン腐食が発生し，カーボンの撥水性が低下し，拡散分極の増大に至ったものと推定さえる。

5.3.3 起動時のアノードに水素が流入した場合の腐食

アノードとカソードが空気で満たされている状態でアノードに水素が流入した場合（停止時にアノードに水素が充満している状態で，出口から空気が侵入してくる場合も同じ現象となる），アノードでは短時間ではあるが過渡的に水素と空気が，ある境界を境に共存することがある。

水素イオンの発生と移動の概念図は図 5.56 に示されるように，水素が流入した領域では水素は水素イオンと電子に分かれ，水素イオンがアノードからカソードへ移動する。一方水素の流入がない領域ではカソード電位が上昇して，カソードのカーボンが腐食して CO_2 ガスと水素イオンを発生すると同時に，水が分解して水素イオンが生成され，発生した水素イオンはカソードからアノードへ移動する。これを逆電流とよび，セル内では正電流と逆電流が流れセル全体では打ち消しあってゼロとなる。この場合，図 5.57 に示すように，アノードに水素がある部分の電解質の電位はゼロ近くにあるが，水素がない電解質部の電位は空気で満たされているため，開放電圧に近い -1.0 V となる。このため対向するカソードではこの電解質電位に対し -2.0 V 近くまで上昇しカーボン腐食が発生する[33,34]。

水素流入時の逆電流の発生および電解質電位に対する，カソード電位の上昇について詳細に検討するために，別のグループが図 5.58 に示すような，97 個のセグ

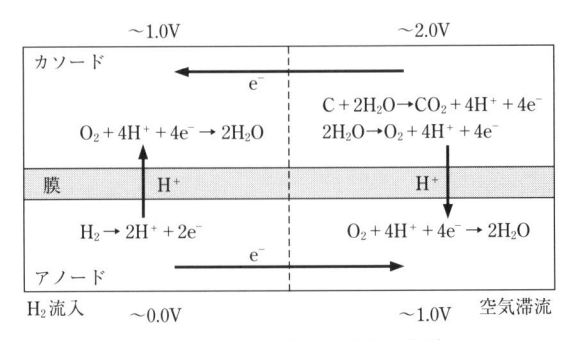

	~ 1.0V	~ 2.0V
カソード	← e^-	
	$O_2 + 4H^+ + 4e^- \rightarrow 2H_2O$	$C + 2H_2O \rightarrow CO_2 + 4H^+ + 4e^-$ $2H_2O \rightarrow O_2 + 4H^+ + 4e^-$
膜	H^+ ↑	H^+ ↑
	$H_2 \rightarrow 2H^+ + 2e^-$	$O_2 + 4H^+ + 4e^- \rightarrow 2H_2O$
アノード	e^- →	
	H_2 流入 ~ 0.0V	~ 1.0V 空気滞流

図 5.56 水素流入時の電位変化[34]

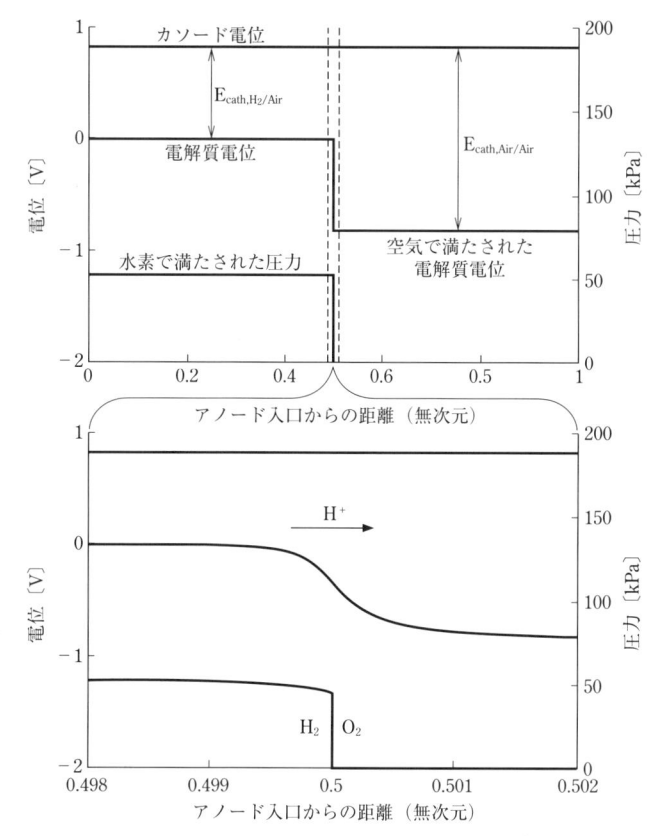

図 5.57 水素流入時の電解質電位の変化[34]

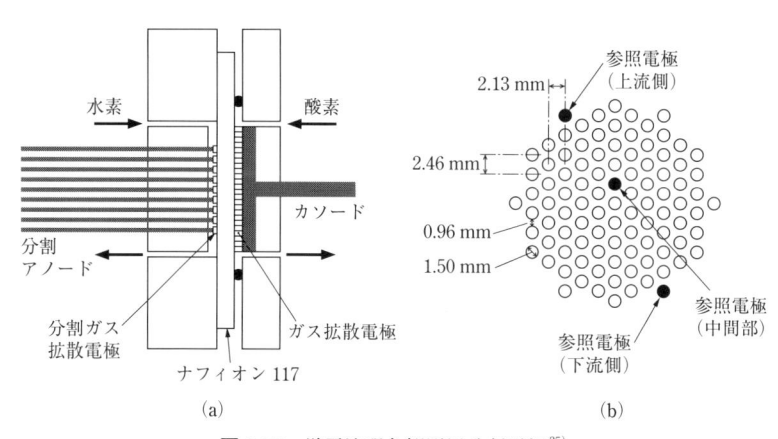

図 5.58 逆電流現象観測用分割電極[35]

5.3 カーボン劣化

メントセルを使って正・負電流およびカソード電位上昇を観測した[35]）。図 5.59 はアノードが 5 % の酸素雰囲気で，カソードが純酸素雰囲気に置かれた状態で，水素がアノードに流入したときのセルの上流部，中間部，下流部の電解質電位（厳密にいえば，それぞれの場所の参照極に対する電位）に対するカソード電位，およびセル内を流れる正・負電流を示す。水素がまだ到達していない下流部のカソード電位は約 1.6 V 近くまで上昇している。また，水素が流入している上流側には正電流が，まだ水素が流れていない下流側には負電流が流れ，セル内の電流の合計はゼロとなる。以上より，電位上昇が生じたカソードの下流側で腐食が生じていることが実験的に確認された[35]）。

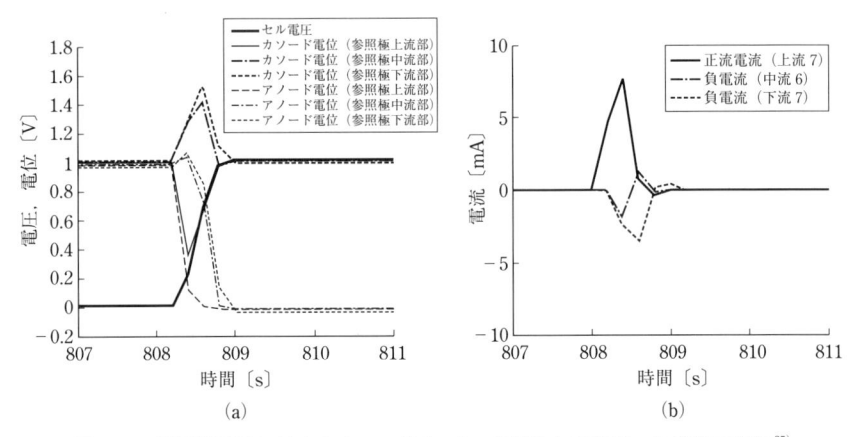

図 5.59 電解質電位に対するカソード/アノード電位と正電流・負電流の関係[35]）

このように酸素で満たされたアノードに水素が流入するプロセスを繰り返し実施すると，カソード側でカーボン腐食量が増大し，セル電圧は低下する。そのようすが図 5.60 に示される。この現象は触媒坦持体あるいは基板の腐食をもたらすだけでなく，触媒のシンタリングも促進される。このような水素流入実験を 80 回繰り返すことにより，触媒表面積は初期の 20 % にまで低下した。80 回繰り返し試験終了後セルを解体し，SEM 観測を行なった結果が図 5.61 である。明らかにカソードの触媒層厚さが大きく低減しているのがわかる[36]）。

このような現象を避けるためには，①アノード/カソードを不活性ガスでパージ後，アノードに水素を流入し，その後空気を導入する。あわせて②白金触媒の坦持体およびカーボン基板の耐腐食性を向上させる等の対策案が必要となる。

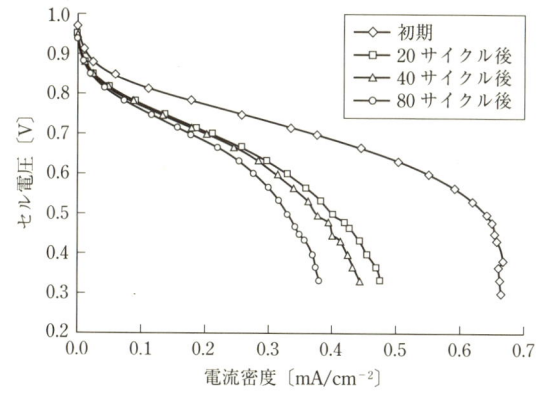

図 5.60 サイクル試験とセル電圧低下[36]

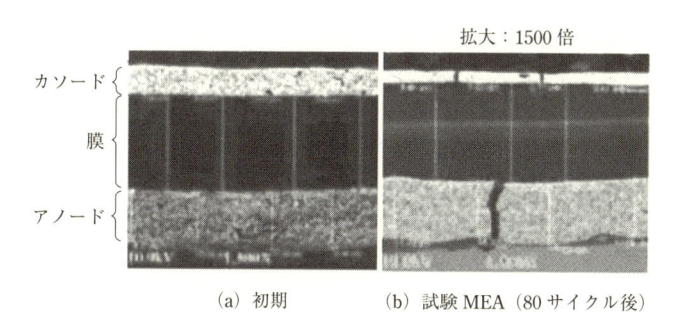

セル温度：65℃，100%RH，改質ガス（2%空気ブリード）

図 5.61　80 回終了後の SEM 観測結果[36]
［写真：文献 36 より転載］

(a) 初期　　(b) 試験 MEA（80 サイクル後）

拡大：1500 倍

5.3.4　水素欠乏時の腐食

　セル内で水素が欠乏する現象は，たとえばスタック内のセルに配流のアンバランスが生じ，かつ高燃料利用率で運転している場合に発生する。このような現象は 5.1.2 項で説明したように水素スタベーション[7), 37)]といい，水素欠乏のセルでは，アノード電位が上昇し(5.2)，(5.3)式に示すように，カーボンが水と反応して水素を発生させ，電流を持続させるための水素供給源となる。アノード電位は正の方向に上昇し，カソード電位は逆に低下する。結果として，端子電圧は負方向に増大していく。アノード電位の上昇により，アノード側でカーボン腐食が発生する。

$$C + H_2O \rightarrow CO + 2H^+ + 2e^- \tag{5.2}$$

5.3 カーボン劣化

$$C + 2H_2O \rightarrow CO_2 + 4H^+ + 4e^- \tag{5.3}$$

セル電圧が負へ反転する現象を転極といい，転極が生ずると短時間でアノードのカーボンは腐食し，基板はもとより触媒の坦持体も腐食し，やせ細っていく。

以上述べた現象はアノード側の水素が欠乏する場合の現象であるが，次にカソード側の空気が不足する場合について述べる。

カソード側の空気不足現象を空気スタベーションという。説明のため，空気不足時のアノード，カソード電位の経時変化を図 5.62 に示す。空気不足が生ずるとカソード電位は急にゼロ近くまで低下し，この値がアノード電位より小さくなるとセル電圧は負となる。そしてこの状態が継続すると図 5.63 に示すようにセル電圧特性は低下し，またカソード触媒の粒径は増大する。このように空気スタベーションが発生すると，カソード触媒にダメージを与え，セル電圧低下をもたらすが，水素スタベーションと比べ，その度合いはきわめて小さい。

以上をまとめるとカーボン腐食は，

① カーボンがやせ細ると触媒層を形成する坦持体から，白金がはがれ落ち触媒量が不足するためセルの活性化が低下する。

② 坦持体がやせ細ると触媒層内の気孔径が大きくなってその部分に水分がたまり，また撥水性の低下により排出がうまくいかなくなってガスの拡散性が阻害されて拡散分極が増大する。

この拡散阻害はセルを構成する GDL についても同様のことがいえる。

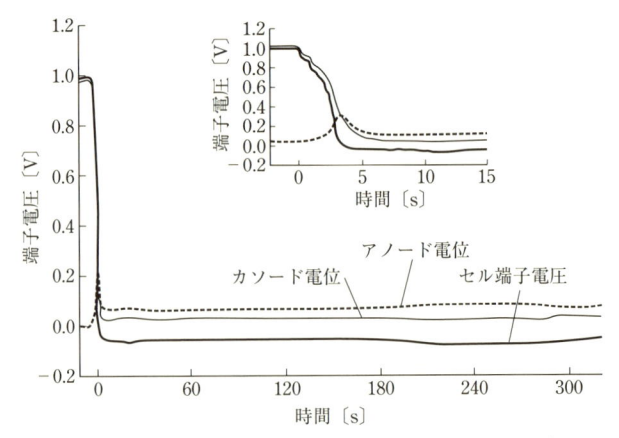

図 5.62　空気スタベーション時のセル電圧経時変化[38]

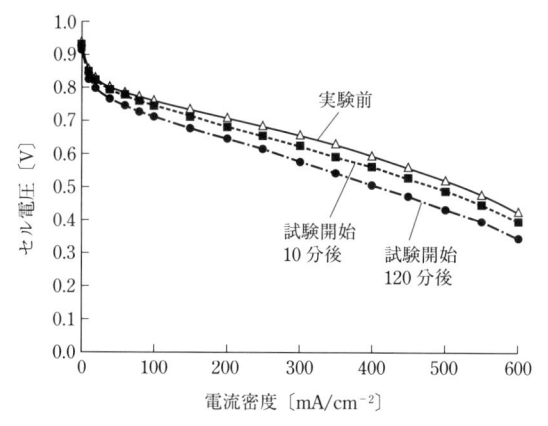

図 5.63 空気スタベーションによるセル電圧特性の低下[38]

さらに腐食が進むと構造体としての機能が失なわれスタックが変形してガスリークへと発展していく。長期耐久性の上からカーボン腐食は避けなければならない。

5章 参考文献

1) Mark F. Mathias, Rohit Makharia, Hubert A. Gasteiger, Jason J. Conley, Timothy J. Fuller, Craig J. Gittleman, Shyyam S. Kocha, Daniel P. Miller, Corky K. Mittelsteadt, Tax Xie, Susan G. Yan, Pau T. Yu『Two Fuel Cell Cars in Energy Garage?』The Electrochemical Society Interface・Fall 2006

2)（株）KRI『水管理によるセル劣化対策の研究―電極触媒の溶解と凝集に及ぼすセル運転条件の影響の評価』NEDO 平成 17 年度から 19 年度 NEDO 成果報告書

3) R. Borup, J. Davey, F. Garzon, P. Welch, K. More『PEM Fuel Cell Electrocatalyst Durability Measurements』Fuel Cell Seminar 2006

4) Jian Xie, David L. Wood III, Karren L. More, Plamen Atanassov, and Rodney L. Borup『Microstractural Changes of Membrane Electrode Assemblies during PEFC Durability Testing at High Humidity Conditions』Journal of The Electrochemical Society, 152（5）, A1011-A1020, 2005

5) 城間純，谷口晃，秋田知樹，安田和明，石井健太，稲葉稔，田坂明政『白金坦持カーボン電極の劣化に関する基礎的研究』第 12 回 FCDIC シンポジウム，2005

6) 小川淳，松林孝昌，谷口貴章，浜田陽『外部加湿型での電極機能低下に関しての劣化加速手法の開発』第 14 回 FCDIC シンポジウム，2007

7) Akira Taniguchi, Tomoki Akita, Kazuaki Yasuda, Yoshinori Miyazaki『Analysis of electro-catalyst degradation in PEMFC caused by cell reversal during fuel starvation』Journal of Power Sources130, pp42-49, 2004
8) 遠藤栄治，川添仁郎，本村了『固体高分子形燃料電池用フッ素系高温高耐久 MEA の開発』第 13 回 FCDIC シンポジウム，2006
9) 堀美知郎，干景栄，小林健二，加藤恵『PEFC の水管理によるセル劣化の制御』第 12 回 FCDIC シンポジウム，2005
10) A. B. LaConti, M. Hamdan, and R. C. McDonald『Mechnism of membrane degradation』Handbook of Fuel Cells, Vol. 3, John Wiley and Sons, 2003
11) 中村総真，柏栄一，佐宗英寿，針山卓，青木努，小上泰司，西川尚男『固体高分子形燃料電池（PEFC）のセル内がスリーク発生分布測定方法の確立と低加湿負荷変動試験への適用』電学論 B，128 巻 11 号，2008
12) Minoru Inaba, Taro Kinumoto, Masayuki Kiriake, Ryota Umebayashi, Akimasa Tasaka, Zempachi Ogumi『Gas crossover and membrane degradation in polymer electrolyte fuel cells』Electrochimica Acta 51, pp5746-5753, 2006
13) 稲葉稔，山田裕久，徳永純子，梅林良太，田坂明政『PEFC における過酸化水素の副生と劣化に及ぼす影響』第 12 回 FCDIC シンポジウム，2005
14) Minoru Inaba, Hirohisa Yamada, Ryota Umebayashi, Masashi Sugushita and Akimasa Tasaka『Membrane Degradation in Polymer Electrolyte Fuel Cells under Low Humidification Conditions』Electrochemistry 75, No. 2, pp207-212, 2007
15) Eiji Endoh『Development of Highly Durable PFSA Membrane and MEA for PEMFC Under High Temperature and Low Humidity Conditions』ECS Transactions, 16 (2), pp1229-1240, 2008
16) Atsushi Ohma, Shinji Yamamoto, Kazuhiko Shinohara『Membrane degradation mechanism during open-circuit voltage hold test』Journal of Power Sources182, pp39-47, 2008
17) Atsushi Ohma, Sohei Suga, Shinji Yamamoto, Kazuhiko Shinohara『Membrane degradation Behavior during open-circuit voltage hold test』Journal of The Electrochemical Society154 (8), B757-B760, 2007
18) Atsushi Ohma, Shinji Yamamoto, Kazuhiko Shinohara『Analysis of Membrane degradation Behavior during OCV Hold Test』ECS Transactions, 11 (1), pp1181-1192, 2007
19) 三宅直人『低加湿・高温作動の電解質開発の展望』NEDO シンポジウム，2008 年 2 月
20) N. Miyake, K. Kita, M. Honda, and T. Tanabe『R and D of Asahi Kasei Aciplex Membrane for PEM Fuel Cell Applications』ECS Transactions, 16 (2), pp1219-1227, 2008
21) Eiji Endoh, Satoru Hommura, Shinji Terazono, Hardiyanto Widjiaja and Junko Anzai『Degradation Mechanism of the PFSA Membrane and Influence of Deposited Pt in the Membrane』ECS Transactions, 11 (1), pp1083-1091, 2007
22) 内田祐介『固体高分子形燃料電池の劣化機構解析』NEDO シンポジウム，PEFC の高性能

化・高耐久化への展望と今後の技術開発の重点課題,2008

23) Jingxin Zhang, Brian A. Litteer, Wenbin Gu, Han Liu, and Hubert A. Gasteiger『Effect of Hydrogen and Oxygen Partial Pressure on Pt Precipitation within the Membrane of PEMFCs』Journal of The Electrochemical Society, 154 (10), B1006-B1011, 2007

24) 中村総真,柏栄一,佐宗秀寿,針山卓,青木努,小川泰司,西川尚男『固体高分子形燃料電池(PEFC)のセル内ガスリーク発生分布測定の確立と低加湿負荷変動試験への適用』電学論B, 128巻,11号,pp1371-1378, 2008

25) Satoshi Takaichi, Hiroyuki Uchida, Masahiro Watanabe『Distribution profile of hydrogen and oxygen permeating in polymer electrolyte membrane measured by mixed potential』Electrochemistry Communications 9, pp1975-1979, 2007

26) H. Nakayama, T. Tsugane, M. Kato, Y. Nakagawa, M. Hori『Study on the Degradation Mechanism of PEMFC under Low-Humidity and Load on/off Condition』Fuel Cell Seminar, 2006

27) 中山浩,津兼堂秀,堀美知郎,崎山庸子,片桐元『低加湿・負荷変動条件下における固体高分子形燃料電池の耐久特性』電学論B, 127巻2号, 2007

28) C. Stone, G. Calis『Improved Composite Membranes and Related Performance in Commercial PEM Fuel Cells』Fuel Cell Seminar

29) 弦巻『DSS対応長寿命電池技術の研究開発』NEDO燃料電池,水素技術開発,平成17年度成果報告要旨集, 2006

30) 衣本太郎,H-S. Choo,野瀬雅文,入山恭寿,安部武志,小久見善八『酸性溶液中の炭素材料の電気化学的安定性と酸化反応に対するモデル研究』第14回FCDICシンポジウム,2007

31) H. Chizawa, Y. Ogami, H. Naka, A. Matsunaga, N. Aoki, T. Aoki, and K. Tanaka『Impacts of Carbon Corrosion on Cell Performance Decay』ECS Transactions, 11 (1), pp981-992, 2007

32) Hiroshi. Chizawa, Yasuji. Ogami, Hiroshi. Naka, Atsushi. Matsunaga, Nobuo. Aoki, Tsutomu. Aoki『Study of Accelerated Test Protocol for PEFC Focusing on Carbon Corrosion』ECS Transactions, 3 (1), pp645-655, 2006

33) Jeremy P. Meyers and Robert M. Darling『Model of Carbon Corrosion in PEM Fuel Cells』Journal of The Electrochemical Society, 153 (8), A1432-A1442, 2006

34) Wenbin Gu, Robert N. Carter, Paul T. Yu, Hubert A. Gasteiger『Start/Stop and Local H2 Starvation Mechanism of Carbon Corrosion Model vs. Experiment』ECS Transactions, 11 (1), pp963-973, 2007

35) Zyun Siroma, Naoko Fujiwara, Tsutomu Ioroi, Shin-ichi Yamazaki, Hiroshi Senoh, Kazuaki Yasuda, Kazumi Tanimoto『Transient phenomena in a PEMFC during the start-up of gas feeding observed with a 97-fold segmented cell』Journal of Power Sources172, pp155-162, 2007

36) Hao Tang, Zhigang Qi, Manikandan Ramani, John F. Elter『PEM fuel cell cathode carbon corrosion due to the formation of air/fuel boundary at the anode』Journal of Power Sourc-

es158, pp1306-1312, 2006

37) K. Mitsuda and T. Murahashi 『Air and fuel starvation of phosphoric acid fuel cells：a study using a single cell with multi-reference electrodes』J. Appl. Electrochem. 21, pp524-530, 1991

38) Akira Taniguchi, Tomoki Akita, Kazuaki Yasuda, Yoshinori Miyazaki 『Analysis of degradation in PEMFC caused by cell reversal during air stavation』International Journal of Hydrogen Energy 33, pp2323-2329, 2008

第6章 セル診断技術

人間の体をレントゲン，CT あるいは MRI を用いて病気の原因を見出し，適切な処置を施すことは医学の世界ではごくふつうに行なわれている。燃料電池の開発やセル運転試験時においても，セル診断技術を駆使すれば今まで不明であった情報が新たに得られ，これまで説明できない現象がより明確になり，結果として技術開発が大きく進展する。

とくに固体高分子形燃料電池ではセルの心臓部である MEA が比較的簡単に入手できセルの運転も容易なことから，セル診断技術を導入しやすい燃料電池といえる。

本章ではいままでに文献で紹介されてきた，セル診断技術に関する内容とその成果がどのように活用されているかを中心に説明する。なおセル解体後の分析手法については一部を除き省略した。

6.1 サイクリックボルタンメトリー測定法（CV法）

サイクリックボルタンメトリー測定法（Cyclic Voltammetry）は電気化学測定法の1つで，電極表面に塗布された触媒表面積を求める手法である。

この CV 法で水素吸着量を測定することにより，白金とイオン交換樹脂が接している面積がわかり，PEFC の有効な白金触媒表面積を定量的に測定することができる。また，CV 法により得られた有効白金触媒表面積と電流電圧特性試験から得られる分極分離による活性化分極とを比較することにより，触媒に起因したセル電圧低下の要因を定量的に把握することができる。

6.1.1 測定原理

サイクリックボルタンメトリー測定法の測定原理は，ある一定の電位掃引速度

で，参照電極の電位を基準に作用電極（反応観測の対象となる電極で，この電極の有効白金触媒表面積を求めるものとする）に電圧を印加すると，参照電極と作用電極の間に電流が流れ，その結果作用電極で酸化・還元反応が起こる。

ただし，この電位掃引速度が大きいと可逆系のピークが崩れて酸化還元反応が読みづらくなるため，電池系では遅く設定する必要がある。また平衡系の酸化還元電位がゼロでないため，掃引の開始電圧はゼロとはならない。そのため作用電極の自然電位（平衡電位）を掃引の開始電位とする。CV法による触媒表面積測定時の電流電圧特性を図6.1に示す。図6.1の電流電圧特性波形は次の4つの領域に分けられる。

① 白金に吸着していた水素が脱離する。
② 白金酸化物の層が形成される。
③ 白金酸化物の層が還元される（除去される）。
④ 水素が白金に吸着される。

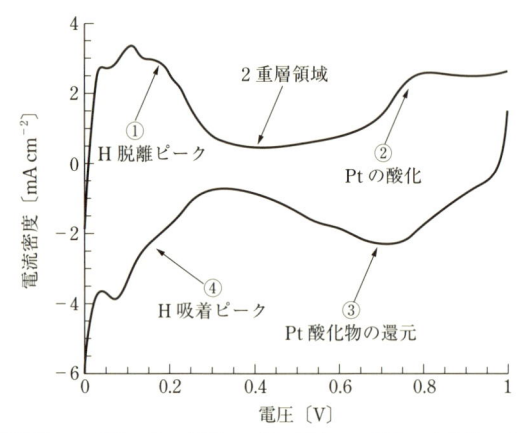

掃引速度：10mV/s，セル温度：25℃，圧力：100kPa，白金量：0.2mg/cm^2
参照電極/対向極：4％にうすめられた H_2/N_2 ガス，作用極：N_2 ガス，白金表面積：50m^2/g

図6.1 サイクリックボルタンメトリー測定法による触媒表面積測定[1]

6.1.2 測定方法と結果の評価

測定方法と結果の評価のしかたを例を示しながら説明する。カソード触媒の表面積を測定する場合，セル温度，加湿温度は常温に設定し，アノードに水素をカソードに窒素をそれぞれ 100 cc/min（ただし，セルサイズは 5 cm 角とする）流

す。はじめのうちは触媒層内に残っている酸素が水素と反応して電位が発生するが，徐々に空気が窒素に置換されるため，やがて自然電位である約 100 mV 付近に落ち着く。落ち着いたら電気化学装置を電池へ接続する。測定するカソードを作用電極とし，カソードには窒素を流す。一方，加湿水素を流すアノードは活性化過電圧が小さいため，作用電極に対する対極と参照極を兼ねることとする。

測定は自然電位から開始し，電位掃引速度を 10 mV/s で 50 mV から 1.2 V の範囲で測定を行なう。

測定された電流電圧特性波形において，横軸は電位〔V〕であるが，電位掃引速度が 10 mV/s であるため，時間軸に置き換えることもできる。また縦軸は電流〔mA〕（＝〔mC/s〕）であり，水素吸着ピークの面積（水素吸着電気量）Q〔C〕を図 6.2 の黒く塗りつぶした面積から求めることができる。

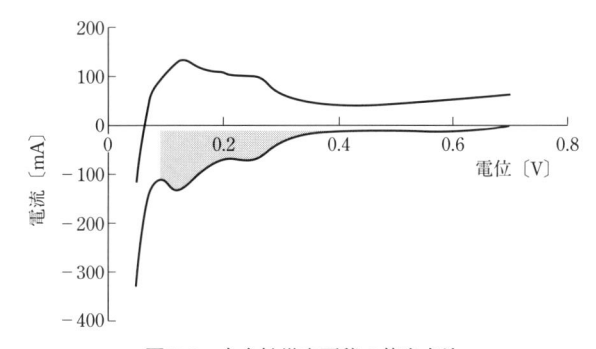

図 6.2 白金触媒表面積の算出方法

以上より，有効白金触媒表面積は

$$S = \frac{Q}{2.1} \quad [\mathrm{m}^2] \tag{6.1}$$

となる。ただし，白金 1〔m^2〕に水素が吸脱着するときの電気量は 2.1〔C/m^2〕である。

たとえば，市販されている MEA で運転開始前に測定した電気量が 1 365 mC，幾何学的な触媒塗布面積が 25 cm^2，触媒塗布量が 0.4 mg/cm^2 のとき，有効白金触媒表面積は

$$S = 1.365 \, \mathrm{C} / (2.10 \, \mathrm{C} \times 0.4 \times 10^{-3} \times 25) = 65 \quad [\mathrm{m}^2/\mathrm{g}]$$

となる。これは白金 1 g あたり白金触媒表面積が 65 m^2 であることを意味する。

以上までは，白金触媒がカーボン担持体の上に塗布されている状態の白金触媒表面積を求める方法を説明してきたが，以下では白金触媒が塗布されていないカーボン担持体のみの電流電圧特性波形について説明する。図6.1の2重層領域と記述された部分は，白金が塗布されていないカーボン担持体の電流電圧特性波形の一部分が示されたものである。図6.3は触媒層内のイオノマーと接触しているカーボン担持体の表面積を示している。グラファイトカーボンは $80\ \text{m}^2/\text{g}$，通常広く使用されているバルカンは $220\ \text{m}^2/\text{g}$，ケッツェンブラックは表面積が大きく $800\ \text{m}^2/\text{g}$，ブラックパールはいちばん大きく $1\,200\ \text{m}^2/\text{g}$ である。担持体の表面積が大きいほど白金触媒を塗布したとき，白金触媒の高分散化が可能となり，セル性能も向上する。

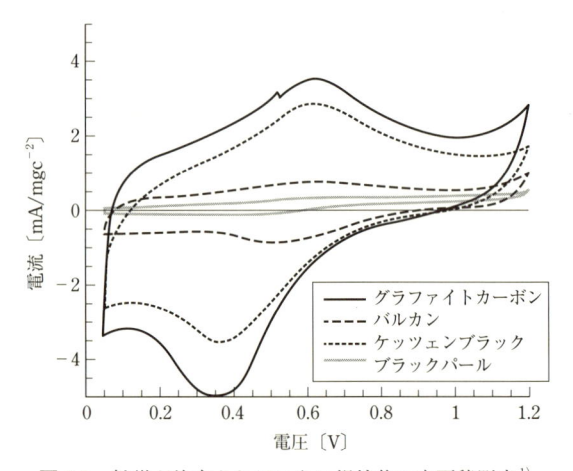

図6.3 触媒が塗布されていない担持体の表面積測定[1]

6.1.3　CV測定による触媒劣化の診断

CV測定は触媒の劣化を診断するのに有効である。以下では5.3節で用いたデータ（図5.54，図5.55）を使ってCV測定による触媒劣化の診断方法について説明する。

単セルの起動停止試験終了後，電流電圧特性から次節で述べる活性化分極を求め，その結果を示した図5.54から，10 000回サイクル試験終了後の活性化分極の増大値を求めると $38.5\ \text{mV}$ となった。

また，試験前のCV測定で触媒表面積は100 %であったのが，試験終了後のCV

測定の結果は図5.55に示めしたように，カソード触媒の表面積が運転初期に対し25％まで低下していた。

一般に触媒表面積の低下によるセル電圧低下の関係は(6.2)式で表示される。

$$\Delta V = b \log\left(\frac{S}{S_0}\right) \tag{6.2}$$

ここで，bはターフェル勾配（6.2節参照），Sは試験終了後の触媒表面積，S_0は運転開始前の触媒表面積である。

図5.54より求めた試験終了後の活性化分極の増大値は38.5 mVであり，一方，電気化学的に測定した白金触媒表面積の低下から推定した触媒劣化に起因するセル電圧低下値は(6.2)式より$\Delta V = 65 \times \log(0.25) = 39$ mVとなることから，両者はよく一致している（図5.54に使用した電流電圧特性のターフェル勾配は65 mV/decadeである）。

このように触媒表面積の低下から求めたセル電圧低下値と分極分離により求めた活性化分極の増大値はほぼ一致している。

なお，触媒表面積の低下は試験後にセルを解体してTEM観測を行なった触媒粒径変化と関係する。1 000回の起動・停止サイクル試験を行なったときの運転初期と試験終了後の触媒粒径観測比較を図6.4に示す。明らかに試験終了後には触媒粒径は増大している。触媒を球と仮定すると触媒の単位重量あたりの触媒表面積は(6.3)式で示される[1]。

$$SA = \frac{4 \times \pi \times r^2}{\left(\left(\frac{4}{3}\right)\pi \times r^3 \times \rho\right)} = \frac{6}{\rho \times d} \tag{6.3}$$

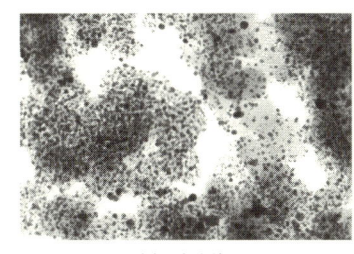

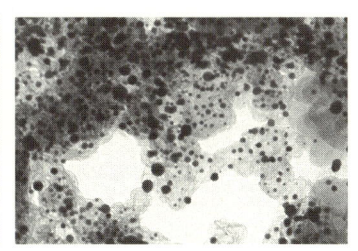

(a) 試験前　　　　　(b) 試験終了後

図6.4　触媒のTEM観測結果[2]
［写真：文献2より転載］

ここで，SA は平均直径 d，または半径 r の触媒粒径の表面積，ρ は白金の密度 $(21.5\,\mathrm{g/cm^3})$ である。

この式からわかるように，触媒表面積は触媒の直径に逆比例して径の増大とともに低下する。

6.2 分極分離手法

6.2.1 活性化分極，拡散分極，抵抗分極

単セルに酸化剤（空気）および燃料（純水素）を供給し，一定温度，一定湿度に保持した後，電流を変化させると図6.5のようなセル電圧と電流の関係が得られる。この特性を電流電圧特性といい，セル電圧測定と同時にセル抵抗を測定することにより，セル抵抗がない，いわゆるIRフリーのセル電圧を得ることができる。無負荷状態（負荷電流0A）におけるセル電圧を開放電圧（OCV：Open Circuit Voltage）といい，電解質膜のクロスリーク量を反映する指標となる。

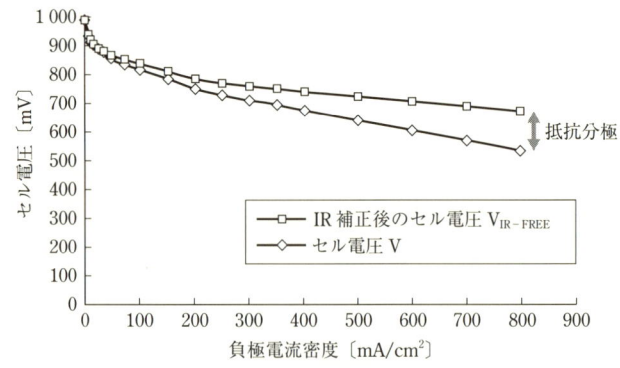

セル温度：80℃，アノード/カソード加湿温度：60℃，U_f：70%，U_{ox}：40%

図6.5 電流電圧特性

電流密度変化時のセル電圧と内部損失の関係を図6.6に示す。PEFCの理論起電力は1.23〔V〕(25℃) であるが，セル温度が上昇すると起電力は低下し，運転圧力が上昇するとセル電圧は増大する。この関係が(6.4)式で示される[3]。

$$E_{\text{rev}} = 1.23 - 0.9 \times 10^{-3}(T-298) + \left(\frac{2.303RT}{4F}\right) \times \log\left(\left(\frac{P_{H_2}}{P^*_{H_2}}\right)^2 \times \left(\frac{P_{O_2}}{P^*_{O_2}}\right)\right) \quad (6.4)$$

ここで，$P^*_{H_2} = P^*_{O_2} = 101.3$ kPa（基準圧力），P_{H_2}，P_{O_2} は水素，酸素の分圧力である（加湿する場合は水蒸気分圧を考慮する必要がある）。

> **コラム**
>
> 具体的な数値例を下記に示す。
> セル温度を 65℃ とし，常圧運転時の飽和蒸気圧は 0.255 atm であるので，水素と酸素の分圧は
> $$P_{H_2} = P_{O_2} = 1.013 - 0.255 = 0.758 \text{ atm}$$
> となる。これから，
> $$P_{H_2}/P^*_{H_2} = P_{O_2}/P^*_{O_2} = 0.758/1.013 = 0.748$$
> となる。ただし，$R = 8.3145$ 〔J/(mol・K)〕，$F = 96\,500$ 〔c/mol〕であるので，
> $$\begin{aligned}E_{\text{rev}} &= 1.23 - 0.9 \times 10^{-3} \times (338-298) \\ &\quad + (2.303RT/(4F)) \times \log((0.748)^2 \times (0.748)) \fallingdotseq 1.188\end{aligned}$$
> となる。
> 以上より，セル温度 65℃ の常圧における理論起電力はフル加湿のときに 1.188 V となる。

理論起電力からのセル電圧低下を分極といい，通常 η で表す。また，その大きさを過電圧という。分極 η はセル電圧を低下させる要因により，活性化分極 η_{act}，抵抗分極 η_r，拡散分極 η_{dif} の 3 種類に分類できる。

活性化分極　アノードでは水素の酸化の際，カソードでは酸素の還元の際に，反応を進めるために活性化エネルギーが消費される。この活性化エネルギーによる損失分を活性化分極という。水素の酸化反応と比べ酸素の還元反応の方が反応しにくいため，カソード側での活性化分極が大部分を占める。触媒はこの反応の活性化エネルギーを低減させるはたらきをしており，触媒性能の向上が活性化分極の低減につながる。活性化分極は低電流密度領域で増え，その後は電流密度の上昇とともに徐々に増加していく。

抵抗分極　電解質膜，ガス拡散電極，セパレータ，集電板などの抵抗による電圧低下のことを抵抗分極という。抵抗分極は電流密度の上昇とともに徐々に増加する。

拡散分極　セルに供給される水分，またセル内で発生する生成水が増大すると，電極内の細孔やセパレータの流路が塞がれるために反応ガスの拡散・反応が阻害される。このために起こる電圧低下のことを拡散分極という。拡散分極は低電流密度領域ではほとんどないが，生成水の増える高電流密度領域で著しく増加する。

以上をまとめると，低電流密度領域では活性化分極の影響が，高電流密度領域では拡散分極の影響が大きい。

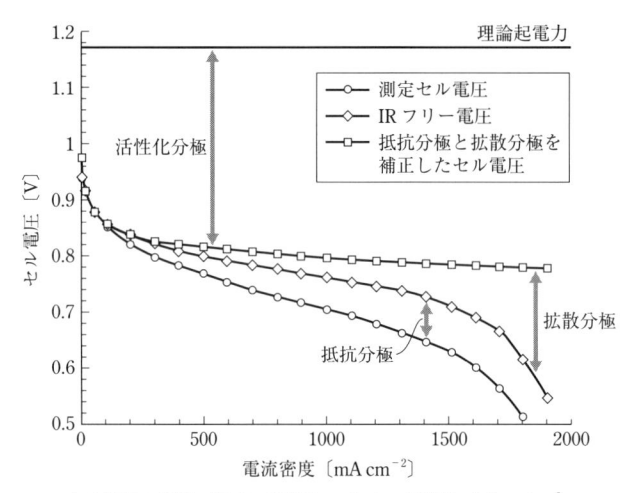

図6.6　分極特性[1]

以下，分極分離手法に関連したいくつかのセル電圧特性例を紹介する。

(a)　電流密度の小さい領域のセル電圧特性

図6.7に示すように，横軸に電流密度を対数で表示し，縦軸にセル電圧を表示すると，低電流密度領域のセル電圧は直線的に変化する。このセル電圧の傾斜をターフェル勾配とよび，図6.7の場合ターフェル勾配は60 mV/decade となる。そして，ターフェル勾配の延長線と理論起電力との交点の電流密度を交換電流密度（exchange current density）とよび，その値は 10^{-8} A/cm^2 から 10^{-9} A/cm^2 である。なお，この試験に使用した反応ガスは純酸素／純水素でカソード触媒量

は 0.4 mg/cm^2 である。触媒の活性を示す指標として質量活性，比活性，触媒比表面積がある。以下に言葉の定義と数値例を紹介する。

質量活性〔A/g〕(mass activity) は（比活性〔A/cm^2〕）×（触媒比表面積〔cm^2/g〕）で定義され，比活性（specific activity）は IR フリーのセル電圧が 0.9 V のときの電流密度で，通常は 0.25 mA/cm^2 程度である。また，CV 法の測定により求まる触媒比表面積が $60\text{ m}^2/\text{g}$ 程度であるので，質量活性は $0.25 \times 60 \times (10^4/10^3) = 150 \text{ A/g}$ となる。

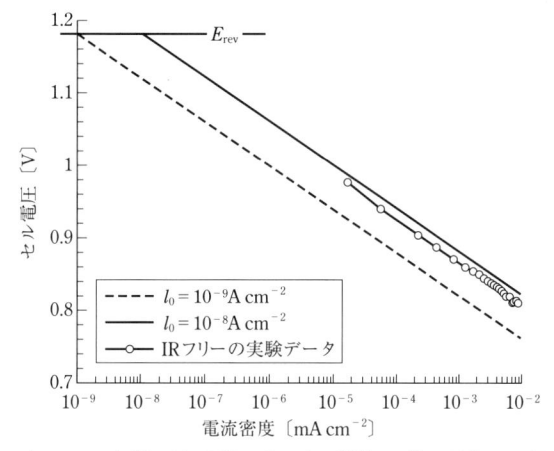

図 6.7 低電流密度領域の電流電圧特性[1]

ターフェル勾配：60mV/decade，セル温度：65℃，圧力：100kPa，純水素/酸素，試験白金量：0.4mg/cm^2，ECA（触媒表面積）：$65\text{m}^2/\text{g}$

(b) セル電圧特性の酸素濃度の影響

酸化剤中の酸素濃度によってセル電圧が異なる。酸素濃度が高いほど，ガス拡散阻害は低減するため，高電流密度領域まで高いセル電圧値を維持することができる。そのようすが図 6.8 に示される。

(c) 酸化剤の供給ガス組成のセル電圧特性への影響

ガス拡散阻害は酸化剤の供給ガス組成によっても変化する。たとえば，同じ酸素濃度であっても，O_2 と混合するガスの分子量が異なる場合，たとえば N_2 または He と O_2 とが混合された酸化剤を用いる場合，N_2 との混合ガスよりも He との混合ガスの方が分子量が小さいため拡散しやすく（空気に対し 21% O_2，79% He 混合ガスを heliox という），図 6.9 に示すように高電流密度領域まで高いセル電圧

図6.8 酸素濃度を変化させたときのセル電圧特性（IR フリー電圧）[1]

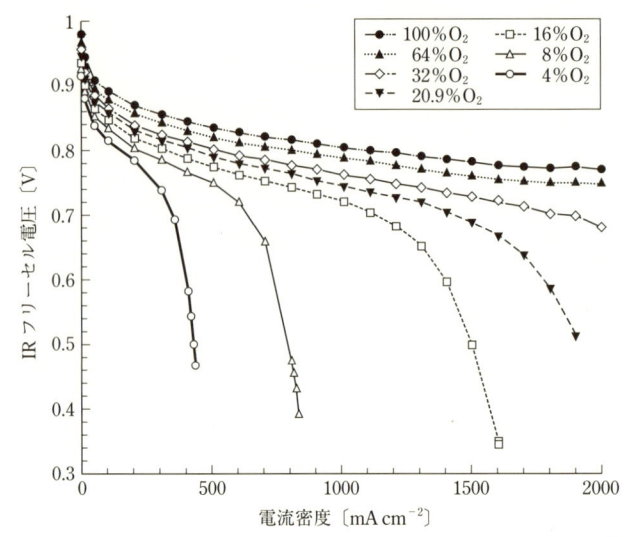

セル温度：65℃，加湿温度65℃，圧力：100kPa，白金量：0.4mg/cm²，
純水素／酸素濃度（4〜100%）

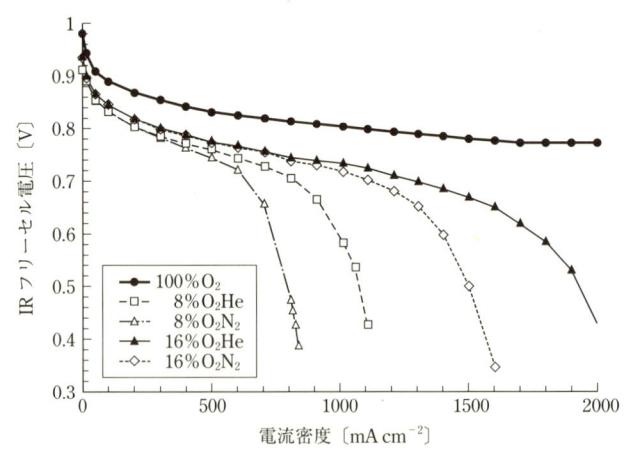

図6.9 酸化剤の N_2 と He 混合の相違[1]

特性を示すことができる。

(d) 空気利用率のセル電圧特性への影響

空気利用率を変化させた試験では空気利用率の変化によってセル内の酸素濃度が異なり，空気利用率が高いほどセル内の平均酸素濃度は低下するため，とくに

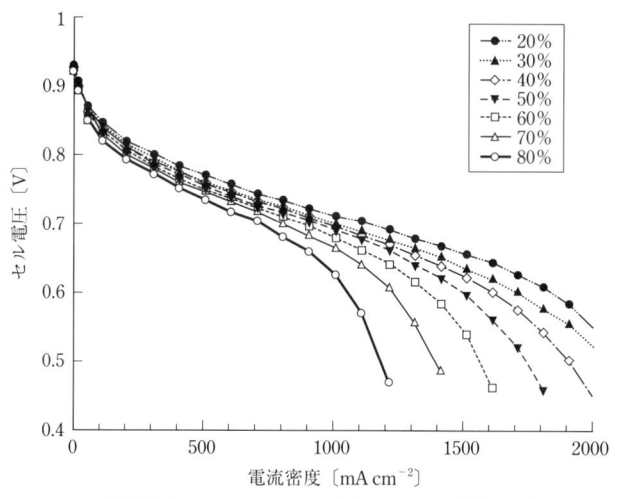

図 6.10 空気利用率特性[1]

高電流密度領域ではセル電圧は低下する。そのようすを図 6.10 に示す。

6.2.2　O_2 ゲイン特性評価

セル電圧低下要因を推定する手法として，上記の分極分離手法のほかに O_2 ゲイン，H_2 ゲイン特性評価がある。ここでは主に O_2 ゲイン特性について説明する。

O_2 ゲインとは設定した発電条件で酸化剤の空気を酸素に替えたときのセル電圧差をいい(6.5)式で表示される。

$$\Delta E = 2.303 \times \left(\frac{RT}{F}\right) \times \log\left(\frac{P_{O_2}}{P_{air\,濃度変化}}\right) + \Delta\eta_d \tag{6.5}$$

ここで，R は気体常数，T は絶対温度，F はファラディ常数，P_{O_2} は純酸素の酸素分圧，$P_{air\,濃度変化}$ は空気中の酸素分圧，$\Delta\eta_d$ は拡散分極の増加である。第 1 項が純酸素試験時と空気試験時の酸素の分圧に依存する活性化分極の差，第 2 項は拡散分極の酸素試験時と空気試験時の差を示す[1]。

図 6.11 は純酸素と空気を酸化剤として用いたときの図 6.8 の IR フリーのセル電圧特性について，横軸の電流密度を対数表示したものである。純酸素のセル電圧は 1 000 mA/cm^2 近くまでほぼ直線的に低下し，その後徐々にこの直線からずれている。この直線部分が活性化分極の増大値であり，この直線からのずれが酸素

試験時の拡散分極の増加であり，その大きさは小さい。一方，空気試験時のセル電圧は純酸素試験時と同様に直線的に低下し，400 mA/cm^2 を過ぎたあたりから徐々に直線からずれている。このずれは拡散分極の増大によるもので，高電流密度領域ほど空気の拡散分極は増大する。図 6.11 の低電流密度側の酸素と空気とのセル電圧差が酸素濃度に依在する活性化分極の差であり，高電流密度側のずれは活性化分極の差に拡散分極の差を加えたものである。以上のことからとくに，高電流密度側で拡散分極の差が顕著に現れるため O_2 ゲインは拡散分極の増大を表す指標としてとらえることもできる。

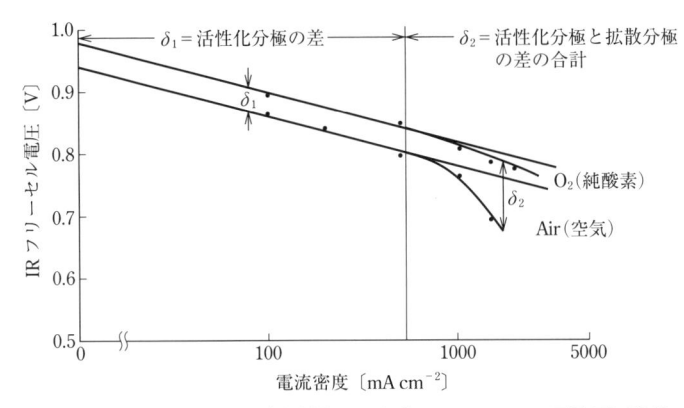

図 6.11 純酸素と空気を酸化剤としたときの IR フリーの電流電圧特性

この考えはアノードの燃料ガスについてもいえ，とくに改質ガスで，水素濃度が低い試験条件で試験をした場合は，セル電圧は純水素のセル電圧と比べ低下するので O_2 ゲインと同様に H_2 ゲイン特性はアノード極のガス拡散性を評価する手法として有用である。

6.2.3 分極分離手法の適用

セル電圧は時間の経過とともに徐々に低下する。セル電圧低下は触媒の活性低下，ガス拡散阻害，不純物などによるセル抵抗の増大により生じるため，分極分離手法を適用することにより，セル電圧の低下の要因を定量化することができる。以下に，分極分離手法の適用方法を示す。

まず，抵抗分極 η_r は

$$\eta_r = R_{ac} \times i \tag{6.6}$$

となる。ここで R_{ac} はセル抵抗〔Ω·cm²〕，i は電流密度〔mA/cm²〕である。なお，(6.6)式に示した値を実測したセル電圧から差し引いた値，すなわちセル抵抗がないとしたときのセル電圧を縦軸に，対数で表示した電流密度を横軸にして図 6.12 に示す。これを IR 補正後の電流電圧特性または IR フリーセル電圧特性という。

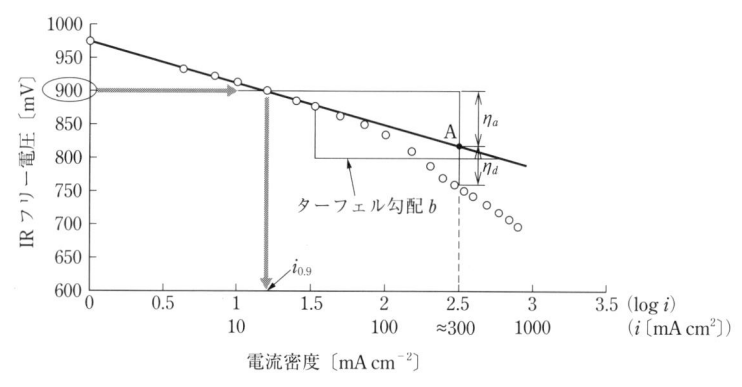

図 6.12 IR フリーのセル電圧特性

IR フリーのセル電圧は低電流密度領域ではほぼ直線的に低下し，高電流密度領域で徐々にこの直線からずれていく。この直線の傾斜をターフェル勾配〔mV/decade〕という。

次に，活性化分極値とは拡散分極値が無視できる IR フリーのセル電圧 900 mV を基準とし，試験時の対数で表示した電流密度と直線的に低下するセル電圧特性との交点 A におけるセル電圧差をいうこととする。活性化分極を求めるときに今回は IR フリーのセル電圧 900 mV を基準としたが，このほかに開放電圧と A 点とのセル電圧差，あるいは理論起電力と A 点とのセル電圧差をいう場合もあるが本書では基準電圧を 900 mV とする。

活性化分極 η_a は

$$\eta_a = b\log\left(\frac{i}{i_{0.9}}\right) \tag{6.7}$$

となる。ここで $i_{0.9}$ は IR フリーのセル電圧 900 mV 時の電流密度〔mA/cm²〕，i は試験時の電流密度〔mA/cm²〕である。

最後に，拡散分極 η_d は

$$\eta_d = 900 - V - \eta_a - \eta_r \qquad (6.8)$$

となる．ここで V は試験時の電流密度で測定したセル電圧〔mV〕である．

上記のように，活性化分極は基準電圧として理論起電力，開放電圧，900 mV のいずれかをもとに算定するが，求めた結果は通常セル電圧経時特性のセル電圧低下要因としての分極値の変化を求めるのに使用することが多いため，基準値としてどの値を採用しても変化値は変わらない．

6.2.4　分極分離手法の適応例

次に，理論起電力を基準電圧として求めた分極分離手法の適応例を示す．図 6.13 に触媒量を変化させて試験をしたときの電流電圧特性が示される．触媒量が多いほどセル電圧は高い．なお横軸の電流密度 I_{eff} は $(i + 3.3 \text{ mA/cm}^2)$ と定義される．すなわち測定された電流密度 i にガスリーク量（ガスリーク量を電流密度で表示したもので，この試験では 3.3 mA/cm^2 としている）を加えた値である．

この電流電圧特性を分極分離した結果が図 6.14 である．(a)は活性化分極，(b)は抵抗分極，(c)は拡散分極である．活性化分極は触媒量が多いほど活性化分極値

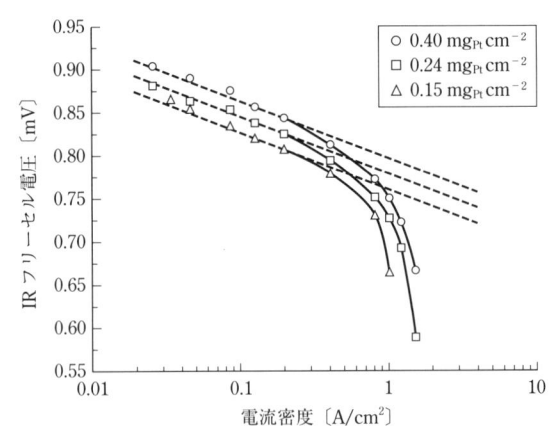

$I_{eff} = i + 3.3$ mA。ただし，3.3 mA/cm^2 はガスリーク電流値を示す．
ガス種：H_2/Air，セル温度：80℃，相対湿度：100%RH，運転圧力：270 kPa，ガス流量：2/2 ストイック

図 6.13　触媒量変化時の電流電圧特性[3]

は小さい．またこのときの活性化分極の基準値は運転圧力を 270 kPa としているため，理論起電力は 1.199 V と高い値をもとにしている．

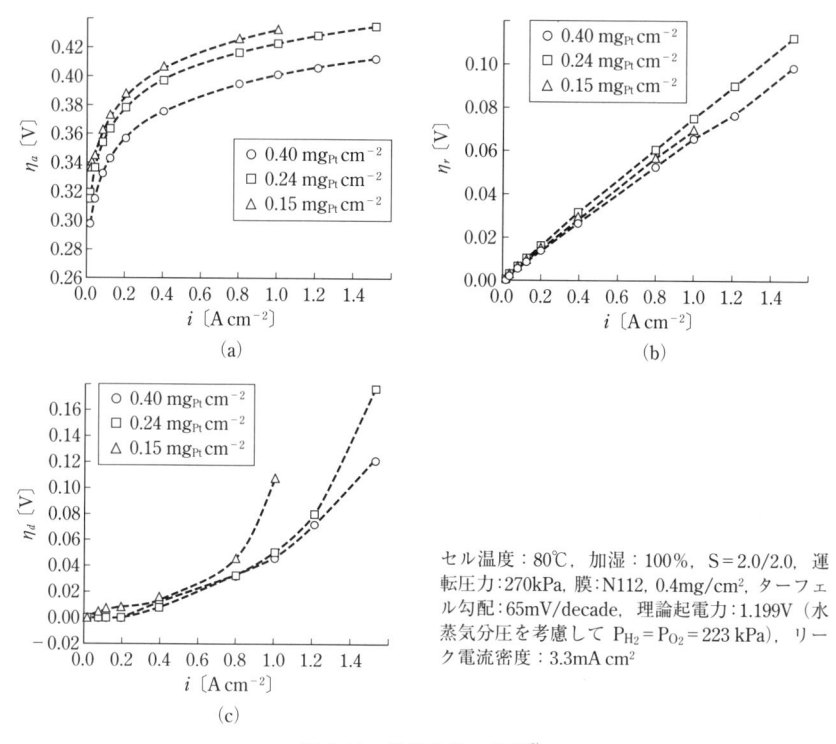

図 6.14 分極分離の結果[3]

セル温度：80℃，加湿：100％，S＝2.0/2.0，運転圧力：270kPa，膜：N112, 0.4mg/cm², ターフェル勾配：65mV/decade，理論起電力：1.199V（水蒸気分圧を考慮して $P_{H_2}=P_{O_2}=223$ kPa），リーク電流密度：3.3mA cm²

6.3 交流インピーダンス測定法

交流インピーダンス測定法は，電気化学インピーダンス測定法（EIS：Electrochemical Impedance Spectroscopy）ともいい，セル電圧の特性あるいはセル電圧低下要因を把握するのに有効な方法である．燃料電池は電極－電解質界面に電気二重層容量などの容量成分を有するため，我々は EIS を使用することにより加えた電流に対し応答する電圧を電流で割って求めるインピーダンスの絶対値と，位相差から電解質抵抗のほか，反応抵抗や電気二重層容量など，電極や反応の状態についての情報を得ることができる．交流インピーダンス測定法として交流ブリッジ法，リサージュ法，位相検波法，FFT アナライザーを用いた方法等

があるが，一般には，周波数応答解析（FRA：Frequency Response Analyzer）[4)～10)] が用いられている。FRA とは図 6.15 に示すように，小振幅（直流電流の 10 % 以下）の正弦波で周波数を変化させた交流電流を燃料電池の負荷電流に加えて，セル電圧の応答を調べ，さらに交流電流から複素演算により複素インピーダンスを求める方法である。交流電流の周波数は数ミリ Hz から 20 kHz まで変化させて燃料電池に加える。各周波数における複素インピーダンスの軌跡をプロットしたものをコールコールプロット（または，ナイキストプロット）という。

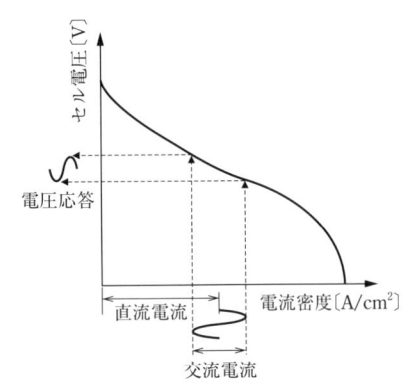

図 6.15　電流電圧特性と交流電流

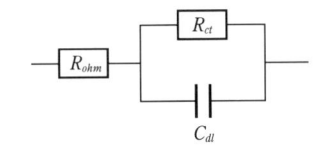

図 6.16　もっとも単純な等価回路

図 6.16 の電気化学反応におけるもっとも単純な等価回路を例に挙げながら EIS を説明する。この回路は電解質抵抗（R_{ohm}），反応抵抗（R_{ct}），および電気二重層容量（C_{dl}）から構成されている。ここで，セル抵抗は電解質抵抗だけでなく，セパレータや集電体などの電気抵抗も含むが，大半は電解質抵抗のため以下では R_{ohm} で表示する。

単純な等価回路の複素－インピーダンスは(6.9)式で与えられる。

$$Z = R_{ohm} + \frac{R_{ct}}{1+\omega^2 C_{dl}^2 R_{ct}^2} - j\frac{\omega C_{dl} R_{ct}^2}{1+\omega^2 C_{dl}^2 R_{ct}^2} \tag{6.9}$$

ここで，ω は印加する交流電流の角周波数である。

(6.9)式は周波数を大きくすると C_{dl} は短絡状態となりインピーダンスは最小値 R_{ohm} に，逆に周波数を小さくすると開放状態となるためインピーダンスは最大値として $R_{ohm}+R_{ct}$ となり，その間の軌跡が図 6.17 のような半円となる。

交流インピーダンス測定法を各種条件で運転している燃料電池セルに適用すると，コールコールプロットの軌跡は必ずしもきれいな半円ではない。これはセルの等価回路が単純な図 6.16 のような回路では表されないことを示している。

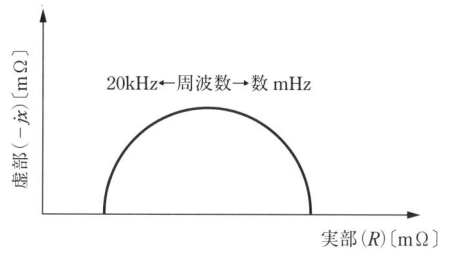

図 6.17 交流電流の周波数と複素インピーダンスの軌跡

セル電圧特性はアノード触媒の CO 被毒等によるセル電圧低下を除けば，主にカソード側で決まるため，等価回路を描くときアノード側のインピーダンスは無視する。そして，セル電圧低下要因をカソード触媒に起因する活性化分極の増大，GDL・触媒層のガス拡散性阻害による拡散分極の増大，セル抵抗に起因する抵抗分極の増大とする。これらから燃料電池の等価回路は触媒活性を反映する電荷移動抵抗（R_{ct}），GDL・触媒層のガス拡散性を定める質量移動抵抗（R_{mt}），セル抵抗（R_{ohm}），電荷二重層容量（C_{CPE1}）とガス拡散に関連する容量（C_{CPE2}）とから構成され図 6.18 に示される。

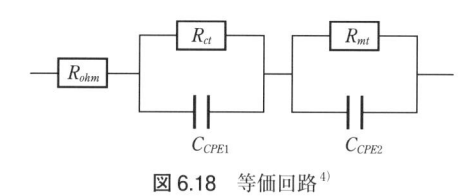

コールコールプロットの代表的な実測波形を図 6.19 に示す。単純な半円ではなく二重円として観測されている。この図と図 6.18 の等価回路をもとにカーブフィッティング法[11]により電荷

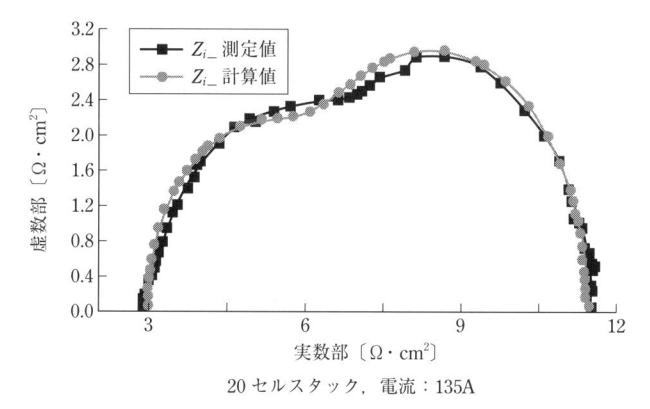

図 6.18 等価回路[4]

20 セルスタック，電流：135A

図 6.19 実測と計算により求めたコールコールプロット波形の比較[4]

6.3 交流インピーダンス測定法

移動抵抗と質量移動抵抗を求めることができる。実測されたコールコールプロット波形とカーブフィッティング法により求めた波形の比較を図6.19に示す。

実測波形と計算で求めた波形はほぼ一致していることからカーブフィッティング法により求めた電荷移動抵抗と質量移動抵抗は妥当といえる。

6.3.1 コールコールプロットの代表例とセル電圧特性

酸化剤の酸素濃度，触媒の白金量と担持体量の重量比変化，電流密度，空気利用率，加湿温度などを変化させたときのセル電圧特性とコールコールプロット波形を比較し，それぞれのセル電圧特性が何によって低下しているかをコールコールプロットの波形から読み取ることができる。以下，その内容を説明する。

(1) 酸素濃度変化

酸化剤である反応ガスの酸素濃度を変化させたときのセル電圧特性を図6.20に示す。酸素濃度の低下とともにセル電圧は低下している。そのとき観測されたコールコールプロットが図6.21に示される。酸素濃度の低下とともにコールコールプロットの半円の径は増大している。これは酸素濃度の低下とともに，ガス拡散阻害が増大することによる。

(2) 触媒の白金量と担持体量の重量比変化時の特性

図6.22は触媒塗布量を一定（$0.4\,\mathrm{mg/cm^2}$）とし，触媒の白金量と担持体量の重量比を変化させたときのセル電圧特性を示す。また，そのときのコールコールプロット波形が図6.23に示される。触媒の担持体量に対し，白金量が少ない場合は

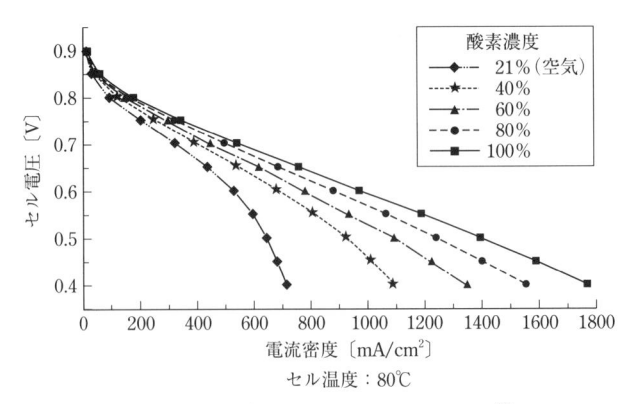

図6.20 酸素濃度変化時のセル電圧特性[12]

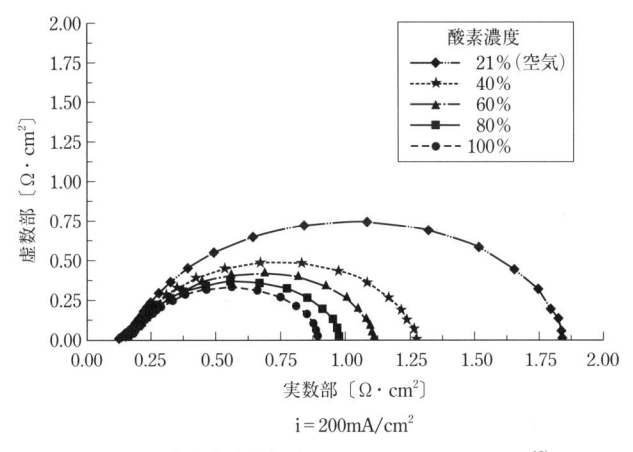

図 6.21　酸素濃度変化時のコールコールプロット[12]

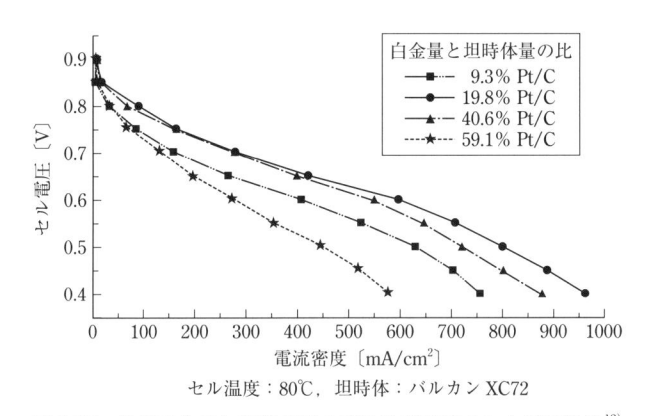

図 6.22　触媒白金量と担持体量の重量比変化時のセル電圧特性[12]

白金の粒径は小さく大きな触媒表面積を維持するが,触媒層は厚くなり,ガスの通過経路が長くなってガス拡散性が低下する。一方,重量比が大きくなると白金触媒間の距離が狭まり,触媒同士の結合する機会が増えて,触媒表面積が低下し,活性化分極が増大してセル電圧は低下する。このため,セル性能は触媒表面積(触媒活性)と触媒層厚さ(ガス拡散阻害)のトレードオフで決まり,重量比が19.8 %,次いで 40.6 %のときセル電圧が高く,コールコールプロットの半円も小さいとの結果を示していた(4.1 参照)。

(3) 電流密度変化

電流密度を変化させたときのコールコールプロット波形が図 6.24 に示される。

6.3 交流インピーダンス測定法　145

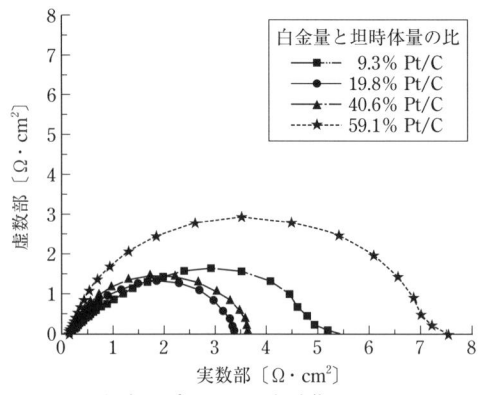

図 6.23 触媒白金量と坦持体量の重量比変化時のコールコールプロット [12]

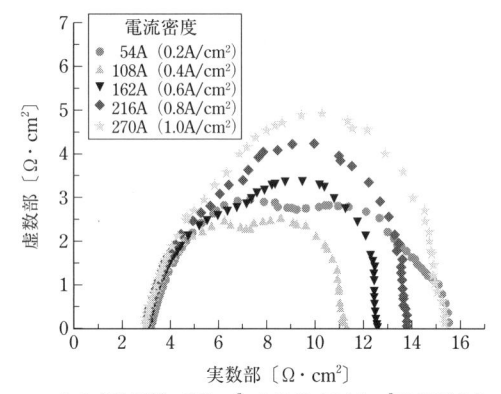

図 6.24 電流密度増大とコールコールプロット [4]

電流が 54A（電流密度 = 0.2 A/cm^2）のとき，電流が小さいため生成水の発生量は少ない。そのため，触媒層内の水分が不足しイオン伝導が低下するので，触媒は十分機能せず反応抵抗（電荷移動抵抗）が大きくなっている。それ以外の電流では，電流密度の増大とともに生成水が増大して，イオン伝導が増大する反面ガス拡散性阻害が徐々に発生するためセル電圧は低下し，反応抵抗（質量移動抵抗）が増大したと解釈される。

(4) 空気利用率変化

空気利用率を変化させたときのコールコールプロット波形が図 6.25 に示される。

空気利用率の増大（ストイックの低下）とともに，排出水分量が低下し結果としてセル内相対湿度が増大するとともに，セル内平均酸素濃度は低下する。そのため，ガス拡散性が低下して反応抵抗の増大に至る。このとき二重円が観測され，コールコールプロットの二重円の径が増大する。なお，図6.25は空気流量をストイック（λ）で表示しているが，空気利用率とストイックの関係は空気利用率（U_{ox}）＝$1/\lambda$で表されるため，$\lambda=1.5$のとき，空気利用率$U_{ox}=66.7\,\%$となる。

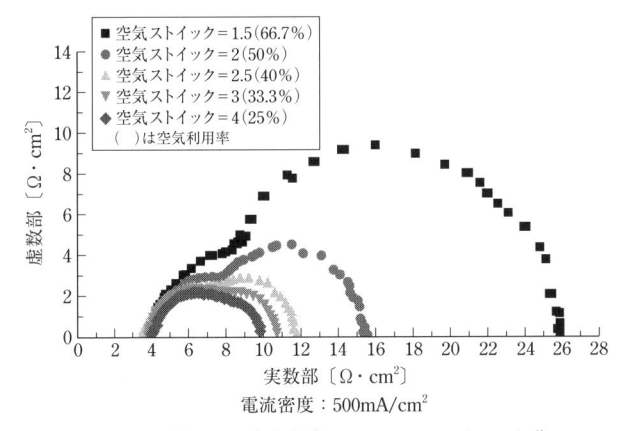

図6.25 空気利用率変化とコールコールプロット[4]

空気利用率が増大すると図6.26に示されるようにセル電圧は低下する。また，図6.27は図6.18の等価回路をもとに，電荷移動抵抗，質量移動抵抗，セル抵抗を求めた結果を縦軸に，空気流量（ストイック）を横軸に示したものである。スト

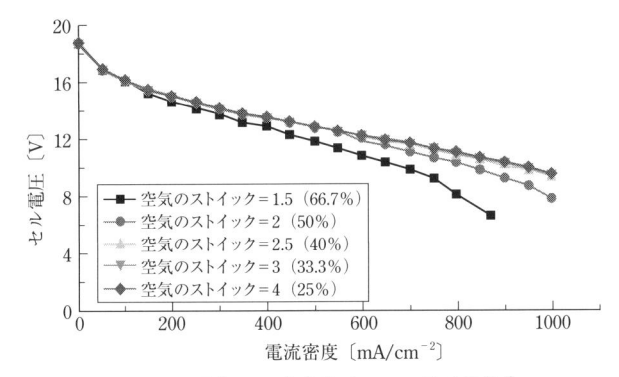

図6.26 空気利用率変化時のセル電圧特性[4]

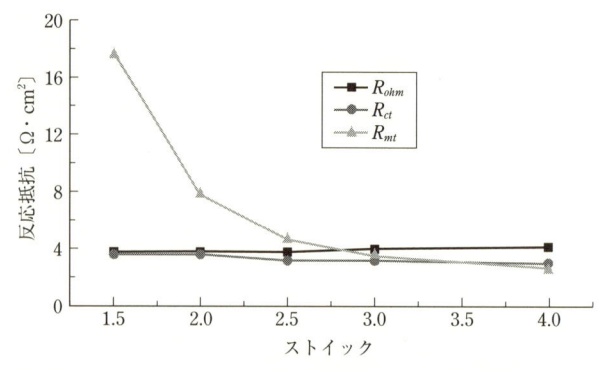

図6.27 空気利用率変化と電荷移動抵抗／質量移動抵抗の関係[4]

イックの低下とともに（空気利用率の増加とともに）R_{mt} が増大しているのはセル内からの水分排出が低下し，セル内相対湿度が増大することと，酸素濃度が低下するためガス拡散阻害が発生するからである。また，ストイックの増大とともにセル抵抗が若干増大しているのは，膜内の水分が低下するため膜抵抗（R_{ohm}）が増加するからである。一方電荷移動抵抗がストイックの増大に対して変化が少ないのは，ストイックの増大とともにセル内の酸素濃度が増える反面，触媒層内のイオノマーのイオン伝導が低下するため，全体として電荷移動抵抗があまり変化しなかったと解釈できる。

(5) 加湿温度変化時の特性

相対湿度を低下させたときのコールコールプロットが図6.28に示される。相対

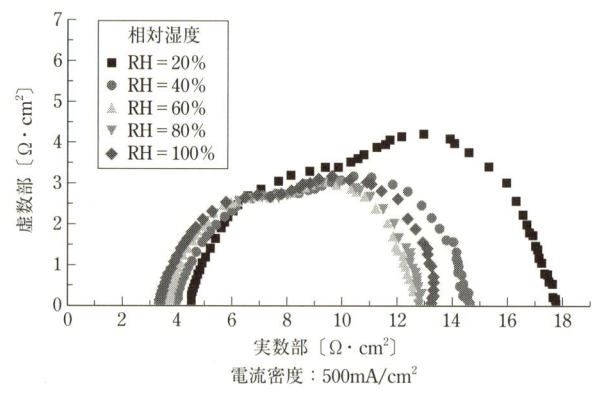

図6.28 加湿温度変化時のコールコールプロット[4]

湿度が低下するとセル内の水分量が低下するため，セル抵抗は増大するのみならず，触媒層内の水分低下により触媒層内のイオノマーのイオン伝導が低下して触媒利用率も低下する。すなわち低加湿になるほど触媒の活性が低下し，コールコールプロットの円が増大している。

一方，相対湿度を増大させると触媒利用率は増大し触媒活性が増大する反面，ガス拡散阻害が現れるため，図 6.29 に示すように相対湿度 60 % でセル電圧は最大となり 100 % では若干低下している。この現象は，図 6.28 に示される相対湿度 60 % でコールコールプロットの径が最小となり 100 % では若干増大していることと対応している。

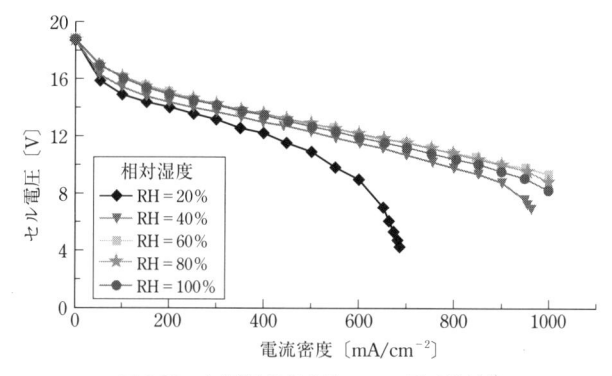

図 6.29 加湿温度変化時のセル電圧特性[4]

図 6.30 は相対湿度を変化させたときの電荷移動抵抗と質量移動抵抗の変化を示す。相対湿度を高めるとセル内水分量は増すので，触媒層内の水分が増大して電荷移動抵抗は低下する。一方，質量移動抵抗は相対湿度の増加とともにガス拡散性が阻害されるので増大していく。なお質量移動抵抗が相対湿度の低下とともに増大している理由については，新しい現象であるためあらためて 6.3.2 節で説明する。

以上をまとめると

① 反応抵抗（コールコールプロットの低周波数領域と高周波数領域の抵抗の差）は電荷移動抵抗と質量移動抵抗の和で与えられ，図 6.18 の等価回路とコールコールプロット波形からカーブフィッティング法により求めることができる。また，これらの抵抗が増大するとともにセル電圧は低下する。

6.3 交流インピーダンス測定法

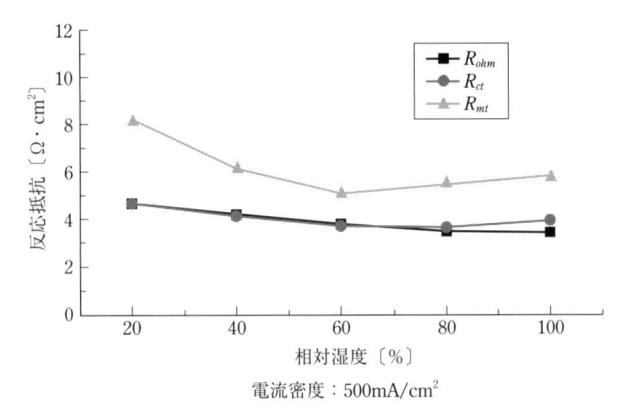

図 6.30 加湿温度変化時の電荷移動抵抗と質量移動抵抗の変化[4]

② 加湿温度を低下させるとセル抵抗は増大するとともに触媒層内の水分が低下するため，触媒層内のイオノマーのイオン伝導が低下して触媒利用率が低減し，セルの触媒活性が低下する。結果としてセル電圧は低下するとともに，コールコールプロットの半円の径は増大し，電荷移動抵抗も増大する。

③ 高加湿運転，電流密度増大，空気利用率の増大時にはセル内水分量が増大するためセル抵抗は低下するがガス拡散阻害が現れてセル電圧は低下する。コールコールプロットには二重円が観測され，その径は増大するとともに，質量移動抵抗も増大する。

6.3.2 分極分離と交流インピーダンス測定結果との関係

前項ではセル電圧特性と交流インピーダンス測定結果との関係について紹介した。ここでは，セル電圧低下要因を把握するために行なった分極分離の結果と，交流インピーダンス測定結果との関係，および低加湿領域におけるガス拡散阻害の発生理由について説明する。

試験では酸化剤として純酸素と空気を用い，加湿温度を変化させたときのセル電圧特性試験とその結果に基づく分極分離，ならびに交流インピーダンス測定結果をもとに検討した[13]。

(1) セル電圧特性

加湿温度変化時の電流電圧特性試験結果を図 6.31 に示す。加湿温度の低下とと

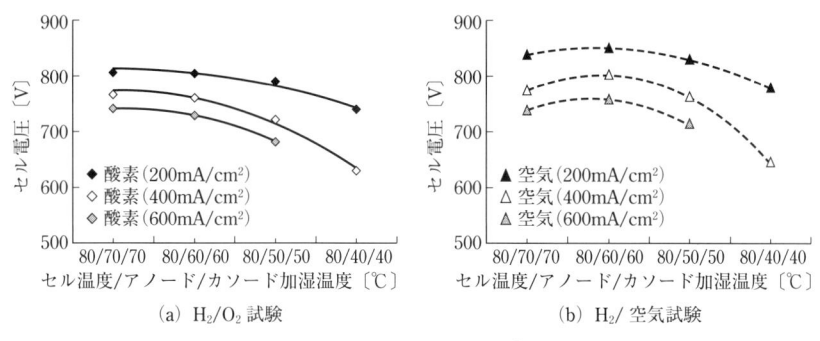

図6.31 電流電圧特性[13]

(a) H_2/O_2試験 — 酸素(200mA/cm²), 酸素(400mA/cm²), 酸素(600mA/cm²)

(b) $H_2/$空気試験 — 空気(200mA/cm²), 空気(400mA/cm²), 空気(600mA/cm²)

もにセル電圧は低下している。また，H_2/Air試験では高加湿条件下でセル電圧の低下が見られ電流密度の増大とともにその変化は顕著になる。

一方，H_2/O_2試験で高加湿条件下ではフラディングの発生はほとんど見られず，高いセル電圧を維持していた。

(2) ナイキストプロット

ナイキストプロット波形を図6.32に示す。図6.32(a)を見ると，純酸素試験時の低加湿条件下で，ナイキストプロットの低周波数領域に小さい二重円が観測されている。これは新しく見出された現象で図3.3に示すように，触媒を覆っているイオノマー層を酸素が透過するとき水分不足により酸素の透過が抑制されていると解釈できる[13),14)]。また，加湿温度が低くなるほど，また電流密度が大きくなるほどこの二重円の径が増大している。これは酸素透過損失が増大するためと解釈される。図6.32(b)の空気試験時にも低周波数領域で二重円が観測されている。空気中の酸素濃度は21％なので，反応に必要なガス流量は純酸素の5倍の量を供給する必要があるため，ガス透過損失が増大し，二重円の径が増大したものと考えられる。

一方，高加湿条件下では周波数の高い領域で二重円の増大が見られる。これは従来観測されるガス拡散阻害にもとづく拡散分極の増大を意味し，電流密度が大きいほどその径は増大している。

(3) 分極分離結果

分極分離の結果を図6.33に示す。加湿温度の低下とともに活性化分極と抵抗分極は増大している。とくに活性化分極の増大は加湿温度低下による触媒層内の水

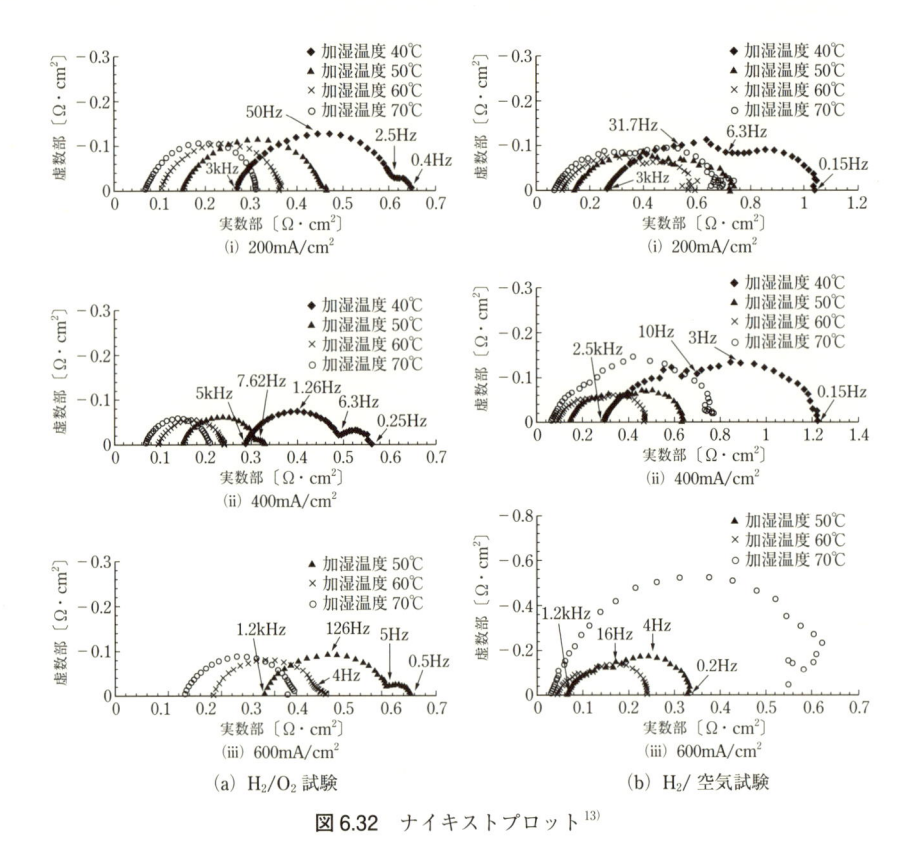

図 6.32　ナイキストプロット[13]

分低下がもたらすイオノマー内のイオン伝導の低下，それによる触媒利用率の低下による。

拡散分極は高加湿領域と低加湿領域の両端で増大している。高加湿領域での拡散分極の増大はとくに H_2/Air 試験で顕著であり，従来いわれているガス拡散阻害による拡散分極の増大に起因する。

一方，低加湿領域の拡散分極の増大はナイキストプロットのところ（6.3.2（2）参照）で述べたように，触媒層内の触媒を覆っているイオノマー被覆膜の酸素の透過に起因する。低加湿環境になるほど，触媒層内の水分量が低下するため，酸素の透過が抑制されて酸素透過損失が増大し，あたかも拡散分極の増大が発生したのと同じ振る舞いを示すためと推定される。この現象は空気で試験した場合も同じで，空気の場合はイオノマー層を透過するガス流量が純酸素の 5 倍を必要と

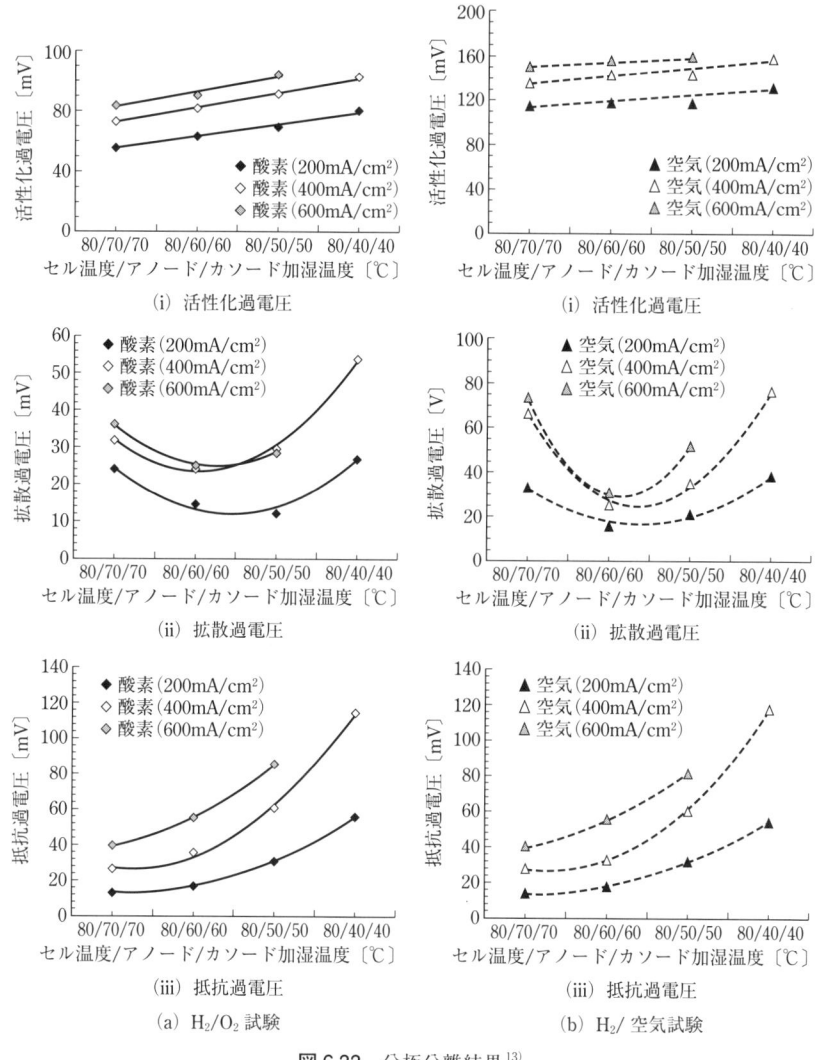

図 6.33 分極分離結果[13]

するため,さらに拡散分極は増大する。

(4) 電荷移動抵抗と質量移動抵抗

カーブフィッテイング法により求めた加湿温度変化時の電荷移動抵抗と質量移動抵抗の関係を図 6.34 に示す。電荷移動抵抗は加湿温度の低下とともに増大している。この傾向は活性化分極の増大と一致している。一方,質量移動抵抗は高加

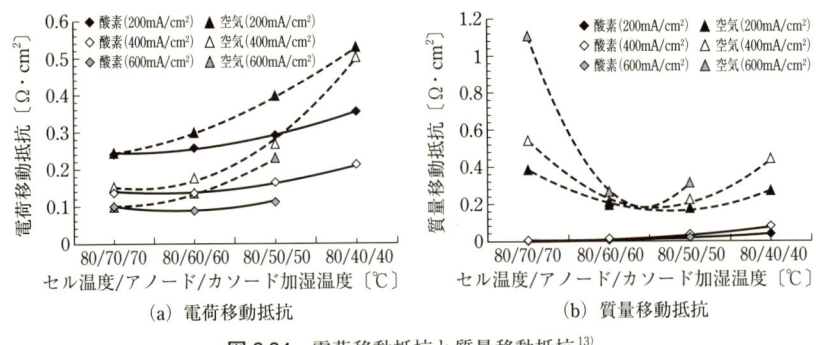

図 6.34 電荷移動抵抗と質量移動抵抗[13]

(a) 電荷移動抵抗
(b) 質量移動抵抗

湿領域と低加湿領域の両端で増大し，とくに空気試験の結果で顕著に現れる。この傾向も拡散分極の増大と一致している。

　以上のことから拡散分極の発生メカニズムには 2 つの要因があると考えられる。

　1 つは従来からいわれている高加湿領域で発生する拡散分極の増大である。これは触媒層あるいは基板に多くの水分が滞留して，ガス拡散性が阻害される場合で，加湿温度を低下させるとセル内水分量は低下するため，ガス拡散性は向上し拡散分極は低下する。これを図示すると図 6.35 の曲線 a となる。

　2 つめの要因は低加湿領域の拡散分極の増大で次のメカニズムで発生していると考えられる。アノードとカソードの間にある高分子膜は加湿温度を変化させると高加湿領域でクロスリーク量が増大し，低加湿になるほど低下する（図 5.23）。これと同じ現象が触媒層内の触媒を被覆しているイオノマーについてもいえ，外部から供給された酸素がこの被覆膜を透過して触媒に到達するとき，低加湿環境になるほど透過しづらくなり，結果としてセル電圧が低下するという現象を想定している。これは図 6.35 の曲線 b に示すように，低加湿になるほどガスの透過が抑制されるため，あたかも拡散性が阻害されるという，高加湿領域のガス拡散阻害と似た現象を示す。これは低加湿運転特有の現象である。

　このように加湿温度の低下とともに活性化分極と抵抗分極は増大することと，ナイキストプロットから得られた電荷移動抵抗と膜抵抗が増大する現象は一致していること，またガス拡散性については，ガス拡散阻害が現れ高加湿領域と低加湿領域で拡散分極が増大することと，ナイキストプロットから得られた質量移動抵抗が高加湿領域と低加湿領域とで増大する傾向は一致している。

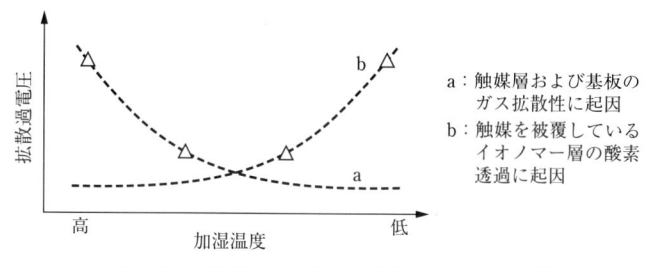

図 6.35 相対湿度変化とガス拡散阻害との関係[13]

a：触媒層および基板の
　ガス拡散性に起因
b：触媒を被覆している
　イオノマー層の酸素
　透過に起因

しかし，分極分離した数値はナイキストプロットから得られた電荷移動抵抗および質量移動抵抗に電流を乗じた値とは必ずしも一致していないことが判明している[13]。

以上をまとめると

① 加湿温度を低下させると，セル電圧は低下し，ナイキストプロットの径は増大し，活性化分極は増大し，電荷移動抵抗は増大する。これは触媒層内の水分が低下するため，触媒層内のイオノマーのイオン伝導が低下し，触媒利用率が低下していくためである。

② 加湿温度を低下させると，ナイキストプロットの低周波数領域に二重円が観測され，低加湿になるほど，また電流密度が増大するほど径が増大する。また拡散分極も増大し，質量移動抵抗も増大する。これは触媒を覆っているイオノマーの層を酸素が透過して触媒に到達する際，低加湿になるほど酸素の透過がしづらくなり，あたかも拡散分極が増大したのと同じ振る舞いを示すことによる。空気試験では反応に必要なガス流量は純酸素の5倍を必要とするため，イオノマー層を透過する空気量による損失が増大し，低周波数領域の二重円は増大し，拡散分極が増大している。

③ 高加湿条件下では触媒層内の水分は増大するため，触媒利用率が増加して触媒活性が向上する反面，ガス拡散阻害が現れとくに H_2/Air 試験ではセル電圧低下，ナイキストプロットの径の増大，質量移動抵抗の増大をもたらしている。

以上から分極分離結果とACインピーダンスの測定結果とは密接な関係にあること，および低加湿領域におけるガス拡散阻害の発生要因は触媒を被覆しているイオノマー層の酸素透過抑制に起因していることが明確になった[13]。

6.3.3 触媒層内のイオン伝導度の測定

交流インピーダンス測定法により触媒層内のイオノマーの抵抗(イオン伝導度)を測定する例を紹介する。交流インピーダンス測定法によりセル抵抗を求め，IRフリーのセル電圧を算出する方法についてはすでに紹介した。ここでは交流インピーダンス測定法を使って触媒層内のイオノマーの抵抗を測定する方法を述べる。

セル面積 50 cm^2，カーボン比 0.8 のセルを用い，印加電圧を 500 mV，測定周波数を 100 kHz-10 Hz，振幅電圧を ±2 mV とし，アノードに水素をカソードに窒素をそれぞれ 500 sccm 流し，セル温度 60 ℃，加湿温度 70 ℃ (160 % RH)，ガス圧力 270 kPa で測定を行なった。観測されたナイキストプロット波形例を図 6.36 に示す。ゼロ点と 45 度の傾斜で上昇するナイキストプロット波形は実数部の表示 0.04 Ω·cm^2 を超えたあたりから急激に上昇している。この急激に変化する実数部の値が $R/3$ (R は触媒層内の抵抗) に相当する。この $R/3$ と低抵抗計あるいは交流インピーダンス測定装置で求めたセル抵抗 (R_{ohm}) を使うことにより，IR フリーの電圧を (6.10) 式から求めることができる。

$$\text{IR フリーのセル電圧} = V_{cell}（実測値）+ I \times (R_{ohm} + R/3) \quad (6.10)$$

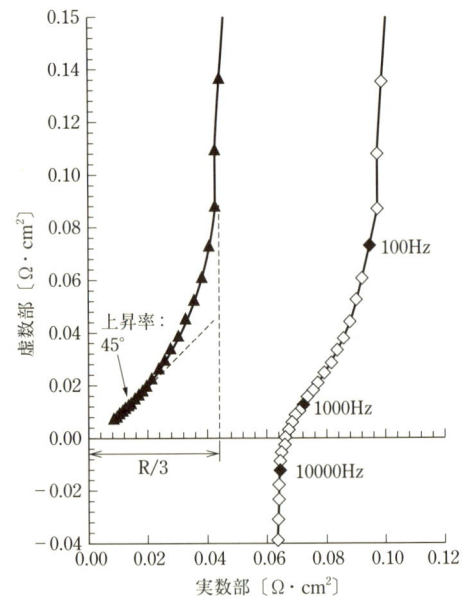

図 6.36 ナイキストプロットの立ち上がり時の拡大波形[15]

実測例を紹介すると，使用したサンプルはナフィオン／カーボン比が0.8の場合で，触媒量47 wt%，触媒厚さ13 μm，触媒層内の抵抗は100 mΩ·cm^{2}で，電流密度1 A/cm^{2}が流れると，触媒層内の電圧降下は約33 mVとなる。

セル抵抗，触媒層内抵抗と実測のセル電圧，IRフリー電圧を図6.37に示す。従来はセル抵抗のみでIRフリー電圧を求めていたが，この手法を使うと触媒層内のイオン伝導を考慮したIRフリー電圧を求めることができるため，より正確な評価が可能となる。

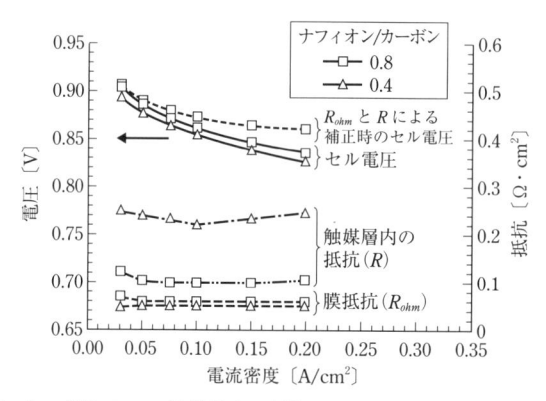

図6.37 セル抵抗R_{ohm}，触媒層内の抵抗R，V_{cell}，IRフリー電圧の関係[15]

6.4 ガスリーク測定法

現在，一般的に使用されているフッ素系の膜は，低加湿運転あるいは高電圧運転を行なうと膜劣化が促進される。膜劣化が進むとガスリーク量が増大し短時間で運転不能に至る。本節では発電試験を行ないながら定期的にガスリーク量を測定するガスリーク測定方法を紹介する[16)~20)]。

手法の基本原理を図6.38に示す。アノードに水素を，カソードに窒素を流し，分割電極をセル内に埋め込むことにより，ガスリーク量増大箇所とリーク量を検知する方法である。本手法の原理はアノードへ供給された水素がアノードから高分子膜を通ってカソードへクロスリークし，クロスリークした水素がカソードの触媒上でプラスイオンとなり，そのイオンがアノードへ引き寄せられ，リーク電流として観測される。

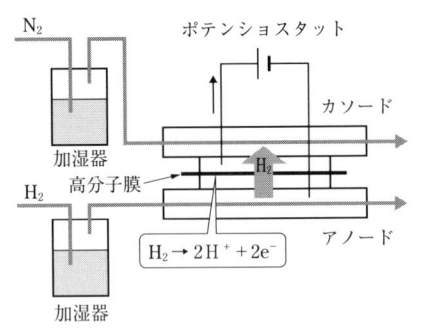

図 6.38 ガスリーク測定の原理[16]

水素のリーク量と観測されるリーク電流の関係は

$$NH_2 = \frac{I}{2F} \tag{6.11}$$

で表示される。ここで NH_2 は水素リーク量〔mol/s〕, I はリーク電流〔A〕, F はファラディ常数 96 500 c/mol である。

図 6.39 に示されるように, 分割電極に取り付けられたシャント抵抗によって, このリーク電流を測定するものである。膜厚さが 15 μm の MEA を用いて無負荷運転（OCV 試験）を含む負荷変動試験を行なったときのガスリーク測定結果を図 6.40 に示す。運転開始前, 150 h, 200 h 経過後の結果であるが, この試験では電極 5 番, 11 番, 12 番でガスリーク量の増大が観測された。

本手法を膜劣化の加速試験法の 1 つである無負荷運転を含む負荷変動試験に適応することにより, 負荷変動試験をしながら水素のリーク電流の時間的経過を観測することができる。その観測結果を図 6.41 に示す。電極 5 番, 11 番, 12 番で

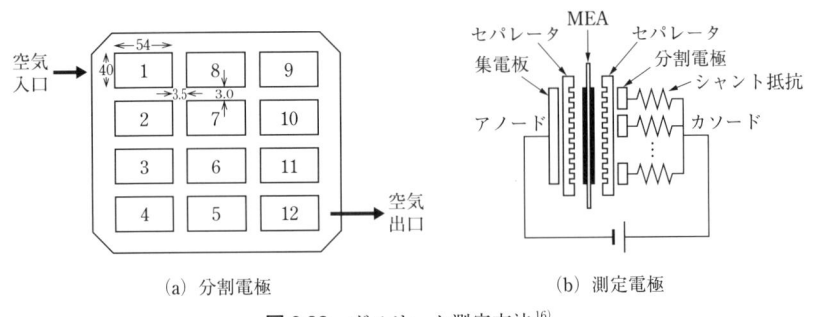

(a) 分割電極　　(b) 測定電極

図 6.39 ガスリーク測定方法[16]

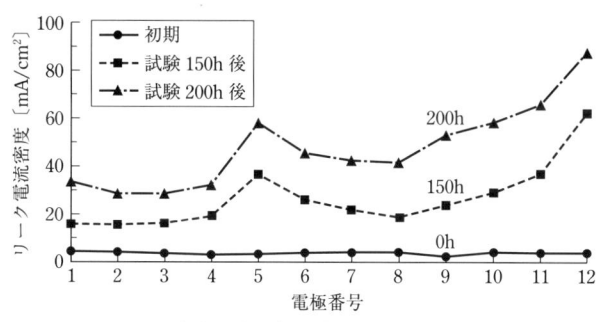

アノード／カソード加湿温度 50℃/40℃ の低加湿条件で運転時間を初期，150h，200h と変化．セル温度：80℃

図 6.40 負荷変動試験におけるガスリーク測定結果[16]

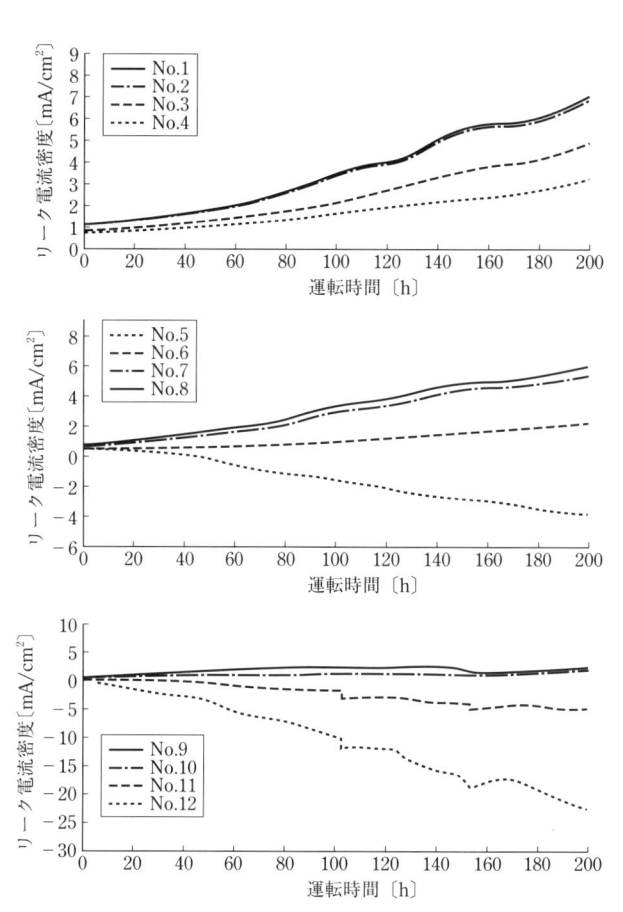

図 6.41 無負荷運転時の分割電極に流れる電流の時間経過[16]

6.4 ガスリーク測定法

負方向の電流が，そのほかの電極には正電流が流れ，合計の電流値はゼロであった。さらに，負方向に流れた電極とガスリーク試験でガスリークの増大が観測された電極とは電極番号が一致している。また，図 6.41 で観測された電流値はカソード側に空気が流れリークした水素と空気とが反応して燃焼し，水素量が減少するため，カソードに窒素を流して測定するガスリーク測定法で求めたリーク電流より小さい値を示していることがわかる。

なお，従来の膜劣化の進展は局部的なピンホールの発生により急激にリーク量の増大が加速されるといわれていたが，今回の測定から劣化環境におかれた膜が時間の経過とともに徐々に薄くなり膜劣化の範囲が拡大していったものと推測される。

負荷変動試験の中に無負荷試験を数多く取り入れるとガスリーク発生時間とリーク量の増大が経時的に観測できるので，ここで提案されたガスリーク試験と組み合わせることにより現象の解明が明確になる。

6.5 湿度測定法

セル内相対湿度分布はセル性能およびセル寿命に大きく影響を与える。そこで，本節では市販されている湿度センサを使用したセル内湿度分布測定方法について紹介する[21)~25)]。図 6.42 は湿度センサをセルのセパレータへ取り付けた断面図である。湿度センサによって，アノード溝内の湿度を測定するものである。測定箇所は図 6.43 に示すように 6 カ所である。図 6.44 にはカソードの空気入口に水分を

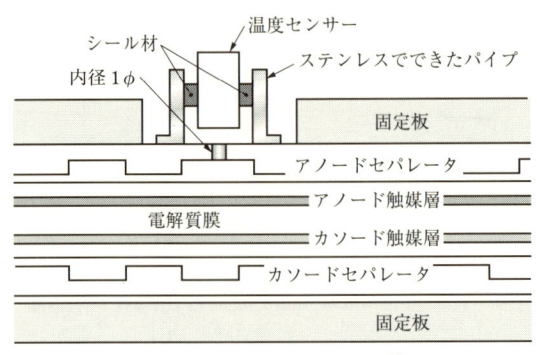

図 6.42 湿度分布測定方法[21)]

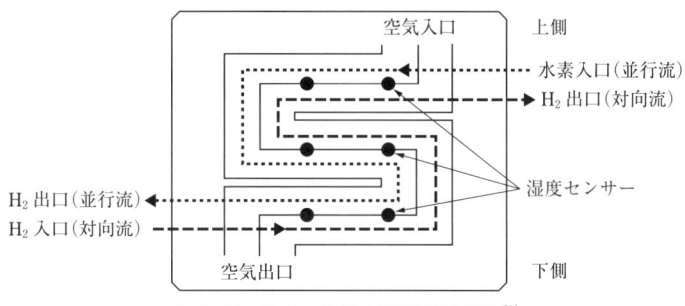

図 6.43 アノード側の湿度測定方法[21]

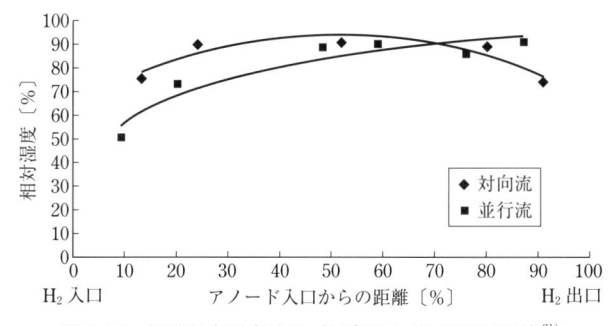

図 6.44 相対湿度測定結果（対向流と並行流の比較）[21]

注入して加湿するセルを用いたときの，アノード側の相対湿度分布を測定した結果が示されている．カソード側に水分を注入すると，カソード側の水蒸気分圧がアノード側より高くなるため，水分は高分子膜を通ってカソードからアノードへ移動し，結果としてアノード側を加湿する．その結果，対向流の場合はセル中央付近で相対湿度が最大となり，入口と出口で湿度が減少する特性が，また，並行流では入口が低く出口に向かって増大する湿度分布特性が示された．

ここで，相対湿度測定結果がセル性能，寿命評価にどのように活用されているかについて紹介する．図 6.45 は対向流セルと並行流セルを用いて試験した単セルの寿命特性試験の結果である．対向流セルの方が長時間安定してセル電圧が推移し，高いセル性能が得られている．この理由は対向流セルの方がセル内の相対湿度が全体的に高く，均一化されているためであり，並行流セルの急激なセル電圧低下が発生した理由はアノード入口の相対湿度が低いため膜劣化が発生し，短時間でクロスリーク量の増大にいたったためと予想される．一方，図 6.46 に示されるようにスタックにしたときの高利用率運転特性では，並行流セルを積層したス

タックの方が高利用率領域まで安定して運転ができている。この理由は並行流セルの下流側の相対湿度が高く，そのため，下流側で水分の凝縮発生があったとしても，凝縮発生が出口に近いため水分がすぐに排出され，電圧低下にいたらなかったためと考えられる。

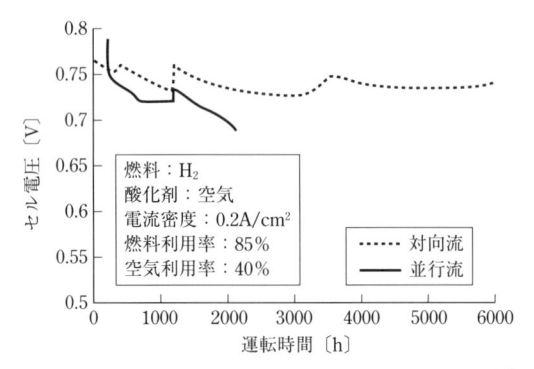

図 6.45 単セルの寿命特性（並行流と対向流の比較）[21]

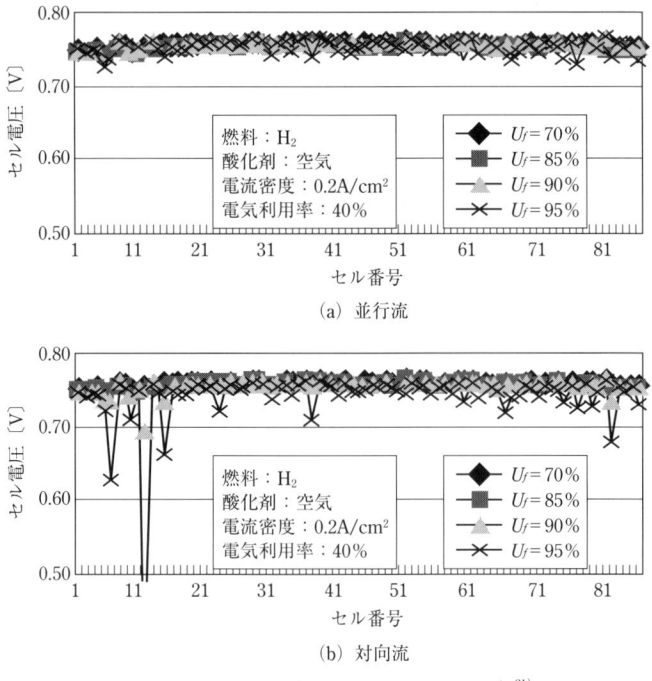

(a) 並行流

(b) 対向流

図 6.46 燃料利用率変化時のセル電圧分布[21]

一方，対向流セルではセルの中央部で相対湿度が高くなるため，中央部で凝縮が発生し，セル出口までの距離が長いため，水分排出が困難となってセル電圧の低下にいたったものと推定される。

6.6 セル内水分分布測定法

セル内の水分がどこに蓄積されているかを定量的に把握できれば，ガス拡散阻害がどこで発生しているかが可視化でき，セル性能の向上に大きく寄与する。このような考えをもとに，ニュートロンラジオグラフィを使ってセル内の GDL や MEA への水分蓄積および溝内の水分状態を観測する手法[26),27)]が確立され，50 cm^2 の単セル試験に適用された。ニュートロンイメージシステムとしてはたとえば，熱中性子線 BT-6（National Institute of Standards and Technology at Center for Neutron Research）が使用されている。このシステムは X 線と異なり，中性子を使用するため，電流を流した状態で燃料電池セルの厚さ方向に位置する GDL，MEA，溝内の水分分布を観測することができる。以下に観測結果の一例を紹介する。

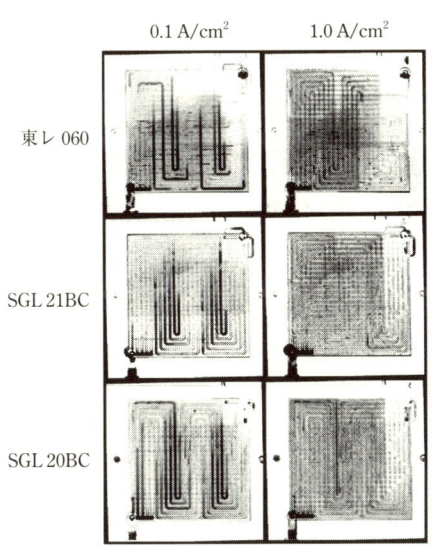

図 6.47　セル内水分分布（電流密度 0.1, 1.0 A/cm^2）[26)]
[写真：文献 26 より転載]

基板の種類を変えて 0.1 A/cm² と 1.0 A/cm² 時のセル内水分分布の測定結果が図 6.47 に示される。0.1 A/cm² では溝内に水分の滞留が見られたが，電流密度を増大させるとよどみが解消され，また反応ガスの入口近傍が乾燥しているのが見られた。

基板内および溝部の水分分布を観測した結果を図 6.48 に示す。基板内の水分は電流密度の増大とともに増大しているが，溝内の水分は低下しているのがわかる。

次に，溝の形状として矩形型と三角形型，溝表面を PTFE でコーティングした場合としない場合について，セル電圧特性試験結果が図 6.49 に示される。溝形状が三角形でコーティングをしたものが，溝からの水はけがいちばんよく，電流の大きい領域で安定化していることが観測された。

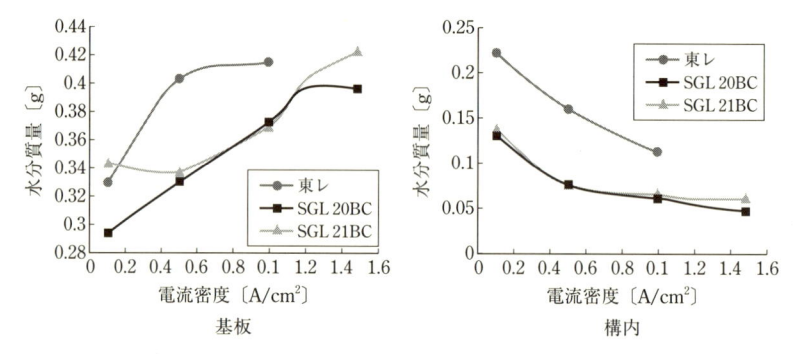

図 6.48 基板内の水分分布（電流の増大とともに増加），溝内水分分布（電流の増大とともに低下）[26]

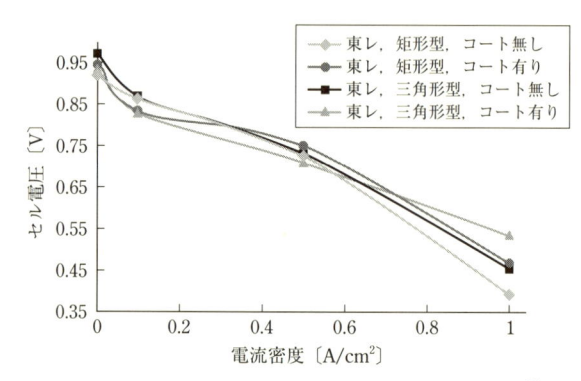

図 6.49 溝形状，コーティング有無とセル電圧特性[26]

6.7 参照電極によるカソード・アノード電位測定法

参照電極によるカソード電位およびアノード電位測定方法を示す。この方法はMEAからはみ出している高分子膜に白金電極を取り付け，取り付けた電極に加湿した水素を流して，これを参照電極として，この参照電極とアノード間あるいはカソード間の電位を測定する診断方法である[28),29)]。

参照電極の取り付け位置が図 6.50 に示される。参照電極が燃料の入口側と出口側についているのは利用方法に応じてどちらの位置からも測定できるようにしたからである。電位測定方法が正しいかどうかを判定するためにカソードに空気または純酸素を流し，そのときのアノード電位の変化のないことを確認している。図 6.51 は参照電極側の主電極に水素を供給し，反対側の主電極に空気または酸素を供給したときのアノード・参照電極およびカソード・参照電極間の電位差を示

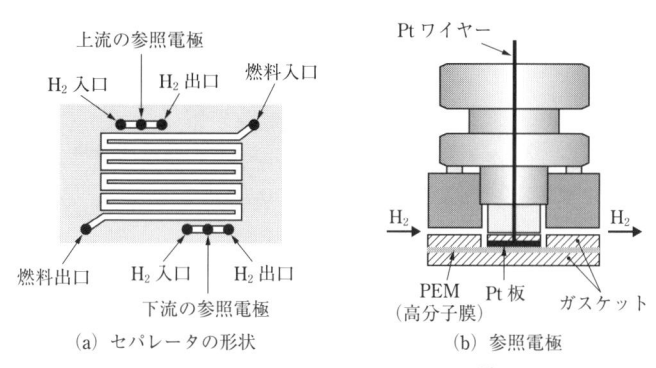

(a) セパレータの形状　　(b) 参照電極

図 6.50 参照電極の取り付け位置[28)]

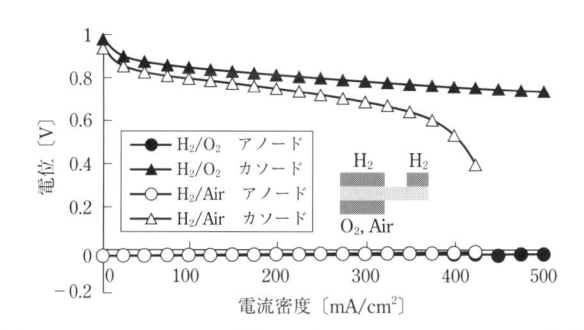

図 6.51 H_2/O_2, H_2/Air 試験におけるアノード・カソード電位[28)]

す。H_2/O_2 でのアノード・参照電極間電位差と H_2/Air でのアノード・参照電極間電位差はよく一致している。

また，両極に流すガスを入れ替えてそれぞれ上記に示した試験と同様の試験を行ない，アノード・参照電極間電位差を拡大したものが図 6.52 に示される。空気と酸素の場合での電位の相違は，$400\,mA/cm^2$ までは $5\,mV$ 程度の誤差範囲であったが，$400\,mA/cm^2$ を超えると空気を流す場合はセル内の酸素濃度が酸素の消費によって変化し，下流側の電位が低下し，そのため上流の電流が増えて両者のずれが拡大している。このことから純酸素に対し空気を用いる場合でも $400\,mA/cm^2$ までは正しく測定できているといえる。電流ゼロのとき，アノード電位がゼロを示さないのは参照電極にリーク電流が流れるためである。

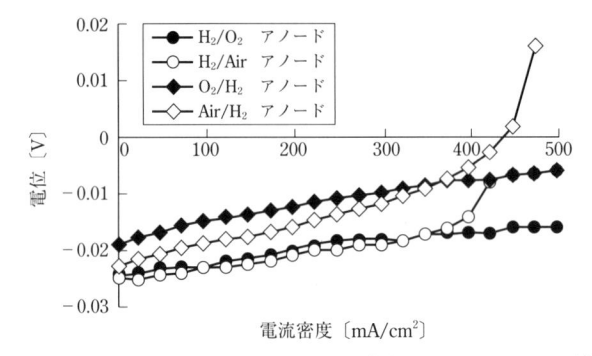

図 6.52 H_2/O_2，H_2/Air，O_2/H_2，Air/H_2 試験におけるアノード電位[28]

6.8 可視光・赤外線によるセル内酸素濃度測定法

セル性能はセル内酸素濃度に大きく依存する。セル内の酸素濃度を可視光あるいは赤外光を用いて測定する新しい方法が提案されている[30]。以下その内容を説明する。

まず，測定原理が図 6.53 に示される。ポルフィリン等の色素分子は可視光照射によりりん光や蛍光を発し，その発光が色素近傍の酸素分子によって消光する原理を使っている。この酸素消光による発光強度の減少を計測することにより，セル内酸素濃度を定量化するものである。

供試品として集電板付きのセパレータ，透明なアクリル板と金メッキした SUS

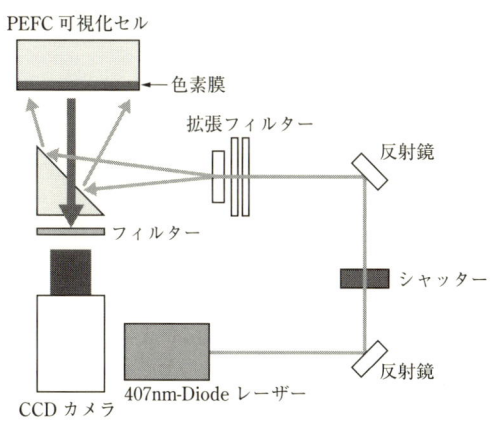

図 6.53 可視化光学系[30]

板によってガス流路を形成し，MEA を組み込んだセルに，光学系からレーザー光を照射し色素膜からの発光をセルの正面に取り付けられた CCD カメラで計測する。

次に，この計測方法の有用性を検証するため試験条件として，空気と水素の流量を一定とし，電流値を変えて，空気利用率を 50 %，80 %と変化させ，セル内酸素濃度分布の測定を実施した結果を図 6.54 に示す。運転中の酸素濃度が非接触状態で測定でき，電流がゼロのときは酸素の消費がないため，酸素濃度は高く入口および出口は同じであったものが，空気利用率が上昇するにつれて，下流側の酸素濃度が低下していくため，下流側の黒い部分が上流側へ向って拡大していく様子が観測された。この技術は携帯用燃料電池へも適用できる。

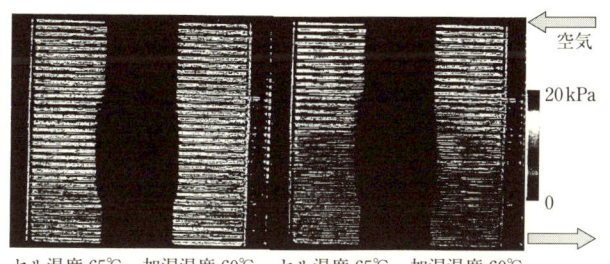

セル温度 65℃，加湿温度 60℃　　セル温度 65℃，加湿温度 60℃
酸素利用率 50%　　　　　　　　　酸素利用率 80%

図 6.54 空気利用率変化時のセル内酸素濃度分布[31]
［写真：文献 31 より転載］

6.9 MRIによる膜内水分測定法

MRI（磁気共鳴イメージング）を利用してPEFCセル内部の水分状態を診断する技術が確立された[32),33)]。

測定方法はMRIの装置中心部に直径56 mmの計測領域を設け，そこに燃料電池を設置しMRI装置上部および下部から試験用供給ガス配管，配線を行ない燃料電池の発電状態でセル内水分挙動を観測するものである。

観測された結果の代表例を以下に紹介する。図6.55は発電状態の電解質膜の膜厚さ方向の水分濃度分布の計測結果である。図の左側がアノード，右側がカソードで，発電電流の増加とともに電気浸透現象によってプロトンの移動とともに水分がアノード側からカソード側へ移動し，結果としてアノード側の水分は減少するという現象が観測されている。この観測に使用した膜厚さは340 μmと厚いため，カソード側の水蒸気分圧が上昇してもカソードからアノードへの逆拡散水が小さく，このため膜内の水分分布に大きな偏りが見られたものと推定される（3.2.1参照）。

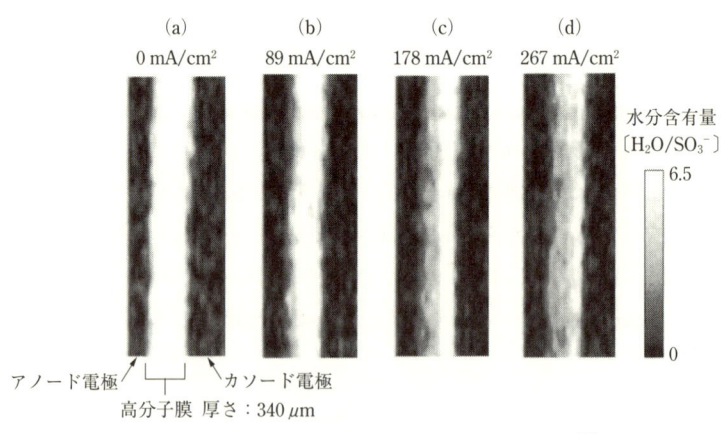

図6.55 PEFC発電時の電解質膜内水分濃度分布[32)]
［写真：文献32より転載］

次に，供給ガス中の水分が膜内を移動する速度を定量化するため，電解質膜を十分乾燥させてから加湿されたガスを流入し，膜内を水分が浸透していく過程をMRIで観測した。時間の経過とともに膜内の水分量が増大し，この水分の増え方

から膜内の水分の移動速度を求めると 10^{-4} cm/s（1 μm/s）となった。

観測精度の向上により，薄膜における水分分布の観測が今後期待される。

6.10 サーモグラフィーによるセル内温度分布の測定法

従来はセル内温度をセル内に埋め込んだ熱電対により測定している。熱電対による測定法は埋め込んだ温度センサーの数に制約され，セル内の最大温度を測定していない可能性がある。それに対して，サーモグラフィー（赤外線温度画像装置）によるセル内温度分布の測定方法は，セル全体を測定するのでホットスポットを求めることが可能となる。

以下に，サーモグラフィーを用いて発電中のセル内温度分布を求める手法を説明する[34]。使用したセパレータの一部を可視化用窓材（赤外線を透過する板状のサファイヤ（Al_2O_3）をはめ込んだ）で置き換えたセルを製作し，溝部の電極基板の温度が観測されている。なお，膜の温度は基板の温度と大差ないことを熱伝導解析により確認されている。

サーモグラフィーは NEC 三栄（株）製サーモトレーサ TH5104（検知波長：3～5.3 μm，測定レンジ：－10～200 ℃，最小検知温度差：0.1 ℃）で，使用したセパレータは図 6.56 のように 3 本の流路（幅 3 mm，深さ 1 mm，長さ 100 mm，流路間隔 3 mm）を有し純水素／純酸素を供給し，試験が行なわれた。

図 6.57 はセル温度が 70 ℃，相対湿度が 100 %，水素利用率 38 ～ 39 %，酸素利用率 13 %，電流密度 0.85 A/cm^2 のときの並行流と対向流の温度分布が示される。並行流の入口温度が高く最大 80 ℃近くまで上昇している。なお相対湿度が低い場合の並行流セルでは入口と出口に温度差が見られたのに対し，対向流はセル内相対湿度が均一化し温度分布も入口の温度が出口の温度に近い値を示していた。

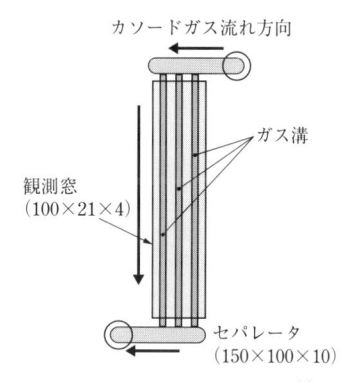

図 6.56 セパレータの形状[34]

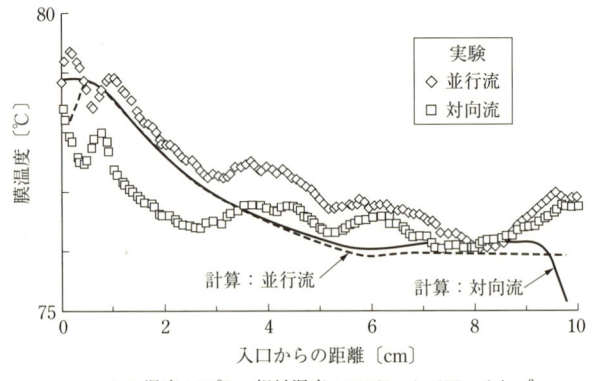

図 6.57　対向流と並行流の温度分布比較[34]

6.11　膜内抵抗分布測定による水分分布の推定

　アノード側の水分は発電中の水素イオンの移動とともにカソード側へ運ばれるため，カソード側からの逆拡散水が少なければアノード側の水分は不足する。すでに膜内の水分分布を MRI により測定する方法については記述したが，ここでは比較的簡単に，膜内の抵抗分布測定結果をもとに膜内水分分布を推定する方法を紹介する[35]。

　測定方法は膜厚さが 25 μm の膜を 8 枚重ねて積層し各膜に白金ブラックの薄いプレートを取り付けてアノード・カソード間ならびに各膜間の電圧を測定して電流密度，相対湿度変化時の各膜の抵抗を測定し，膜内の水分分布が推定された[35]。

　電流密度変化時の各膜の抵抗測定結果が図 6.58 に示される。その結果，アノード側の抵抗は大きく，カソード側の抵抗は小さいことがわかる。また，電流密度を大きくするとその差は拡大している。この抵抗をアノードからの距離で整理した結果が図 6.59 である。

　抵抗が大きいときは膜内水分が少ないことを意味し，逆に抵抗が小さいときは膜内水分が多いことを意味していることから，図 6.59 はアノード側の水分は少なく，カソード側の水分が増大していることを示している。このように膜抵抗測定により膜内水分分布の予測が可能となる。

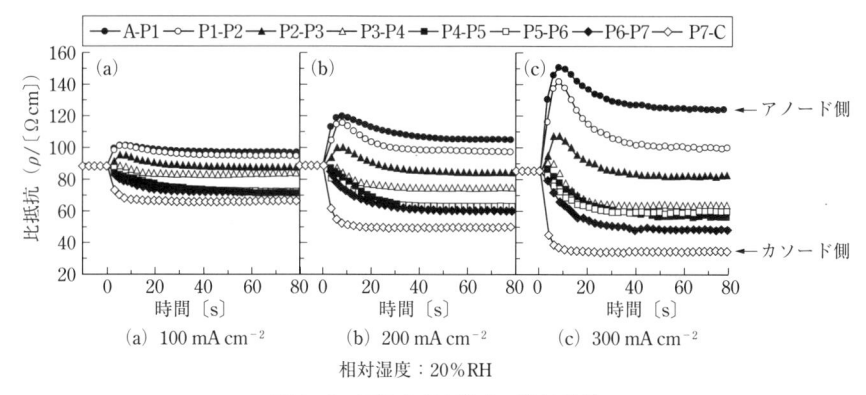

図 6.58　電流密度変化時の膜抵抗[35]

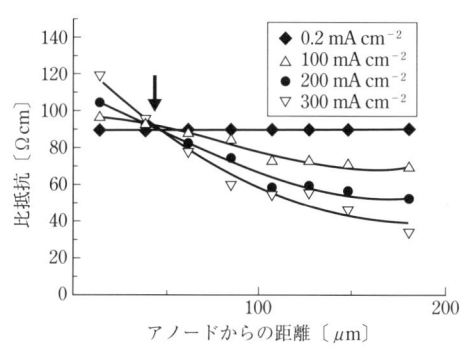

図 6.59　アノードからの距離と膜抵抗[35]

6.12　ガス流路可視化と電流分布測定法

　PEFC では加湿がセル性能・寿命特性の向上に重要である．空気利用率試験を行なったとき空気利用率が増大すると，セル内からの水分のもち出し量が減少し，セル内に滞留する水分が増えて水分凝縮が発生し，また電流分布も空気の入口側へシフトする．このように溝内の水分凝縮発生の観測（ガス流路可視化）と電流分布測定を組み合わせれば，セル内で発生する現象がより一層理解でき，セル電圧低下要因を正確に知ることができる[36),37)]．このような考えに基づいて製作されたセル構成が図 6.60 に示される．セル内を観測するためアクリル板を用い，電流はセパレータ溝部と MEA との接触により取り出している．酸素利用率変化時のセル内水分凝縮発生位置を観測した結果が図 6.61 に示される．酸素利用率を増大

させるとセル内の水分のもち出し量が低下するため,水分凝縮の発生位置が下流側から上流側へとシフトしている様子が観測された。

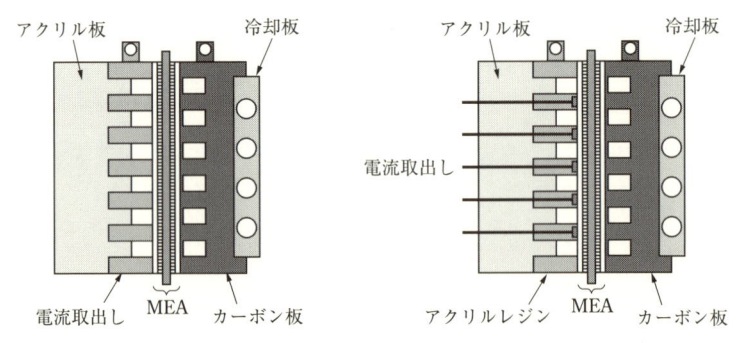

図6.60 セル内可視化と電流測定を同時にできるセル構成[36)]

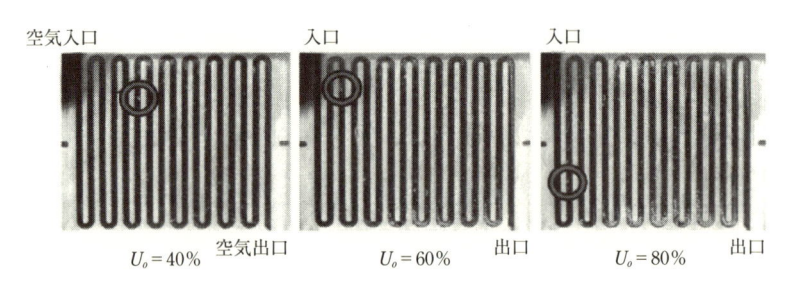

図6.61 可視化による酸素利用率変化時のセル内水分凝縮位置の観測[36)]
［写真：文献36より転載］

図6.62はセル温度70℃,加湿温度65℃の酸素利用率変化時のセル内電流分布が示される。酸素利用率が大きくなるほど下流側の酸素濃度は低下するため電流分布は入口側で大きく,出口側に行くにつれ低下している。図6.63は相対湿度変化時の電流分布を示す。相対湿度が低下するほど入口側のセル内水分量は不足し,出口側は生成水により徐々に加湿されていくため,電流は入口側が小さく出口側で増大している。

燃料ガス中に一酸化炭素（CO）が多く含まれると,アノード触媒はCOによって被毒され,セル性能が低下する。以下にCO被毒の影響例を示す。実験に用いたセルのガスの流れは対向流であるため,空気の入口は燃料の出口に相当する。図6.64に示されるようにCO濃度が増えるにつれてアノード側出口の電流値は低下していった。これはアノードの出口は水素量の低減によりCO濃度が高まり,

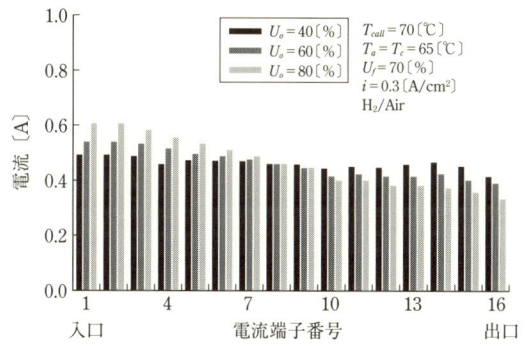

図 6.62　酸素利用率変化時の電流分布[36]

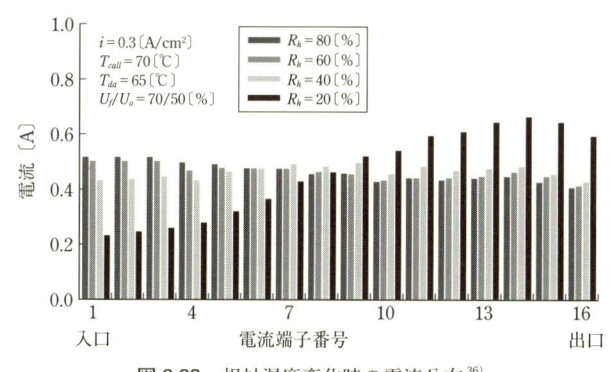

図 6.63　相対湿度変化時の電流分布[36]

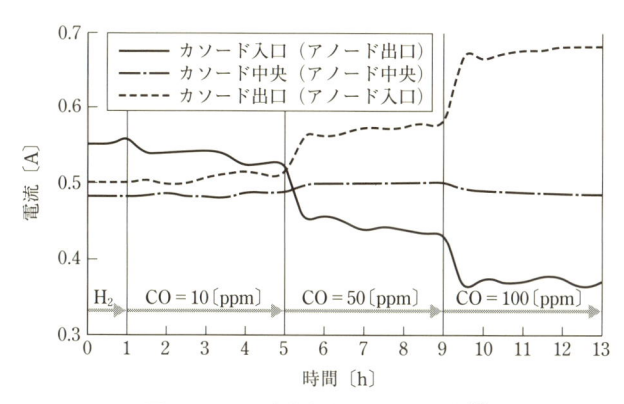

図 6.64　CO 濃度変化時の電流分布[36]

CO 被毒の影響が顕著になり電流が低下するためである．これはカソードの入口側の電流が低下することを意味し，したがって，カソード側の入口側では電流低

6.12　ガス流路可視化と電流分布測定法　　173

下により生成水の発生が少なくなり，水分凝縮はカソードの下流側へシフトする。そのようすが図 6.65 に示されている。

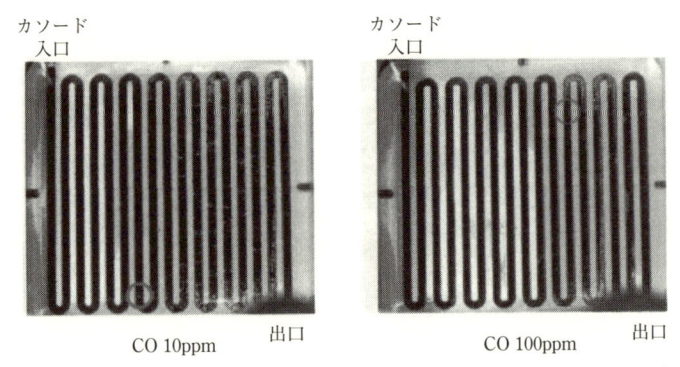

図 6.65 CO 被毒による電流分布変化によるセル内水分凝縮箇所の変化[36]
[写真：文献 36 より転載]

次に可視化とセル電圧特性についての研究が行なわれた例を下記に示す[38]。セル電圧経時変化の時間軸を拡大した例が図 6.66 に示される。これは単セル試験時のセル電圧経時変化を示したもので，安定したセル電圧に 1 mV から 2 mV オーダーの変動と，さらに 0.1 mV オーダーの変動が重なっている様子が観測された。セル内の可視化により，この数 10 秒周期の 1 mV 程度の変動は凝縮水による流路閉鎖と排出によるものであり，0.1 mV オーダーのものは電極触媒層，あるいは GDL 内の気孔部からの水分排出によるものと推定されている。

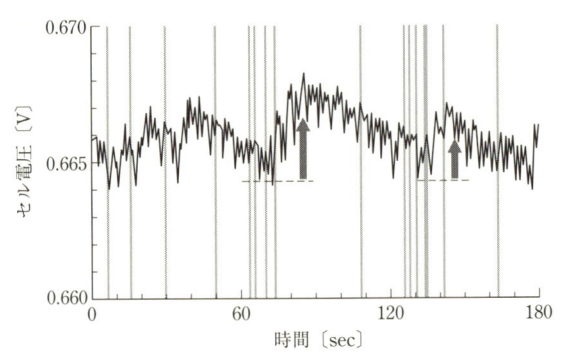

縦線は水分がガス溝から排出された時間を示す．
図 6.66 単セル試験時のセル電圧経時変化[38]

6.13 セル内の水蒸気，酸素および水素分圧測定法

セル内の水蒸気分圧，酸素分圧および水素分圧を知ることはセル性能，セル寿命を知る上で重要である。ここではセル内のガス成分を時々刻々と測定できる装置（Aglient real-time gas analyzer（RTGA））を使って診断した例[39]を紹介する。使用したセルは図 6.67 に示されるように 50 cm^2 のシングルサーペンタイン流路のセルである。相対湿度 100 % におけるセル温度変化時の水蒸気分圧，窒素および酸素の分圧（文献ではモル比で表示しているが，ここでは分圧という言葉に置き換えて使用する）を図 6.68 に示す。運転圧力は 2.4 atm である。このシステムで使用したセル内のガス入口からの距離が 0.043, 0.565, 0.826（出口までの距離を 1.0 としたときの値）の位置における水蒸気分圧と酸素，窒素分圧をセル電圧 0.5 V, 0.65 V, 0.8 V（このときセルに流す電流密度はそれぞれ約 0.65 A/

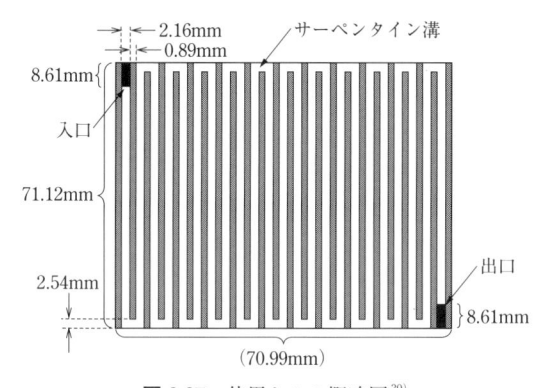

図 6.67 使用セルの概略図[39]

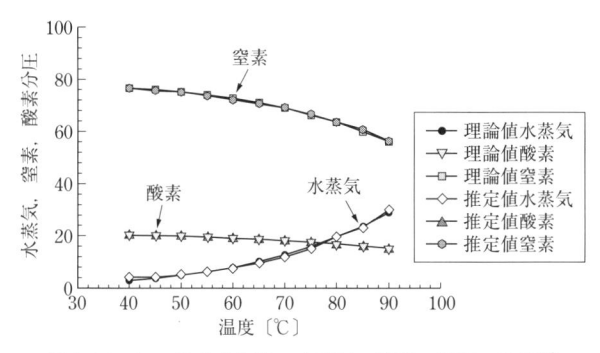

図 6.68 セル温度変化時の水蒸気，酸素，窒素の分圧[39]

cm^2, 0.6 A/cm^2, 0.2 A/cm^2 である）と変化させて試験を行ない測定した（そのほかの条件はセル温度：80℃，アノード／カソード加湿：100 %／50 %，使用セル：Gore 社製，膜厚さ：18 μm）。入口側では生成水の発生が少なくセル電圧変化に対し，水蒸気分圧および酸素分圧の変化はほとんど見られなかったが，中流側で測定した図 6.69 の例では，セル電圧変化（0.8 V から 0.65，0.5 V へと変化）に対し，電流密度は増加し，生成水が増えるため明らかに水蒸気分圧は上昇し，その分酸素，窒素分圧は低下しているようすが観測されている。水蒸気分圧の結果をまとめたものが図 6.70 である。セル電圧が低下（電流密度が上昇する）する

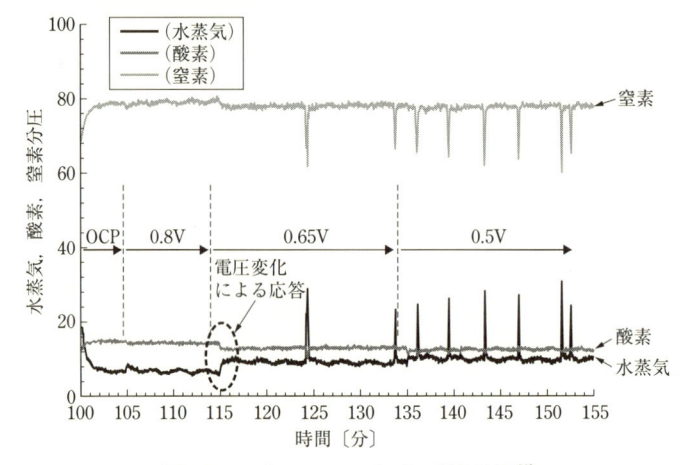

図 6.69　X/L＝0.565 における測定結果[39]

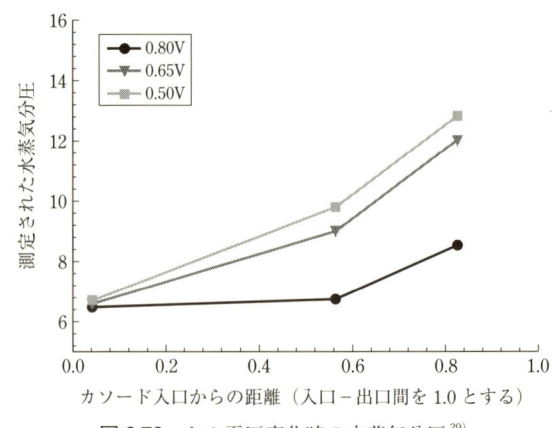

図 6.70　セル電圧変化時の水蒸気分圧[39]

ほどまた下流側にいくにつれ，水蒸気分圧の上昇しているようすが示されている。このように，水蒸気分圧が上昇すると酸素分圧は低下し，電流密度が大きいほど，また下流側ほど酸素濃度の低下が大きくなり，セル性能に大きく影響することがわかる。

6章 参考文献

1) S. S. Kocha 『Principles of MEA preparation』 Wiley, Handbook of Fuel Cells, Vol. 3, Chapter37, pp538-565, 2003

2) 仲洋史，知沢洋，松永温，青木信雄，田中和久，小山泰司，青木努 『PEFCスタック劣化解析基盤研究①—カーボン腐食に着目した劣化加速手法—』第14回FCDICシンポジウム，pp62-65, 2007

3) H. A. Gasteiger, W. Gu, R. Makharia, M. F. Mathias and B. Sompalli 『Beginning of life MEA performance-Efficiency loss contributios』 Wiley, Handbook of Fuel Cells, Vol. 3, Chapter46, pp593-610, 2003

4) Xiqiang Yan, Ming Hou, Liyan Sun, Dong Liang, Qiang Shen, Hongfei Xu, Pingwen Ming, Baolian Yi 『AC impedance characteristics of a 2kW PEM fuel cell stack under different operating conditions and load changes』 International Journal of Hydrogen Energy 32, pp4358-4364, 2007

5) N. Fouquet, C. Doulet, C. Nouillant, G. Dauphin-Tanguy, B. Ould-Bouamama 『Model based PEM fuel cell state-of-health monitoring via ac impedance measurements』 Journal of Power Sources 159, pp905-913, 2006

6) Xiaozi Yuan, Haijian Wang, Jian Colin Sun, Jiujun Zhang 『AC impedance technique in PEM fuel cell diagnosis-A review』 International Journal of Hydrogen Energy 32, pp4365-4380, 2007

7) Wenhua H. Zhu, Robert U. Payne, Bruce J. Tatarchuk 『PEM stack test and analysis in a power system at operational load via ac impedance』 Journal of Power Sources168, pp211-217, 2007

8) Dietmar Gierteisen, Alex Hakenjos, Jurgen O. Schumacher 『AC impedance modeling study on porous electrodes of proton exchange membrane fuel cells using an agglomerate model』 Journal of Power Sources173, pp346-356, 2007

9) Xiaozi Yuan, Jian Colin Sun, Haijiang Wang, Jiujun Zhang 『AC impedance diagnosis of a 500W PEM fuel cell stack Part2：Individual cell impedance』 Journal of Power Sources161, pp929-937, 2006

10) Xiaozi Yuan, Jian Colin Sun, Mauricio Blanco, Haijiang Wang, Jiujun Zhang, David P. Wilkinson 『AC impedance diagnosis of a 500W PEM fuel cell stack Part1：Stack impedance』

Journal of Power Sources161, pp920-928, 2006

11) M. Itagaki, H. Hasegawa, K. Watanabe, T. Hachiya『Curve-fitting of Electrochemical Impedance with Inductive Loop and Kinetic Analysis of Oxygen Reduction Electrode』Electrochemistry, Vol. 72, No. 8, pp550-556, 2004（in Japanese）

12) M. Prasanna, H. Y. Ha, E. A. Cho, S. -A. Hong, L. -H. Oh『Investigation of Oxygen gain in polymer electrolyte membrane fuel cells』Journal of Power Sources137, pp1-8, 2004

13) Soshin Nakamura, Hisao Nishikawa, Tsutomu Aoki and Yasuji Ogami『The Diffusion overvoltage increase and appearance of overlapping arcs on the Nyquist plots in the low humidity temperature test conditions of PEFC』Journal of Power Sources. 186, pp278-285, 2009

14) H. A. Gasteiger, M. F. Mathias『Fundamental Research and Development Challenges in Polymer Electrolyte Fuel Cell Technology』Proceeding of the Third International Symposium on Proton Conducting Membrane Fuel Cells, 202nd Meeting of the ECS, 2002

15) Makharia, Mark F. Mathias and Daniel R. Baker『Measurement of catalyst Layer Electrolyte Resistance in PEFCs Using Electrochemical impedance Spectroscopy』Journal of The Electrochemical Society, 152（5）, ppA970-977, 2005

16) 中村総真，柏栄一，佐宗英寿，針山卓，青木努，小上泰司，西川尚男『固体高分子形燃料電池（PEFC）のセル内がガスリーク発生分布測定方法の確立と低加湿負荷変動試験への適用』電学論B，128巻11号，2008

17) H. Sasou, S. Hariyama, T. Saitou, H. Nishikawa, T. Aoki, Y. Ogami, M. Hori『Method for Measuring the distribution of Crossover Current during Operation』ECS Transaction Vol5, Issue1, pp221-227, 2007

18) 西川尚男，佐宗秀寿，針山卓，斉藤智明『固体高分子形燃料電池（PEFC）におけるセル内ガスリーク発生分布測定』第14回FCDICシンポジウム，2007

19) 佐宗秀寿，針山卓，斉藤智明，西川尚男『固体高分子形燃料電池（PEFC）におけるセル内ガスリーク発生分布測定』電気学会　新エネルギー・環境研究会　PTE-07-01, 2007

20) Hidetoshi Sasou, Suguru Hariyama, Tomoaki Saitou, Hisao Nishikawa『Hydrogen Crossover current measurement method in PEFC』Fuel Cell Seminar, 2006

21) H. Nishikawa, H. Sasou, R. Kurihara, S. Nakamura, A. Kano, K. Tanaka, T. Aoki, Y. Ogami『High fuel utilization operation of pure hydrogen fuel cells』International Journal of Hydrogen Energy33, pp6262-6269, 2008

22) H. Nishikawa, R. Kurihara, S. Sukemori, T. Sugawara, H. Kobayashi, S. Abe, T. Aoki, Y. Ogami, A. Matsunaga『Measurement of humidity and current distribution in a PEFC』Journal of Power Sources 155, pp213-218, 2006

23) 佐宗秀寿，阿部聡，針山卓，西川尚男『固体高分子形燃料電池（PEFC）のセル内湿度分布測定』第43回日本伝熱シンポジウム，2006-5

24) 栗原塁，菅原俊一，山口晴気，西川尚男『PEFCセル平面内の湿度および電流分布測定』電気学会，新エネルギー・環境研究会，FTE-05-09，2005

25）西川尚男，栗原塁，助森慎吾，安藤正信，佐藤雅士，小上泰司，松永敦温『PEFC セル内の湿度分布および電流分布測定』第 11 回 FCDIC シンポジウム，2004

26）J. P. Owejan, T. A. Trabold, D. L. Jacobson, M. Arif, S. G. Kandlikar『Effects of flow and diffusion layer properties on water accumulation in a PEM fuel cell』International Journal of Hydrogen Energy 32, pp4489-4502, 2007

27）A. Turhan, K. Heller, J. S. Brenizer, M. M. Mench『Passive control of liquid water storage and distribution in a PEFC through flow-field design』Journal of Power Sources 180, pp773-783, 2008

28）堤泰行，小野征一郎，江口美佳『PEFC 用参照電極付セルの試験方法』電学論 B，128 巻 8 号，2008

29）堤泰行，小野征一郎，江口美佳『PEFC 用参照電極付セルの開発』電気学会　新エネルギー・環境研究会, FTE-07-62, 2007

30）渡辺政廣，西出宏之，岡嘉弘，田中明，南雲雄三，高橋伸明『PEFC 内の物質・反応分布の分析・可視化システム開発と MEA・セル設計への応用』経済産業省，PEFC 実用化戦略的技術開発

31）渡辺政廣，西出宏之，南雲雄三，岡嘉弘，田中明，高橋伸明『固体高分子形燃料電池内の物質・反応分布の分析・可視化システム開発と MEA・セル設計への応用』平成 17 年度 NEDO 燃料電池・水素技術開発成果発表会

32）津島将司，平井秀一郎『PEFC 水分診断技術としての MRI モニタリング』燃料電池 Vol. 6, No. 3, pp77-82, 2007

33）津島将司，寺西一浩，平井秀一郎『加湿時の電解質膜含水過程の MRI 計測と発電時における膜厚さ方向水分輸送解析』第 11 回 FCDIC シンポジウム，2004

34）伏信一慶，下井亮一，岡崎健，増田正夫，小澤由行『固体高分子形燃料電池膜面温度場の可視化』第 9 回 FCDIC シンポジウム，2002

35）Satoshi Takaichi, Hiroyuki Uchida and Masahiro Watanabe『Distribution Profile of Specific Resistance in Polymer Electrolyte Membrane during Load Change for PEFC』ECS Transactions, 11（1），pp1505-1513, 2007

36）三木卓実，村橋俊明『PEFC の可視化と電流分布の複合的観察』電気学会，新エネルギー・環境研究会, FTE-07-61, 2007

37）村橋俊明『低加湿条件化の PEFC 電池特性の経時変化と可視化連続観測』燃料電池, Vol. 6, No. 3, 2007

38）吉岡省二，重岡弘昭『可視化単セル装置による固体高分子形燃料電池の水分移動解析』燃料電池, Vol. 6, No. 3, 2007

39）Q. Dong, J. Kull, M. M. Mench『Real-time water distribution in a polymer electrolyte fuel cell』Journal of Power Sources139, pp106-114, 2005

第7章 加速試験方法

　燃料電池の開発をスピードアップさせるためには，短時間で寿命予測が可能な加速寿命試験法の開発が望まれる。

　すでにPAFCでは4万時間以上の運転実績があり，実セルレベルの加速寿命試験方法が確立され，国内では燃料電池加速寿命試験方法としてJIS化されている[1)~4)]。一方，PEFCでは家庭用燃料電池約3 300台の実証試験が行なわれ，平成21年度から商品化されている。また，自動車用については現在，実証試験としての公道試験が行なわれ，着実に運転実績が蓄積され，平成27年の商品化に向けた開発が進められている。

　本章ではPEFCの要素レベルおよびショートスタックレベルの加速試験の実施内容と実セルレベルの加速寿命試験法に対する考え方を紹介する。

　なお，加速試験と加速寿命試験の用語を次のように使い分けた。

　加速試験：セルの構成要素（たとえば，触媒，高分子膜，炭素基板（GDL））単体を加速劣化させる試験。

　加速寿命試験：触媒，膜，炭素基板などからなるセルについて，セル温度，電圧などを加速要因とした試験を行ない，セルの寿命を予測する加速試験。

7.1　要素レベルの加速試験

　PEFCセルの主要構成要素は触媒，高分子膜，炭素基板である。以下，それぞれについての要素レベルの加速試験内容を紹介する。

7.1.1　触媒劣化の加速試験

　触媒劣化の加速試験実施内容についてはすでに第5章で説明した。ここでは試験方法の1例を紹介する。

(1) カソード電位のサイクル試験

セル電圧低下はカソードの触媒劣化に大きく影響される。その検証方法の1つがカソード電位のサイクル試験である[5]。

セル温度を 60 ℃,80 ℃,カソード電位を 100 mV/s の掃引速度で 0.1 V から 1.0 V および 1.2 V まで上昇,下降を繰り返し,触媒表面積の経時変化が調査された。結果は図 7.1 に示されるようにセル温度 80 ℃,セル電圧 1.2 V でいちばん触媒表面積が低下した。これからセル温度の上昇および下降を繰り返し実施されるサイクル試験のセル電圧が高いほど触媒劣化を促進させることがわかる。

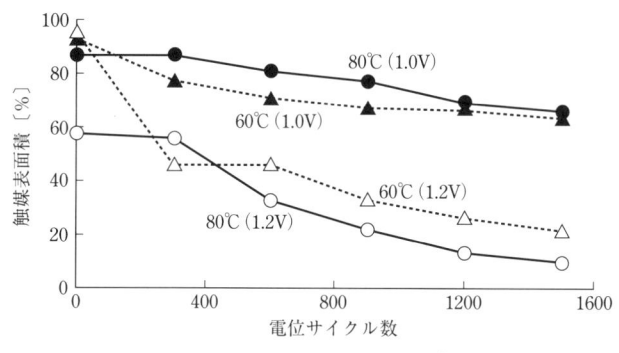

図 7.1 触媒劣化の加速試験[5]

(2) 起動停止／負荷変動試験

ここでは燃料電池実用推進協議会（FCCJ）が取りまとめた結果を紹介する[6]。
自動車の起動／停止と負荷変動を模擬した評価試験モードを図 7.2(a),(b)に示す。図 7.2(a)は起動／停止試験で,図 7.2(b)は負荷変動試験であり,いずれもカソード触媒の評価を対象としている。これらの試験により触媒の溶出,酸化,触媒粒径の増大,触媒坦持体の腐食が加速される。

一方,定置用の起動／停止と負荷変動を模擬した評価試験モードを図 7.2(c),(d)に示す。図 7.2(c)は起動／停止試験で,図 7.2(d)は負荷変動試験であり,図示していないが保持電位：1.0 V,保持時間：100 時間の長期保管時の試験も提案されている。いずれも CO 被毒対策を講じたアノード触媒の評価を対象としており,各種の試験によりアノード合金触媒中のルテニウムの溶出／酸化,触媒粒子径の増大が加速される。

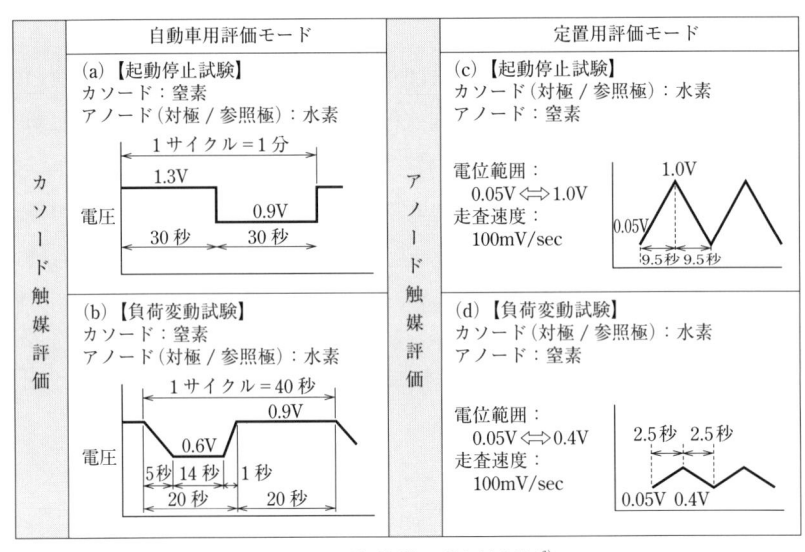

図7.2 電極触媒の耐久性評価[6]

7.1.2 膜劣化の加速試験

(1) 開放電圧放置試験および低加湿試験

アノードに水素をカソードに空気あるいは酸素を供給し，負荷のない開放電圧放置試験を行なうと膜は短時間で劣化する。劣化のようすは開放電圧の経時変化の監視，定期的に行なう水素のクロスリーク量の測定および排出ガスのドレン水中に含まれるF^-イオン量測定等により把握できる。同様に低加湿試験も膜劣化を大きく促進する[7),8)]。

(2) フェントン試験

フェントン試験とは数 ppm の Fe^{2+} イオンを含む数％の過酸化水素水中（40℃程度）に膜を浸漬し，時間的な膜重量の減少量を測定することにより，膜の耐久性を評価する試験方法である。この試験は，膜内に Fe^{2+} イオンが存在すると，過酸化水素が Fe^{2+} イオンと反応してヒドロキシラジカルが膜内に生成されて，それが膜を化学的に攻撃するとの考えにもとづいて行なわれる試験方法である[9)]。

(3) 過酸化水素ガス暴露試験

この試験は，カソードからクロスリークしてきた酸素とアノードに供給される水素とがアノード触媒上で反応して過酸化水素が生成され，それが膜内へ移動し

て膜を劣化させるとの考えに立ち，図7.3に示されるように30％の過酸化水素水溶液中に窒素を流して，サンプルが置かれている容器内に過酸化水素を含む加湿された窒素を送ることにより，膜劣化を起こさせる方法である。この方法は膜劣化が均一に行なわれ，Fe^{2+}イオンのような不純物がない条件下の試験も可能で，セルに組み込まれていないため機械的劣化を含まない化学的劣化のみの評価が可能であり，温度・湿度・過酸化水素の濃度の影響をそれぞれ独立させて評価できるなどの特徴を有する[10),11)]。

以下，試験結果の1例を紹介する。図7.4は膜の重量低下とF^-イオン放出量の時間的変化を示す。

膜劣化が進むと図7.5に示されるように，膜を構成する主鎖の切断と末端の側

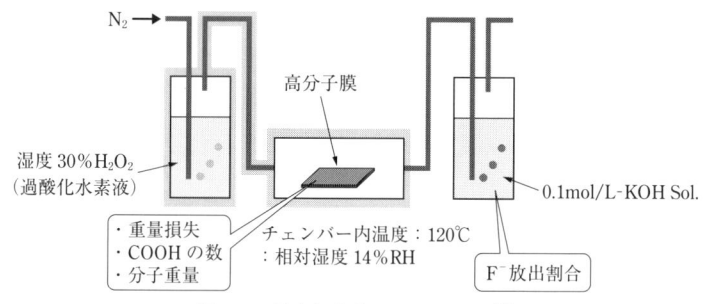

図7.3 過酸化水素ガス暴露試験[10)]

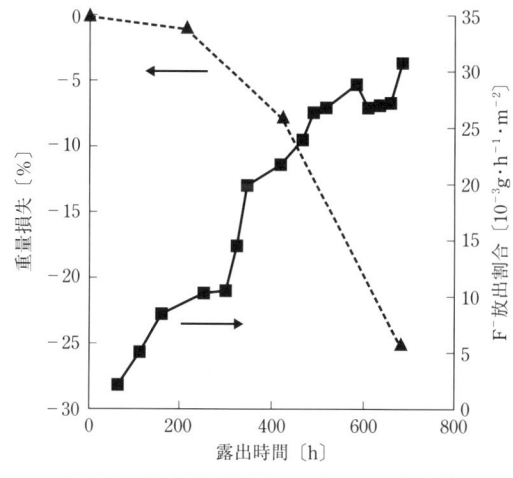

図7.4 膜の重量低下とF^-イオンの放出[10)]

鎖の切断が生じて COOH 数が増大する。そのようすが図 7.6 に示されている。また Fe^{2+} イオンの不純物の影響について COOH 発生との関係が図 7.7 に示される。これから過酸化水素だけでも膜劣化は進み，Fe^{2+} イオンがあると劣化が加速されることがわかる。

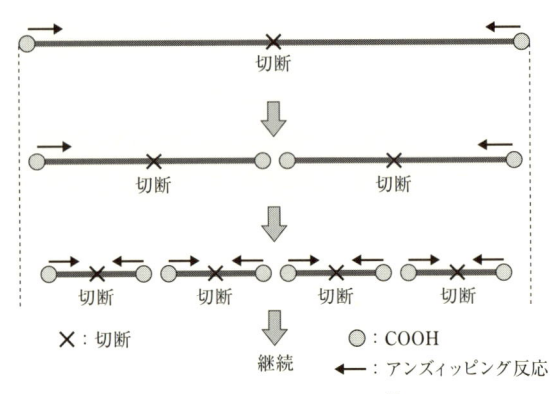

図 7.5　膜劣化プロセス[10]

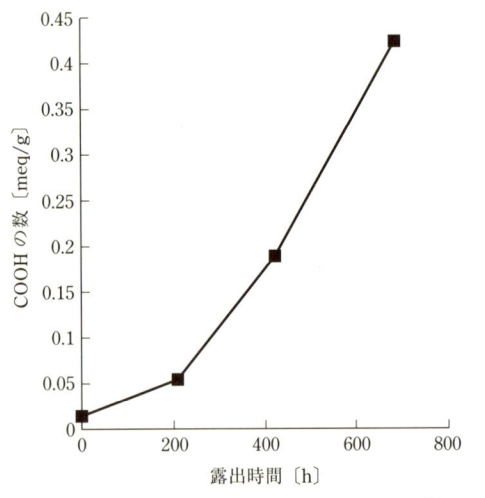

図 7.6　暴露時間と COOH 発生量との関係[10]

(4) クロスリークを模擬した混合ガス供給試験

アノード極ではカソード極からクロスリークしてきた酸素とアノード極へ供給される水素とが，またカソード極ではアノード極からクロスリークしてきた水素

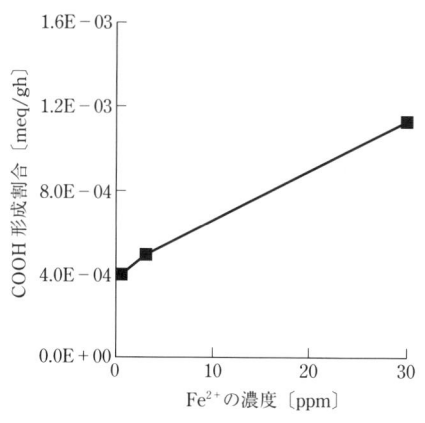

図 7.7 COOH 形成におよぼす過酸化水素とラジカルの影響 [10]

とカソード極の酸素とが反応して，それぞれの極で過酸化水素が生成される。この過酸化水素生成プロセスを模擬した加速試験を行なうために，アノード極には $H_2 + 10\%$ Air の混合ガスを，カソード極には Air $+ 2\%$ H_2 の混合ガスを供給して膜劣化を加速させた。試験にあたってはドライナフィオンを白金と混ぜて触媒層を形成した。試験の1例が図 7.8 に示される [12]。

図 7.8 は相対湿度 90%で，セル温度 80℃の条件で電極間に膜がない状態の触媒層からの F^- 放出量を示す。混合ガスを供給すると明らかに F^- 放出量は増大している。同一条件で相対湿度を変化させたときの結果が図 7.9 に示される。相対

セル温度：80℃，相対湿度：90%

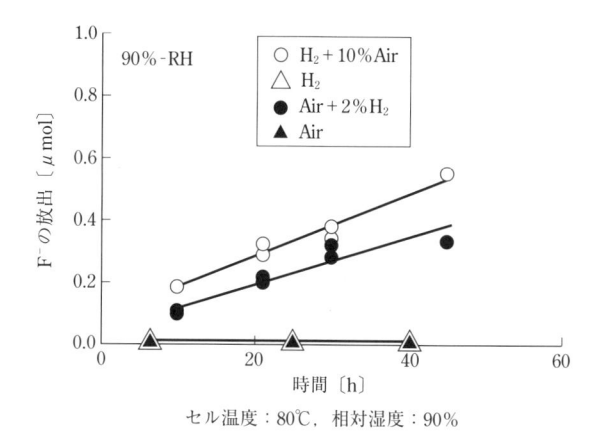

図 7.8 混合ガスおよび H_2, O_2 供給試験時の F^- 放出経時変化 [12]

7.1 要素レベルの加速試験　　185

湿度の増大とともにF^-放出量は増大している。

次に電極間に膜を挟みその膜にFe^{2+}イオン，白金を入れた試験が行なわれた。その結果が図7.10に示される。Fe^{2+}イオンがあるとF^-の放出量は多い。これは触媒層で生成された過酸化水素が膜へ移動し，膜内のFe^{2+}イオンと反応してヒドロキシラジカルが生成され，膜を攻撃するからである。また白金があるとF^-の放出量は低減している。これは白金が過酸化水素およびヒドロキシラジカルと反応して水分に変えるため膜劣化が抑制されるためである。

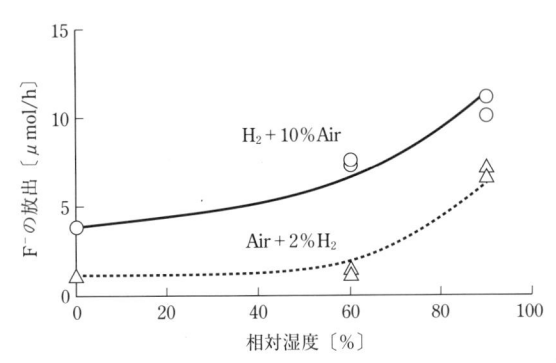

セル温度：80℃，（60％，蒸気圧0.28atm，90％：0.42atm）

図7.9　F^-放出割合の相対湿度の影響[12]

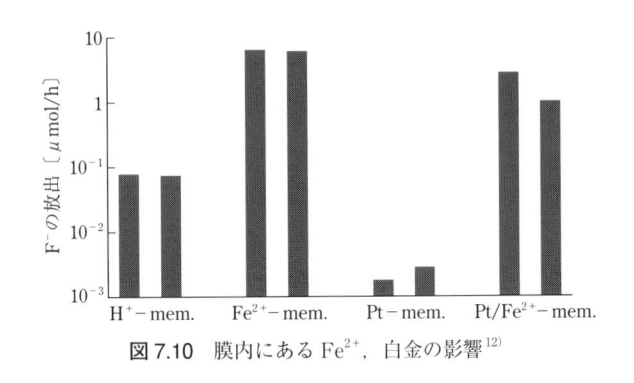

図7.10　膜内にあるFe^{2+}，白金の影響[12]

7.1.3　炭素基板（GDL）劣化の加速試験

180°F，15％H_2O_2液内にGDLを浸漬する試験（フェントン試薬試験）を実施すると図7.11に示すように重量は低減し，撥水性が低下する。このようにGDLを処理した後，カソード電極に組み込み，発電試験を実施した。その結果が図

7.12 に示される。従来の GDL を組み込んだセルは時間の経過とともに，とくに高電流密度領域でセル電圧が低下していくのに対し，改良を加えた GDL を組み込んだセル電圧は低下しない。GDL の撥水性の強化が重要であるとともに本試験方法は GDL の加速試験方法としても使用できる。

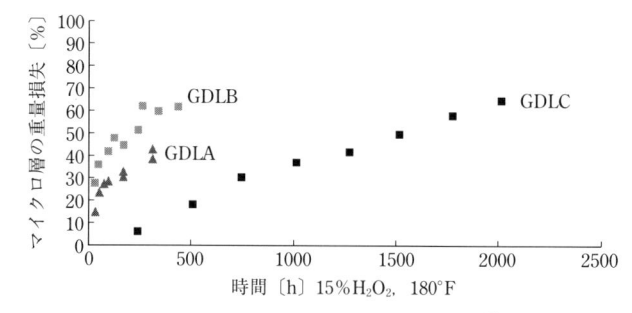

図 7.11 GDL のフェントン試薬試験[13]

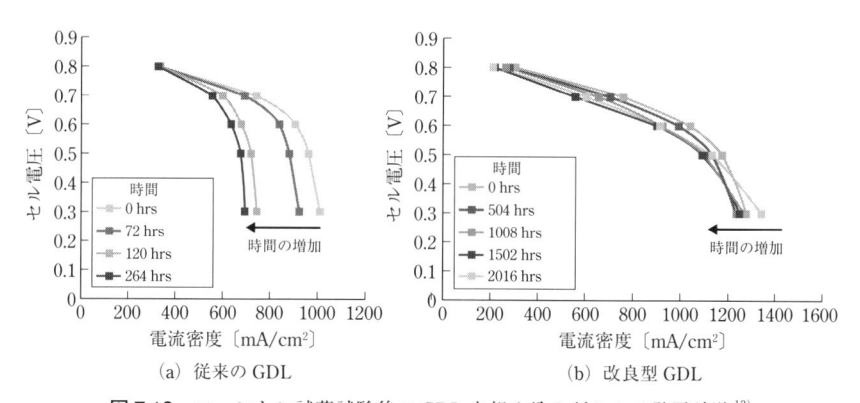

図 7.12 フェントン試薬試験後の GDL を組み込んだセルの発電試験[13]
(a) 従来の GDL
(b) 改良型 GDL

7.2 ショートスタックを用いた加速試験

ショートスタックを用いた加速試験の試験実施内容についてはすでに第 5 章で説明した。ここでは，試験方法の概略を説明する。

7.2.1 カーボン腐食を模擬した加速試験方法

家庭用では，昼間は運転を行ない夜中に停止する。このような運転方法をデイリーストップ運転といい，1 日に 1 回は起動停止が行なわれる。これを模擬した

のが以下の試験法である。窒素でパージされた状態で起動時に水素および空気が導入されるとセル電圧は開放電圧まで上昇する。このときカーボン腐食が発生して CO_2 ガスがカソードの排ガス中で観測される。

この試験は OCV を 2 分，負荷電流試験 $0.2 A/cm^2$ を 5 分，窒素パージを 8 分間実施するプロセスを 2 000 回繰り返し，試験終了後 $0.8 A/cm^2$ の高電流密度の負荷試験を 250 時間実施して劣化の状況が検証された。試験の手順が図 7.13 に示される。高負荷運転実施後空気利用率試験を行なったところ図 7.14 に示されるように，空気利用率の高い領域でセル電圧低下が見られた。これは起動時の OCV 電圧が印加されたときカーボン腐食が発生し，カーボンの撥水性が低下したため，触媒層および GDL 内に水分が蓄積され，空気利用率を高くすると，ガス拡散阻害が発生しセル電圧が低下にいたったものと推定される。

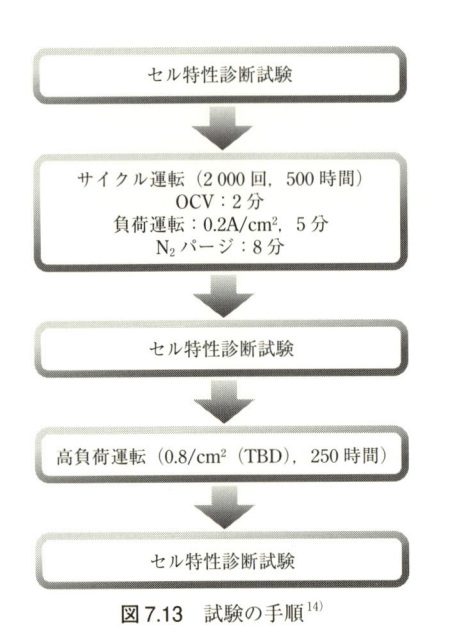

```
┌─────────────────┐
│  セル特性診断試験  │
└─────────────────┘
         ↓
┌─────────────────────────┐
│ サイクル運転（2 000 回，500 時間） │
│        OCV：2 分              │
│   負荷運転：0.2A/cm²，5 分      │
│      N₂ パージ：8 分           │
└─────────────────────────┘
         ↓
┌─────────────────┐
│  セル特性診断試験  │
└─────────────────┘
         ↓
┌─────────────────────────────┐
│ 高負荷運転（0.8/cm²（TBD），250 時間）│
└─────────────────────────────┘
         ↓
┌─────────────────┐
│  セル特性診断試験  │
└─────────────────┘
```

図 7.13 試験の手順[14]

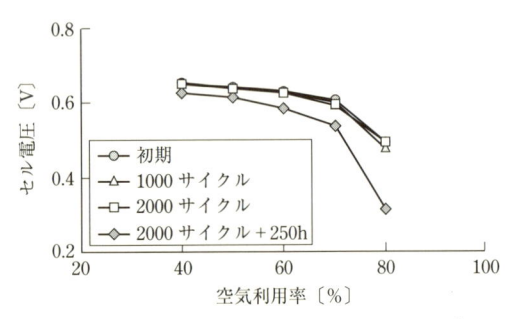

図 7.14 空気利用率試験時のセル電圧低下[14]

7.2.2 アノード触媒劣化加速試験

家庭用燃料電池ではアノード極に CO を含んだ水素リッチの改質ガスが導入されるため，アノード極には CO 対策としてルテニウムと白金との合金触媒が使わ

れている．停止中にアノード極に空気が流入されると，アノード電位上昇が生じてアノード触媒劣化が発生する．この現象を加速させた試験がアノード触媒劣化加速試験である[15]．

7.3 実セルレベルの加速寿命試験

　実セルレベルの加速寿命試験法とは，実セルを対象とした加速寿命試験を実施することにより，目標寿命を短時間で評価する試験法のことをいう．したがって，加速寿命試験法が確立されたあかつきには国の規格として制定され，その加速寿命試験法で試験を実施し満足な結果が得られれば，その仕様で製作された電池は市場に出して使用しても目標寿命を満足するものと判断される．

　このことから，セルの劣化を加速させるという研究開発段階の加速試験法とは異なり，目標寿命を保証するレベルの試験法でなければならない．このため加速寿命試験法の確立にあたっては産官学の関係者が共同で作業し合意を得た産物である必要がある．

　加速寿命試験法をまとめるには，PAFCの経験から下記の推進が必要となる．
①目標寿命を満たす製品に仕上げ，試験により目標寿命を確認すること．
②これまで集積した実証試験データなどをもとに，セル電圧低下要因と運転パターンとの因果関係を定量的に明確化させる．また，電圧低下要因の発生メカニズムを解明する．
③大きな電圧低下をもたらす運転パターンを抽出し，加速寿命試験法に適しているかどうかを，少なくともショートスタックレベルで検証する．

　1例として，家庭用燃料電池は毎日夜中に停止し，朝，起動する，通称DSS運転を実施しているため，この起動／停止を模擬したスタックレベルのサイクル試験はセル電圧低下を加速させるため，加速寿命試験法の1つの候補と考えられる．

　一方，自動車用については運転時間が5 000時間と比較的短い．したがって，想定される運転パターンをあらかじめ定め，繰り返し5 000時間程度実施すれば寿命評価が可能と思われる．

　PEFCの加速寿命試験方法を確立していくプロセスが，PAFCと同じようになるものと思われるので，参考のためPAFCの加速寿命試験法の確立経緯と内容を

紹介する。

　PAFCの運転パターンは極力起動停止をすることなく長時間安定に運転することを前提としている。したがって，加速寿命試験もこの運転パターンを基本としている。加速寿命試験方法の開発にあたっては単セルレベルの寿命試験データ，実セルスタックの工場内試験データ，屋外の実証試験データをもとに確立された。以下その内容を紹介する。

(1) 小型セルによる加速寿命試験

　加速寿命試験法を確立するために，まず小型セルを使った加速寿命試験が実施された。加速要因として運転温度，電流密度，運転圧力，電位の4つをパラメータに，加速試験時のセル電圧経時特性と標準状態のセル電圧経時特性を求め，セル電圧低下速度から加速倍率が算定された。試験時間は約3 000時間である。

　この小型セル試験結果[16]を要約すると，

① 運転温度を200℃から220℃へ増大させるとセル電圧低下速度は2.5倍変化した（セル温度180℃，200℃，220℃，240℃におけるセル電圧低下速度を求め算出）。

② 電流密度（電流密度100 mA/cm^{2}から400 mA/cm^{2}の変化）および運転圧力（1 atmから8 atm）を変化させたが，セル電圧低下速度にはほとんど影響がなかった。

③ セル電圧を650 mVから850 mVへ上昇させたところ2.0倍の変化が見られた。

　以上から，セル電圧増大試験も加速寿命試験法として候補にあがったが，セル温度の上昇を加速要因とした試験方法の方が試験方法の容易さと加速劣化の促進が大きいことから，試験方法として有効であると判断した。

(2) ショートスタックによる温度上昇加速寿命試験

　試験に用いたショートスタックは小型単セルと異なり，りん酸搬出抑制機能を有する実用化セルを積層したスタックであるため，セル数は少ないものの実用スタックとほぼ同じ特性を示す。したがって，このショートスタックを用いた温度上昇による加速寿命試験を実施した。試験では加速寿命試験を約1.8万時間実施した[17]セル電圧経時特性を図7.15に示す。セル電圧の経時特性からセル電圧低下要因は①活性化分極の増加と②拡散分極の増大であることが示されている。

　なお，セル温度を変化させたショートスタック試験が3種類の温度について行

なわれ，そのとき得られた活性化分極および拡散分極の増加からセル電圧低下速度を求め，結果を図 7.16 に示す。セル温度の上昇とともに活性化分極と拡散分極の増大によるセル電圧低下速度がセル温度に比例して上昇していることがわかった。

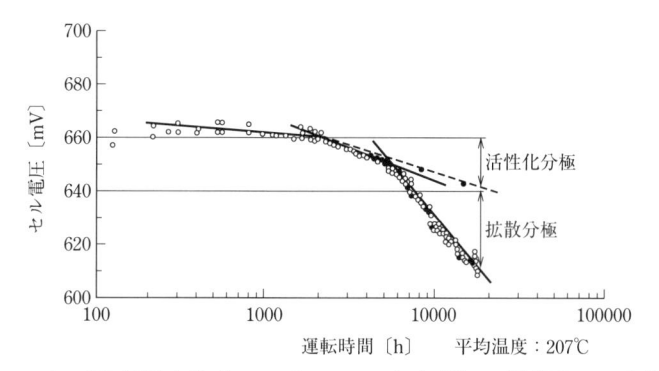

図 7.15　セル電圧経時変化（ショートスタック加速試験，平均温度：207 ℃）[3), 17)]

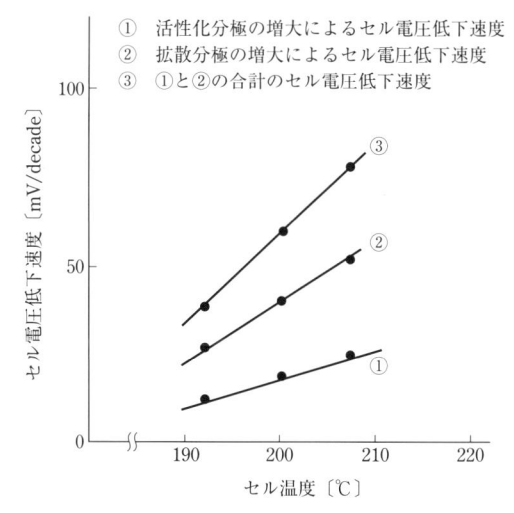

図 7.16　セル電圧低下速度の温度依存性[3), 17)]

(3) 現地実証試験

ショートスタックで求められたセル電圧経時特性が一般性のあるものかどうか

を確認するため，実プラント試験で得られたセル電圧経時特性（図7.17）と比較されている．活性化分極および拡散分極の増大によるセル電圧低下はほぼ同じ傾向を示した．ただし，現地試験は電力一定制御を行なっているので，セル電圧が低下すると電流が増大し，一方冷却水の温度制御は一定のため電流が上昇した分セル温度の上昇が発生する．今回の例では1.3万時間を経過したあたりからセル電圧が急激に低下しはじめたのは，セル温度の上昇によりセル劣化が加速されたためと考えられる．したがって，実証試験結果とショートスタックとの比較を行なう場合，試験条件が同一の範囲内である1.3万時間までとするのが妥当である．

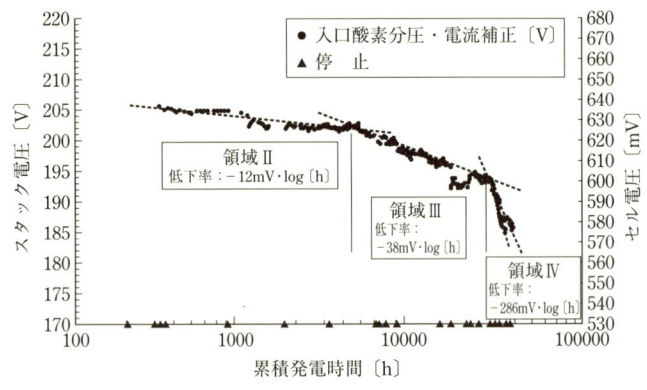

図 7.17 長時間運転時のセル電圧経時特性（現地試験データ）[18]

(4) 試験終了後のセル解体調査

ここでは，活性化分極の増大要因および拡散分極の増大要因を把握するため，ショートスタックの試験終了後，セルを解体して触媒の粒径調査ならびに触媒層内のリン酸量の調査が行なわれ，前者については触媒のシンタリングに，後者については触媒層の漏れ性増大に起因していることが判明した．以下その内容を紹介する．

ショートスタックに熱電対をうめ込み各セルのセル温度を測定している．試験後セルを解体して温度の異なるセルの触媒の粒径を測定し，結果を図7.18に示す．セル温度の上昇とともに触媒の粒径は増大している．比較のため小型セルで求めた粒径の経時変化[16]から，1.8万時間経過後の粒径を推定し，同図に示したところ，ほぼ同じライン上に載っていることがわかり，触媒のシンタリング（触媒

の粒径増大）が温度により加速されていることが示された。

また，同様にショートスタック解体時の温度の異なるセルの触媒層内のりん酸量が調査され触媒層内の二次孔のりん酸占積率と温度の関係が求められた。また細孔内りん酸フィルレベルと酸素ゲインの関係（図7.19）を使って1.8万時間における拡散分極の増大によるセル電圧低下値とセル温度の関係が求められた。その結果，ガス拡散阻害に基づくセル電圧低下の要因は，温度の上昇とともに触媒担持体のカーボンが腐食し触媒層の濡れが進み（二次孔内のりん酸量が増える），拡散分極が増大したものと推定される。このように現象面と物性変化の両面からセル電圧低下速度が温度に依存することが確認されている。

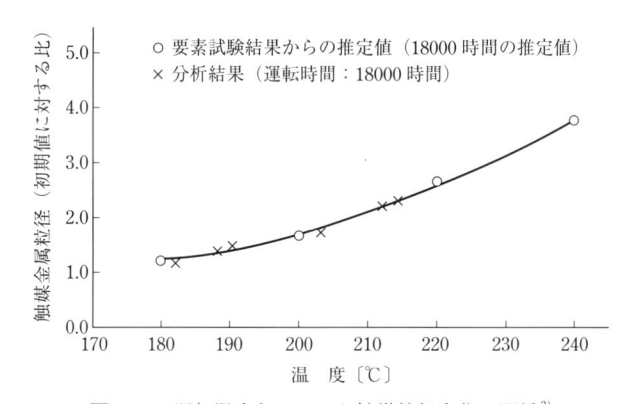

図7.18 運転温度とカソード触媒粒径変化の関係[3]

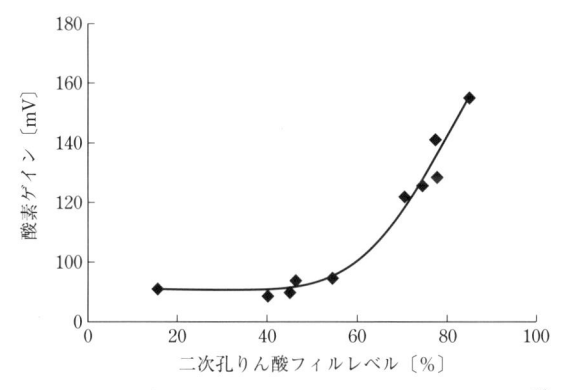

図7.19 細孔内りん酸フィルレベルと酸素ゲインの関係[19]

(5) 加速寿命試験方法

以上の結果をもとに加速寿命試験方法が提案された。試験実施手順を図7.20に示す。約1万時間の実規模セルを用いたショートスタックによる高温加速寿命試験を行ない，そのときに得られたセル電圧の経時特性とすでにある標準状態の経時特性を比較して，加速倍数を求め，標準状態のセル寿命を予測するものである。

このようにすでに運転実績のあるPAFCの加速寿命試験法の確立プロセスは今後計画される家庭用燃料電池の加速寿命試験法の確立に有用と考えられる。

(1) 小型セルによる運転温度とセル電圧低下速度の関係把握

↓

(2) 大型セルによる高温加速寿命試験実施

↓

(3) 大型セルによる標準状態の経時特性の推定

↓

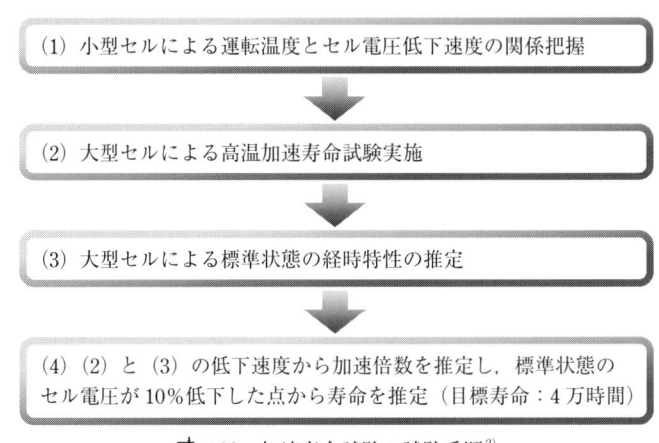

(4) (2)と(3)の低下速度から加速倍数を推定し，標準状態のセル電圧が10%低下した点から寿命を推定（目標寿命：4万時間）

図7.20 加速寿命試験の試験手順[2]

7章 参考文献

1) JIS8802『りん酸形燃料電池発電の寿命試験方法』2003
2) 新エネルギー・産業技術総合開発機構『リン酸型燃料電池寿命評価研究 加速試験法の開発』平成8年度共同研究成果報告書
3) 西川尚男，青木努，岡嘉弘，谷口哲也『りん酸形燃料電池の加速寿命試験方法』電学論B，122巻1号，2002
4) 西川尚男，岡嘉弘，宮崎義憲，青木努『りん酸形燃料電池の加速寿命試験法』第9回FCDICシンポジウム，2002
5) D. L. Wood, J. Xie, S. D. Pacheco, J. R. Davey, R. L. Borup, F. Ganzon and P. Atanassov『Durability issues of the PEMFC GDL and MEA under steady-state and drive-cycle —operating conditions—』Fuel Cell Seminar, 2005
6) 燃料電池実用推進協議会（FCCJ）『PEFCの目標・研究開発課題と評価方法の提案』燃料電

池実用推進協議会パンフレット,2007
7) Minoru Inaba, Taro Kinumoto, Masayuki Kiriake, Ryota Umebayashi, Akimasa Tasaka, Zempachi Ogumi『Gas crossover and membrane degradation in polymer electrolyte fuel cells』Electrochimica Acta51, pp5746-5753, 2006
8) 稲葉稔,桐明真之,田坂明政,衣本太郎,小久見善八『PEFC における過酸化水素の副生とその劣化に及ぼす影響』第 11 回 FCDIC シンポジウム,2004
9) 高須芳雄,吉武優,石原達己『燃料電池の解析手法』化学同人,p155,2005
10) Satoru Hommura, Kengo Kawahara, Tetsuji Shimohira and Yasutake Teraoka『Development of a Method for Clarifying the Perfluorosulfonated Membrane Degradation Mechanism in a Fuel Cell Environment』Journal of The Electrochemical Society, 155 (1), A29-A33, 2008
11) Eiji Endoh, Satoru Hommura, Shinji Terazono, Hardiyanto Widjaja and Junko Anzai『Degradation Mechanism of the PFSA Membrane and Influence of Deposited Pt in the Membrane』ECS Transactions, 11 (1), pp1083-1091, 2007
12) Makoto Aoki, Hiroyuki Uchida, Masahiro Watanabe『Decomposition mechanism of Perfluorosulfonic acid electrolyte in Polymer electrolyte fuel cells』Electrochemistry Communications 8, pp1509-1513, 2006
13) J. Frisk, M. Hicks, A. T. Radoslav, W. M. Boand, A. K. Schmoecked and M. J. Kurkowski『MEA Component Durability』Fuel Cell Seminar, 2005
14) 仲洋史,知沢洋,松永温,青木信雄,田中和久,小上泰司,青木努『カーボン腐食に着目した劣化加速手法』第 14 回 FCDIC シンポジウム,2007
15) 小川淳,松林孝昌,谷口貴章,浜田陽『外部加湿型での電極機能低下に関する劣化加速手法の開発』第 14 回 FCDIC シンポジウム,2007
16) 西川尚男,小上泰司,松本正昭,原嶋孝一,渡辺政廣『りん酸形燃料電池のセル電圧低下要因について』電学論 B,118 巻 7/8 号,1998
17) 青木努,小上泰司,谷口忠彦,岩崎芳摩,西川尚男『りん酸形燃料電池の劣化モードの経時変化』電学論 B,119 巻 4 号,1999
18) 小野寺真『200 kW 実機における 4 万時間の電池電圧経時特性』第 7 回 FCDIC シンポジウム,2000
19) 三好英明,中島憲之,西崎邦博,鍛代貴志,内田裕之,渡辺政廣『PAFC の劣化要因に関する要素試験研究』第 4 回 FCDIC シンポジウム,1997

第8章 PEFCの適用
（自動車用と家庭用燃料電池）

　PEFCは小型，軽量，高出力，高効率化が可能である。また燃料に純水素を用いて空気とともにセルへ供給すると直ちに出力を取り出すことができる。

　燃料電池自動車ではCO_2削減に向けた環境対策車の1つとして着々と実用化に向けた開発が進められている。また，家庭用燃料電池は容量が1kWクラスときわめて小さいにもかかわらず，発電効率は高く電気と熱を同時に供給するコージェネレーションシステムを提供できる。家庭用燃料電池はCO_2削減に寄与しうる発電システムとして注目されており，平成21年度に商品化され，家庭への普及が期待されている。

8.1 自動車への適用

　世界のCO_2排出量は2006年時点で年間266億トンとなり，そのうち輸送部門が24％を占め，自動車に限定すれば17％である。自動車会社はこのCO_2排出量をいかに低減するかが課題である。この課題に対して，たとえば，ガソリンエンジンとバッテリーを組み合わせたハイブリッド車，ガソリンの代替であるエタノールを燃料としたエタノール車，バッテリーを搭載した電気自動車，燃料電池自動車等が精力的に開発されている。

8.1.1 燃料電池自動車の開発経過

　燃料電池については，カナダのバラード社が電解質膜として当時開発していたナフィオン117に対し，ダウケミカル社が開発したダウ膜を使用して図8.1に示すように，運転圧力を7.8atm，燃料に純水素と純酸素を使用し，電池温度が102℃で，電流密度が3 000 A/FT^2（約3.3 A/cm^{2}に相当），セル電圧が0.7Vという驚異的な電池特性の優れたセルを開発してから，固体高分子形燃料電池の自動車

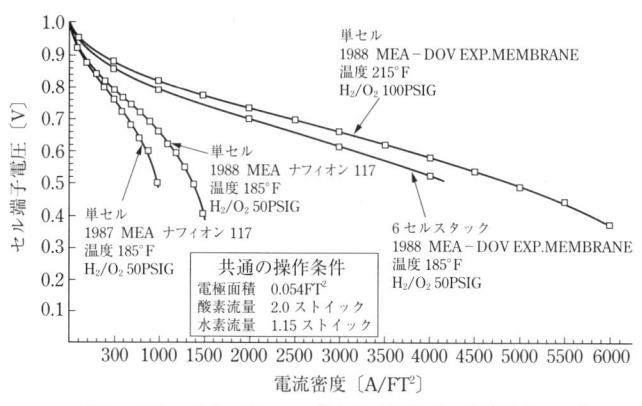

図8.1 PEFCのセル電圧特性

バラード社は1993年に圧縮水素と空気を用いて，電気出力120 kWの燃料電池自動車を開発した．モーター出力は80 kW，走行距離は160 kmである．1997年にダイムラークライスラー社がメタノールを搭載して，車上でメタノールを改質して水素をつくり電池へ供給し発電する燃料電池自動車（NECAR3）を開発した．電気出力は50 kW，液体のメタノールを搭載しているので，走行距離は400 kmと長くなっている．1998年からバンクーバとシカゴで，高圧タンクを搭載した62人乗りの燃料電池バスがダイムラークライスラー社によってそれぞれ3台製作され，一般市民を乗せて路上運転が行なわれた．2000年のシドニーオリンピックではゼネラルモーターズ社（GM）が開発した液体水素を用いた燃料電池車（ザフィーラ）がマラソンの先導車として使用された．2000年11月にはカリフォルニア州でダイムラークライスラー（NECAR4a），フォード（フォーカス），ホンダ（FCX-V3）など世界の主要自動車会社が参加して，燃料電池自動車の公道試験が開始された．2001年2月，日本においてマツダのメタノール改質形FCV（プレマシー）とダイムラークライスラーのNECAR-5が大臣認定を取得し，公道試験が開始され，その後トヨタ，ホンダの認定車が公道を走行した．2002年12月トヨタの中央官庁へのリース販売が開始され，その後ホンダ，日産でもリース販売が開始された．

また，2007年9月28日にトヨタが水素充填圧700気圧の燃料電池自動車を用

いて，大阪—東京間（560 km）を途中で水素を充填することなく走破した。そのときの燃料電池自動車を図 8.2 に示す。ホンダは 2007 年 11 月に「FCX クラリティー」を発表した。これは次世代のコンセプトカーとして開発されたもので，200 台のリース販売が計画されている。

現在開発されている燃料電池自動車の現状の性能を表 8.1 に示す。一般車の燃料電池出力は 70 〜 130 kW，最高速度 140 〜 160 km/h，航続距離 400 〜 780 km である。

図 8.2　大阪—東京間（560 km）を走行した FCHV 車[2]
［写真提供：トヨタ自動車株式会社（実験は 2007 年 9 月 28 日時点の記録）］

表 8.1　燃料電池自動車の現状[1]

	燃料電池 最大出力 [kW]	モーター 最大出力 [kW]	モーター 最大トルク [Nm]	水素充填圧 [MPa]	最高速度 [km/h]	航続距離 [km]
Toyota FCHV	90	90	260	70	155	780
Nissan X-TRAIL FCV05 年モデル	90	90	280	70	150	500
Honda FCX クラリティ	100	100	256	35	160	430 (LA4)
DaimierChrysler F-Cell	68.5	65	210	35	140	150
GM HydroGen3	129	60	215	—	160	400
Suzuki MR wagon FCV	50	38	130	35	110	130
Toyota/Hino FCHV-BUS	90×2	80×2	260×2	35	80	—

8.1.2 燃料電池自動車のシステム

燃料電池自動車のシステム例を図 8.3 に示す。以前はメタノールあるいはガソリンを搭載し，車上で水素を製造して電池へ供給するシステムの燃料電池自動車が開発されていたが，軽量，高耐圧の水素を貯蔵するタンクが開発されてから高圧タンクから水素を直接燃料電池へ供給して発電するシステムへ移行している。電池とモーター間に蓄電器が設置され，制動エネルギーの回生や加速時の駆動力向上に利用されている。燃料電池の寿命は 5 000 時間，1 回の燃料補給による走行距離はガソリン車並の 500 km，コストは従来車プラス 1 000 ドルから 3 000 ドル（自動車価格の 5 ％から 15 ％）アップを目標として開発が進められてきたが，現状では耐久性・コストを除きほぼこの目標に近づいている。

開発当初は燃料電池駆動システムが自動車のかなりのスペースを占めていたが，

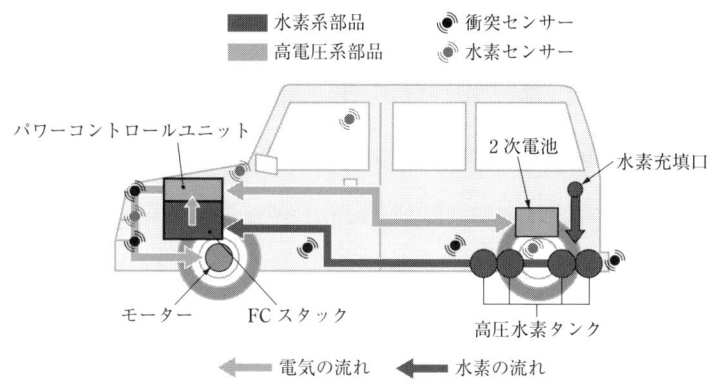

図 8.3 燃料電池自動車のシステム例

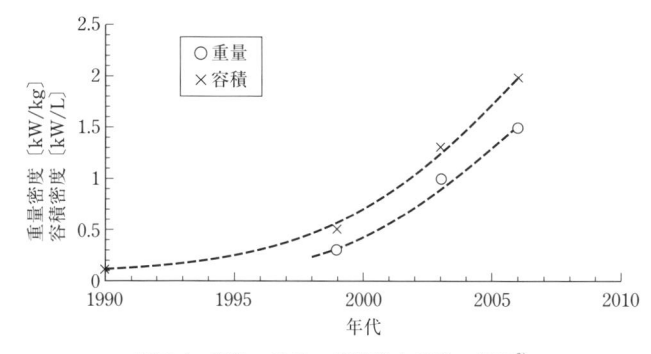

図 8.4 電池の重量・容積出力密度の推移[3]

図8.4に示すように燃料電池の出力密度が大幅に向上し，そのほかの部品もコンパクト化が進み，自動車の床下に設置されるまでに至っている。

8.1.3 燃料電池車の実証試験

国内では「水素・燃料電池実証プロジェクト（JHFC）」が2002年から経済産業省の補助事業としてスタートした。このプロジェクトは燃料電池自動車の省エネルギー効果の検証と社会的認知度の向上を目的として，①化石燃料を中心とした各種燃料（天然ガス，プロパンガス，石油，メタノール等）から水素を製造し，燃料電池車へ供給する水素ステーションを設置して，水素供給設備の実証・運用を検証すること，②自動車会社が開発した燃料電池自動車が公道を走行し，水素ステーションから水素供給を受け，各種の走行についての実証試験を行なうことである。

水素ステーションの1例を図8.5に示す。一般的なガソリンスタンドと同じように燃料電池車へ水素を数分で供給することができる。現在関東地区，関西地区，中部地区の12箇所に水素ステーションが設置され，公道試験で走行している燃料電池自動車に水素を供給している。これまでの実証試験の成果は①水素ステーションについては表8.2に示されるように，化石燃料から水素を製造するエネルギー効率はLHVベースで55％から65％の範囲にあった。②公道走行試験時の燃料電池の燃費は図8.6に示されるように，ガソリン車，ハイブリッド車と比較し

図8.5 水素ステーション[4]
［写真提供：（独）新エネルギー・産業技術総合開発機構］

表 8.2 実証水素ステーションのエネルギー効率[1]

オンサイト改質方式

設置場所	設備方式	エネルギ効率% LHV (HHV)
横浜・大黒	脱硫ガソリン改質	58.7 (64.1)
横浜・旭	ナフサ改質	60.4 (66.2)
川崎	メタノール改質	65.0 (68.8)
秦野	灯油改質	54.6 (61.1)
千住	LPG改質	58.7 (63.8)
	都市ガス改質	60.7 (65.2)
瀬戸南	都市ガス改質	62.5 (66.7)

■エネルギー効率は Charge Tank to Fuel Tank（原燃料から水素製造）で定義
■電力のエネルギ：3.6MJ/kWh
■原料のエネルギ：発熱量および圧力エネルギ（高圧ガスの場合）

FCV・ICV・HEV 平均値比較結果
(2004/4 – 2005/12 エアコン OFF・車両補正前)

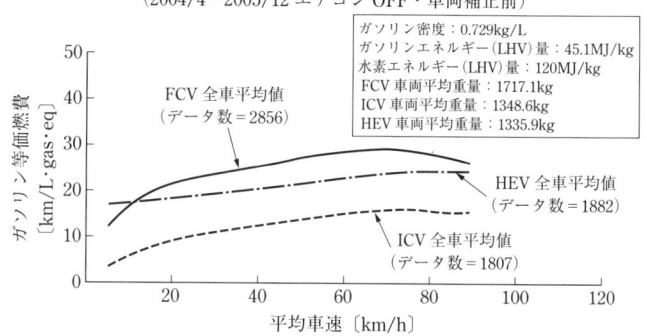

ガソリン密度：0.729kg/L
ガソリンエネルギー(LHV)量：45.1MJ/kg
水素エネルギー(LHV)量：120MJ/kg
FCV 車両平均重量：1717.1kg
ICV 車両平均重量：1348.6kg
HEV 車両平均重量：1335.9kg

FCV 全車平均値（データ数=2856）
HEV 全車平均値（データ数=1882）
ICV 全車平均値（データ数=1807）

縦軸：ガソリン等価燃費 [km/L・gas・eq]
横軸：平均車速 [km/h]

FCV 使用車種：FCHV，X-TRAIL FCV，FCX，Hydrogen3，F-Cell，三菱 FCV，ワゴン R-FCV ＜二次電池等の搭載車両を含む＞
ICV 使用車種：クルーガ，X TRAIL，CR V，アストラ，A クラス，グランディス，ワゴン R
HEV 使用車種：プリウス，プリウス(旧)，エスティマハイブリッド，ティーハイブリッド，インサイト

図 8.6 燃料電池自動車公道走行試験時の燃費比較[1]

優れていることが実証された。また CO_2 の総排出量は図 8.7 に示されるように、化石燃料から水素を製造し、燃料電池へ供給した場合（水素製造は化石燃料を水素に変換する水素ステーションでの効率を用いて原料から走行までの総合効率 (Well to Wheel) で計算した結果が使用されている）ではハイブリッド車と比べても少ない。将来再生可能エネルギー（太陽光、風力発電）、バイオマスなどを利

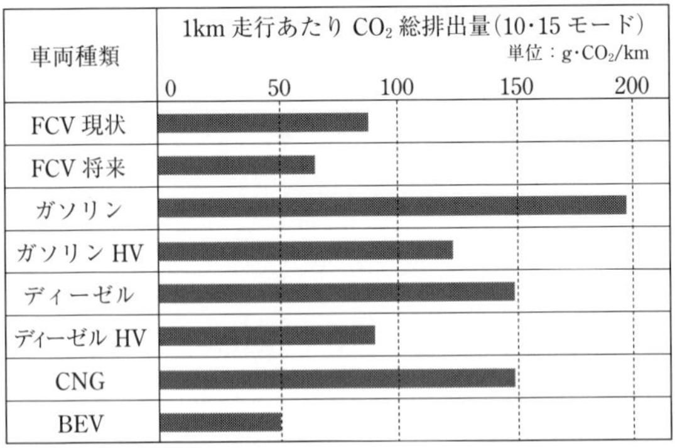

図8.7 のデータ:

車両種類	1km走行あたり CO_2 総排出量 (10·15モード) 単位: g·CO_2/km
FCV 現状	約90
FCV 将来	約60
ガソリン	約195
ガソリン HV	約130
ディーゼル	約150
ディーゼル HV	約95
CNG	約125
BEV	約70

FCV 現状:「水素ステーション」「FCV」データは JHFC 実証結果トップ値
FCV 将来: FCV の将来 FC システム効率 60％と文献トップ値により算出
電力構成: 日本の平均電源構成
車両性能: BEV を除き，同一条件

図8.7　CO_2 排出量比較[1]

用すればさらに大幅な CO_2 削減が期待できる。

次にほかの国の状況を説明する。ヨーロッパではキュート（Cute）計画が進行している。ダイムラー・クライスラー社が製造した燃料電池バス30台を用いてヨーロッパの主要都市10箇所で走行試験が行なわれている。水素の供給は表8.3に示されるように太陽光，風力，水力，地熱といった再生可能エネルギーをもとに発電し，その電力を使って水の電気分解を行ない，水素を製造する方式が多く採

表8.3　ヨーロッパの Cute 計画の水素製造設備[1]

実施都市		エネルギー源	水素製造方法
アムステルダム	オランダ	廃棄物焼却発電	オンサイト電気分解
バルセロナ	スペイン	太陽光発電＋買電	
ハンブルグ	ドイツ	風力発電	
ストックホルム	スウェーデン	水力発電	
レイキャビック	アイスランド	地熱発電＋水力発電	
ロンドン	イギリス	原油	石油精製所で製造
マドリード	スペイン	天然ガス	オンサイト水蒸気改質
シュツットガルト	ドイツ		
ルクセンブルグ	ルクセンブルグ	電力（買電）	プラントで電気分解
ポルト	ポルトガル		

用されている。

　アメリカではカリフォニア燃料電池パートナーシップが2000年11月に開始され，世界の主要な自動車会社であるダイムラー・クライスラー，フォード，フォルクスワーゲン，ホンダ，日産，トヨタが参加し，2005年からはバス運行会社も参加して実証試験が行なわれている。さらにDOE（米国エネルギー省）が2004年10月から水素利用者およびインフラ実証試験・評価プログラムを計画し，ジェネラルモーターズ，ダイムラー・クライスラーフォード，現代が参加して燃料電池車77台，水素ステーション14基のもとで実証試験が進められている。

8.1.4　燃料電池の技術的課題

　年代別の開発目標を表8.4に示す。燃料電池自動車の商用化にあたっては小型化，低コスト化が最重要課題となり，そのためには「高温化」「低湿度化」「低圧化」「低ストイック化（流量低減）」が今後の技術課題となる。また，電池の信頼性の向上にあたっては，自動車の走行モードにおける電池へ与える劣化要因を十分把握してその対策を講じておく必要がある。図8.8に自動車走行モードと高分子膜・触媒の劣化要因の推定を示す。

①起動時：セル内に空気が充満している状態でアノード側に水素が流入されるとセル内のまだ水素のない領域のカソード電位が上昇し，カソード電極の腐食が引き起こされる。

②アイドル運転：開放電圧（OCV）に近い電位が印加されている状態では触媒層

表8.4　年代別の発電環境の推移[4]

分類	No	項目		2010	2015〜20	最終目標
作動条件	1	セル作動温度（始動含む。冷媒出口温度）		$-30 \sim 90$℃	$-30 \sim 100$℃	$-40 \sim 120$℃以上
	2	作動ガス入り口下限相対湿度		40℃	30℃	加湿器レス
	3	作動ガス出口圧力（kPa：絶対圧）		140	120	100
	4	作動ガスストイキ	空気	1.5	1.3	1.2
			水素	1.3	1.1	1.0（循環無し）

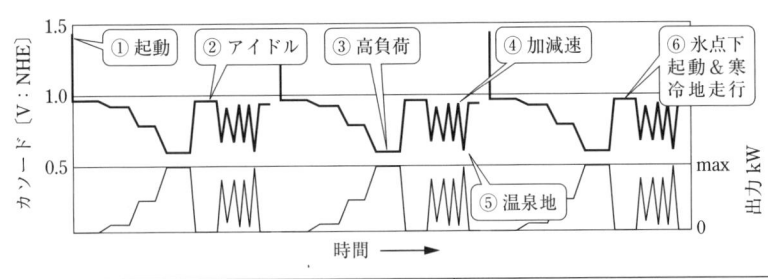

図8.8 自動車走行モードと劣化要因[4]

	走行モード	劣化要因(推定含む)	劣化事象
①	起動(停止)	カソード高電位	カーボン担体腐食 ⇒ 出力低下
②	一時停止(アイドル)	H_2O_2 ⇒ OH・ラジカル	膜破損 ⇒ 走行不能
③	高負荷走行	高温(局所ヒートスポット)	スルホン酸基離脱 ⇒ 出力低下
④	加減速	高電位サイクル	Pt粒径粗大化, Pt溶出 ⇒ 出力低下
⑤	温泉近傍走行等	空気中の微量成分	触媒被毒 ⇒ 出力低下
⑥	寒冷地	起動時の燃料欠乏	アノード触媒層劣化 ⇒ 出力低下

内で過酸化水素が生成され,膜内にFe^{2+}イオン等があるとヒドロキシラジカルが生成されて,膜劣化が引き起こされる。

③高負荷走行:高負荷運転では電流密度の上昇により局部加熱が発生し,膜内のスルホン酸基離脱が発生する。

④加減速:電流密度変化に伴い電位変動が生じ,高電位サイクルが繰り返されると触媒のシンタリング,溶出が発生する。

⑤温泉近傍走行:温泉地帯では空気中に含まれる硫化水素(H_2S)の濃度が高く,その微量成分により触媒被毒が発生する。

⑥寒冷地:水の凍結により起動時に燃料欠乏が生じ,アノード触媒の劣化が生ずる。

以上を踏まえ今後取り組む技術課題は次のとおりである。

①セルの高温化:高温では水蒸気分圧が高くなるので,高温ならびに低加湿で使用できる膜の開発が必要となる。

②低加湿運転:最終的には外部からの加湿なし運転方法の確立が必要である。

③低温起動:氷点下以下におかれた状態での発電,たとえば-30℃からの発電をさらに低い-40℃からの発電とする。

④低コスト化：現状コストに対し，現象解明などによる最適設計，革新的材料の開発，システムの最適化，量産化などにより現状コストの1/100以下を達成させる．

8.1.5　今後の展開

燃料電池自動車は図8.7に示されるようにCO_2の削減効果が大きい．たとえば乗用車1台が年間1万km走行するとすると従来車に比べ約1トンのCO_2削減に寄与する．さらに将来自然エネルギーから水素を製造する場合はさらに削減効果が増大する．このように，燃料電池自動車は地球温暖化抑制の大きな柱になることが期待される．

現在，燃料電池自動車の開発は着実に進み，リース販売が中央官庁，主要企業に次いで最近では個人レベルへとその範囲が拡大している．次のステップは郵便用，コンビニの荷物運搬用，バス輸送など都市部に水素ステーションを設置して限定された地域での，すなわちフリートユーザーを対象としたトラック，バス，タクシーなどへの普及が期待される．そして燃料電池自動車のコスト競争力がつき，水素インフラの整備が充実した暁には本格的な市場拡大が期待される．このような燃料電池自動車の普及プロセスを図8.9に示す．

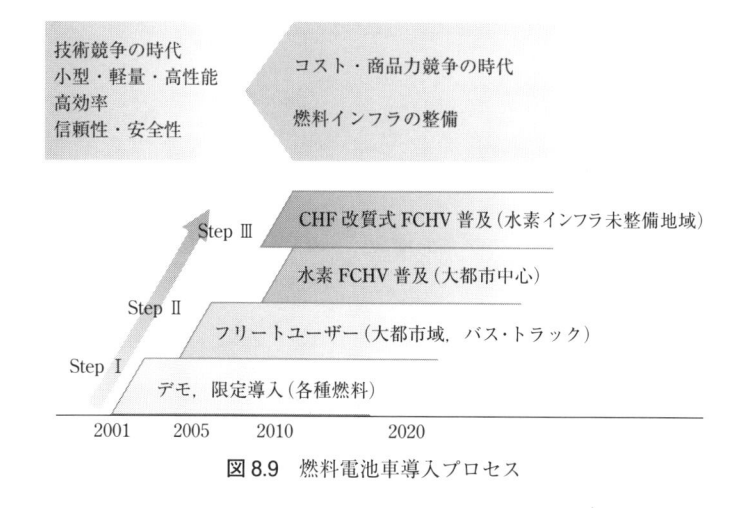

図 8.9　燃料電池車導入プロセス

8.2 家庭用燃料電池

　家庭用燃料電池は発電時に発生する電気エネルギーと熱エネルギーを同時に利用するコージェネレーションシステムを供給できる。図 8.10 に家庭用コージェネレーションシステムの構成例を示す。系統連携を前提として電力の不足分は系統電源で補い，発電時に発生する排熱は温水として回収している。電気と温水の時間的需要にはずれがあるので熱を貯湯タンクに蓄え，必要時に風呂や給湯，床暖房に使用するシステムを採用している。

家庭用コージェネレーション　製品イメージ

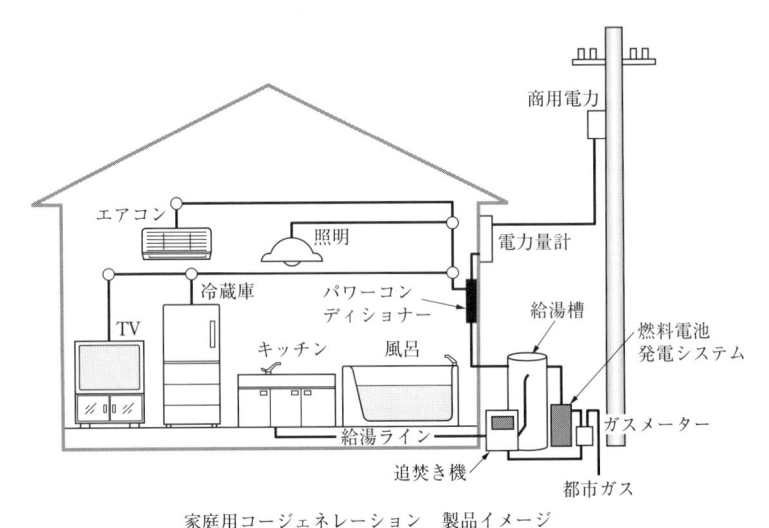

図 8.10　家庭用コージェネレーションシステム

8.2.1　家庭用燃料電池システムの構成

　家庭用燃料電池発電システムの構成を図 8.11 に示す。システムは大きく分類すると次のように構成される。

①燃料である都市ガスあるいはプロパンガスから水素リッチな改質ガスをつくる燃料処理装置
②燃料電池スタックで直流電力を発生する直流電力発生装置
③直流を交流へ変換する電力変換装置
④燃料電池および燃料処理装置で発生する熱を回収して温水として貯湯する排熱

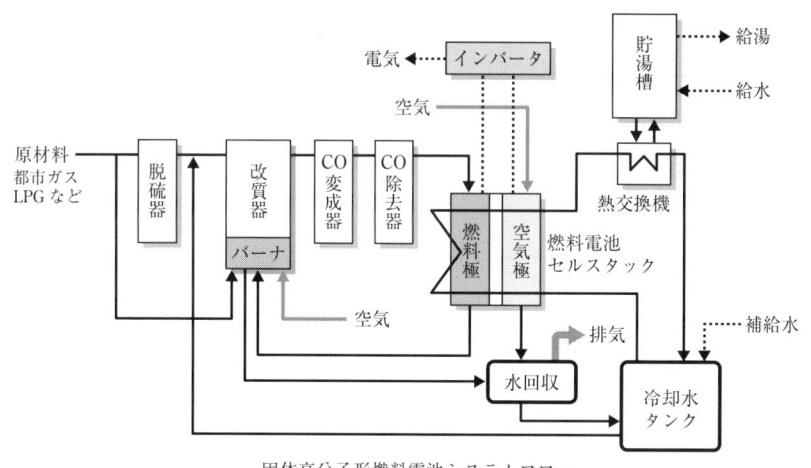

固体高分子形燃料電池システムフロー

図8.11 燃料電池システム構成

回収装置

⑤一連の機器を最適条件で制御する制御装置

次に燃料電池発電装置の概観を図8.12に，それぞれの装置の役割を下記に示す．

① 燃料処理装置：燃料処理装置は改質器，CO変成器，CO除去器から構成されている．都市ガス中に含まれる付臭剤を脱硫器で除去し，水蒸気を添加して改質器へ供給する．改質器では水蒸気改質反応が約700℃で行なわれて，水素と濃度10％のCOが生成される．この高濃度のCOをCO変成器で水分と反応させて水素とCO_2に変換する．しかしまだ5 000 ppm程度のCOが残るので，さらにCO除去器にてCO濃度を10 ppm以下にして燃料電池へ供給する．

図8.12 燃料電池概観
［写真提供：東芝燃料電池システム株式会社］

8.2 家庭用燃料電池

②電池スタックによる直流電力の発生：単セルあたりのセル電圧は 0.75 V 程度と小さいため，多数のセルが積層されて電池スタックを構成し，数 10 V の直流電圧を発生している。

③電力変換装置：電池から発生した直流電力は電気効率向上のため昇圧チョッパーで電圧を高めて単相インバータで交流に変換されて，室内へ供給される。なお電力の不足分は電力会社からの電力購入で補う構成となっている。

④排熱回収装置：電池からの排熱は 60～80 ℃のため，温水として貯湯タンクへ供給される。この温水は直接床暖房として，また水道水と混合して風呂あるいは水洗いに使用されている。温水の温度が低い場合は追い炊きを行なうことも可能である。

⑤制御装置：起動／停止，温度，流量等を自動的に制御する装置が設定されている。

図 8.13 に示されるように上記の①，②，③，⑤は左側のボックス内に収納され，④の温水は右側のタンクに蓄えられる。

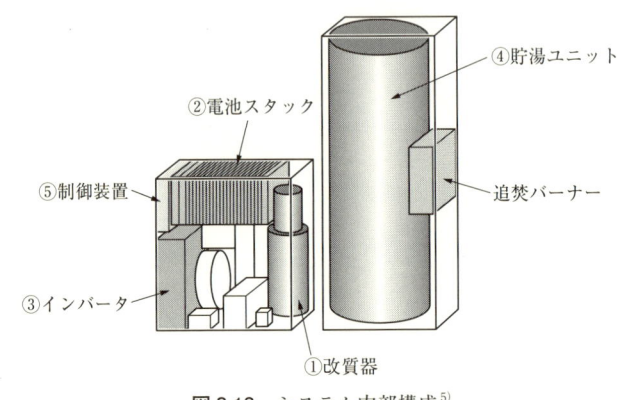

図 8.13　システム内部構成[5]

8.2.2　エネルギー需要と運転方法

固体高分子形燃料電池の発生電力と熱供給比率は 1：1.3 となり熱供給の割合が大きい。このため家庭内の電力需要にあわせて運転を行なうと余剰の熱が増えて廃棄することになる。家庭用燃料電池の運転方法はシステムの効率を低減しないように，図 8.14 に示すように熱需要に合わせた運転を行ない，電力の不足分は電

図 8.14　エネルギー需要と運転方法[5]

図 8.15　家庭用コージェネレーションシステム導入効果

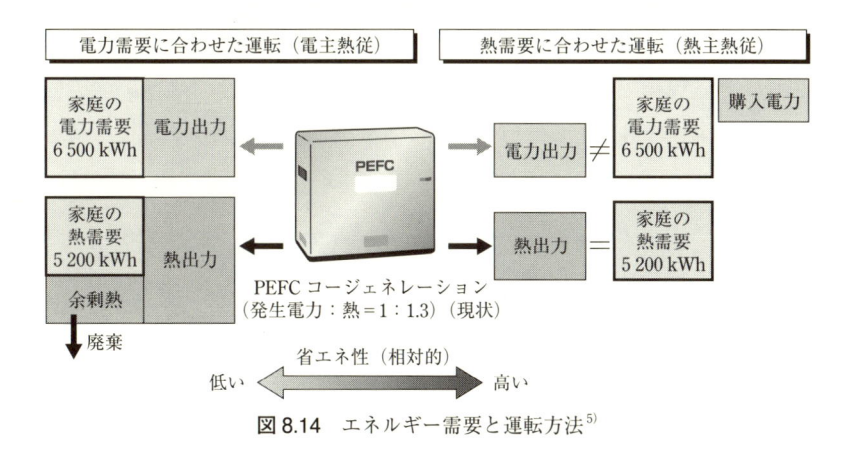

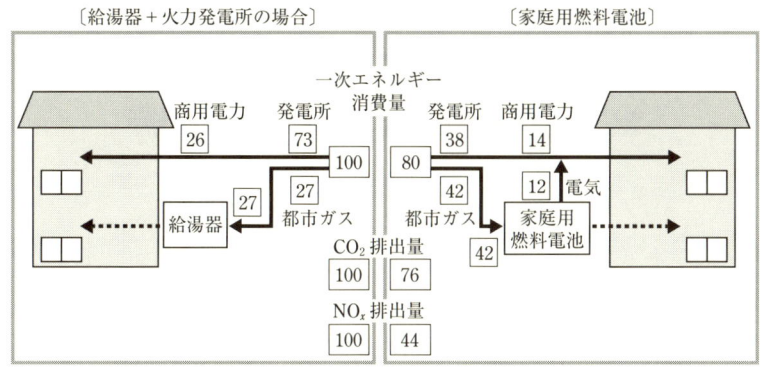

一次エネルギー消費量 20% 削減，CO_2 排出量 24% 削減，NO_x 排出量 56% 削減，年間光熱費 19% 削減

力会社から購入するシステムを採用している。

　このような熱需要を主体とした運転を行なったときの省エネルギー効果，CO_2 削減効果を従来システムと比較し机上検討が行なわれた。その１例が図 8.15 に示される。ここに示す従来システムとは電力を電力会社から購入し，給湯はガス会社からのガス供給によってまかなう。解析の結果，熱需要に合わせた運転の場合の一次エネルギーの削減率は 20 %，CO_2 排出量の削減率は 24 % であった。

8.2.3　大規模実証試験

　家庭用燃料電池については，電気メーカー，ガス会社，石油会社が商品化に向

けて積極的に開発を進め,また国も開発を支援してきた.図8.16は開発段階で安全性にかかわる規格,適用基準作成のデータ取得等のための評価試験の実施状況である.このような各種評価を行ない安全性,性能評価に関する規格が制定された.

図8.16 安全性・性能評価試験状況
[写真提供:社団法人日本ガス協会]

また,国の事業として,1kW級の家庭用燃料電池を数多くの一般家庭に設置して実測データ(効率に関するデータ,電池の信頼性に関するデータなど)を取得し,わが国の定置用燃料電池の初期市場創出と技術レベルおよび問題点を把握し,今後の燃料電池技術開発課題を抽出する目的で実証試験が行なわれた.ここで,平成17年度から実施された4年間の事業の概要を下記に示す.

平成17年度480基,平成18年度777基,平成19年度930基,平成20年度1 120基の合計3 307基の燃料電池が北は北海道から南は九州にいたる全国各地に設置されて試験が行なわれた.なお,設置された燃料電池は都市ガスを用いたもののほか,プロパンガス,灯油を用いたものが使用され,ガス会社5社,石油会社12社がエネルギー供給事業者として参加している.

① 運転結果:平成19年1月から12月の運転結果例を図8.17に示す.1年間の電力および熱需要に対する燃料電池からの電力および熱供給を示している.全家庭の平均では電力需要の約1/3,熱需要の約3/4を燃料電池が供給している.
② 一次エネルギー削減量とCO_2削減量:一次エネルギー削減量とCO_2削減量を熱需要との関係で表した結果を図8.18,8.19に示す.平均的な熱需要は1 527 MJ

/月であり，省エネルギー効果は月平均削減量 576 MJ/月（15.8 %），トップ機種 965MJ/月（24.4 %），CO_2 の削減効果は平均削減量 660kg/月（28.0 %），トップ機種 967kg/月（38.5 %）であった．

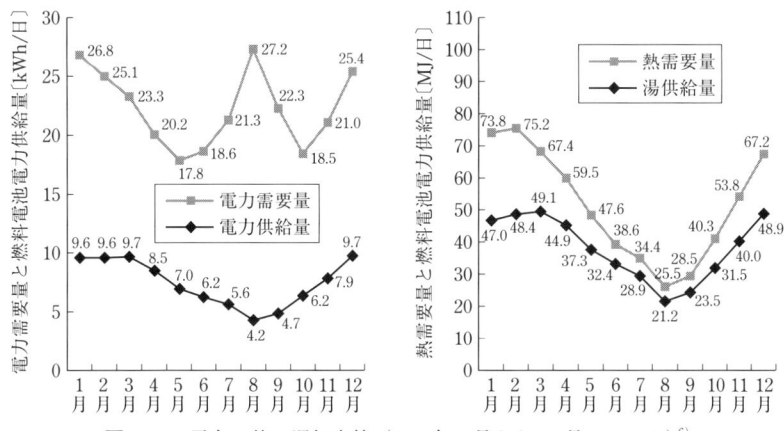

図8.17 電力・熱の運転実績（H19年1月から12月のデータ）[6]

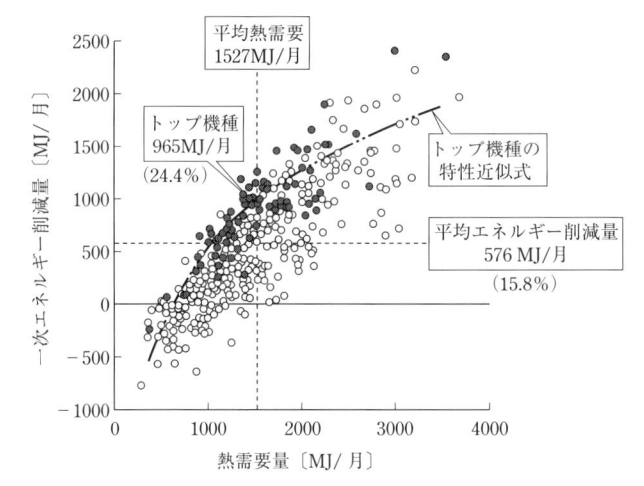

図8.18 燃料電池の省エネルギー効果（H19年1月から12月のデータ）[6]

3年間の経過（H17年度からH19年度）に対し，燃料電池の累積設置台数は2 187台で，累積発電時間は940万時間，累積発電量は530万kWhに達した．その間の電気効率および熱効率の向上推移を図8.20(a)に一次エネルギー削減率および CO_2 削減率を図8.20(b)に示す．電気効率，一次エネルギー削減率，CO_2 削減率は

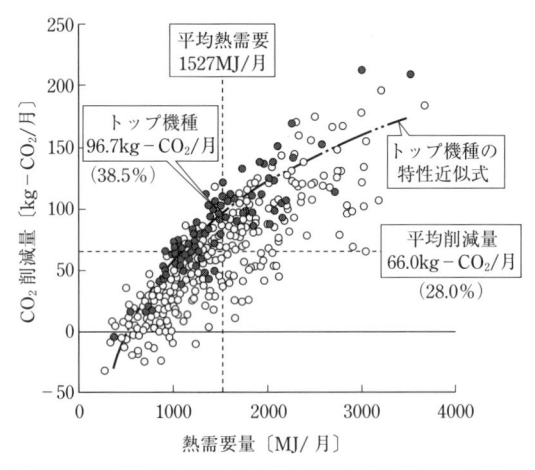

図 8.19 燃料電池の CO2 削減効果（H19 年 1 月から 12 月のデータ）[6]

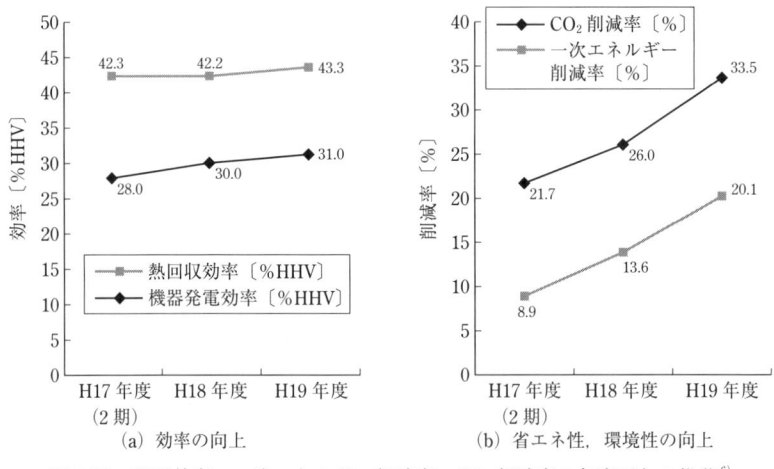

図 8.20 発電効率，一次エネルギー削減率，CO$_2$ 削減率の年度ごとの推移[6]

年とともに着実に向上している。

8.2.4 技術課題

家庭用燃料電池の年代別の発電環境の変化を表 8.5 に示す。これは将来を見通した目標設定の基本となる。セル温度，作動ガス入口の相対湿度，作動圧力はいずれも自動車用と比べ，緩やかであるが，寿命時間が当初は 4 万時間，最終は 9

表 8.5 発電環境の変化[4]

分類	No	項目	〜 2008	2012	2015 〜
作動条件	1	セル作動温度 (始動含む。冷媒出口温度)	約 70 ℃	80 〜 85 ℃	80 〜 90 ℃
作動条件	2	作動ガス入り口 下限相対湿度	約 100 ℃	約 65 %	30 〜 40 %
作動条件	3	作動ガス出口圧力 (kPa：絶対圧)	100	100	100
耐久性	1	運転時間	40 000 h	50 000 h	90 000 h
耐久性	2	起動停止	4 000 回	4 000 回	4 000 回

万時間ときわめて長い時間を想定している。また起動停止回数は4 000 回で，この値は寿命9 万時間の場合，1 回/日の起動停止に相当する。

家庭用燃料電池の運転モードと劣化要因の推定を図 8.21 に示す。それぞれのモードにおける劣化要因は次のとおりである。

① 起動：空気が満たされた状態で燃料を導入すると自動車と同じくセル内の水素のないところのカソード電位は 1.5 V 近くまで増大する。また，窒素でパージした状態で空気を導入すると OCV 相当の電圧がカソードに印加される。いずれの場合も短時間ではあるがカーボン腐食が発生し，それと同時に触媒劣化も

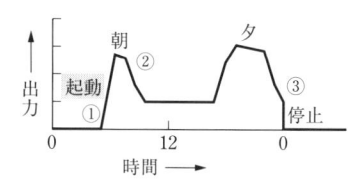

	運転モード	劣化要因(推定含む)	劣化事象	対応走行モード
①	起動	カソード高電位	カーボン担体腐食 ⇒ 出力低下 Pt 粗大化，溶出 ⇒ 出力低下	起動（停止）
②	運転	H_2O_2 ⇒ ヒドロキシラジカル 空気中の不純物 （アノード燃料不足）	膜破損 ⇒ 運転不能 スルホン酸基離脱 ⇒ 出力低下 スルホン酸基離脱 ⇒ 出力低下 (Pt 粗大化，溶出 ⇒ 出力低下) (Ru 溶出 ⇒ 耐 CO 性低下)	一時停止（アイドル） 温泉，トンネル等 起動時燃料欠乏
③	停止	アノード高電位 カソード高電位	Ru 溶出 ⇒ 耐 CO 性低下 Pt 粗大化，溶出 ⇒ 出力低下	起動（停止）

図 8.21　運転モードと劣化要因[4]

生じる。

② 負荷運転：低電流領域ではセル電圧が高く，過酸化水素の発生，Fe^{2+}イオンなどがあるとヒドロキシラジカルが生成されて，膜劣化が発生する。また高負荷では局部加熱によりスルホン酸基離脱が生ずる。

③ 停止：停止時にアノードへ空気が流入するとアノード電位が上昇し，アノード触媒が劣化する。またカソードでは高電位により触媒劣化が発生する。

このような劣化が発生しないようにハード面と運転方法の両面から劣化抑制対策が施されている。

以上をまとめると今後の技術課題は

① 耐久性：まず4万時間の運転実績を，次のステップで9万時間の寿命向上に挑戦する。

② 加速試験方法の確立：長時間の寿命予測が可能な加速寿命試験方法の確立が望まれる。

③ 低コスト化：現在，数百万円するシステム価格を量産化により50万円に低減させる。

8.2.5　CO_2削減効果と普及シナリオ

上記に示したとおり，1台あたり月平均でCO_2削減量は66 kg，これは1年間で約0.8トンになる。家庭用燃料電池が着実に増えて国内で1 000万世帯で使用されたとすると，1年間に800万トン，すなわち0.08億トンの削減となる。現在国内の年間のCO_2排出量は1年間で12.8億トンのため約0.63 %に相当する。このような効果を積み上げることが地球温暖化防止につながるため，各家庭への普及拡大が期待される。

8章　参考文献

1) 丹下昭二『国内外におけるFCVの開発状況および水素インフラの整備状況』燃料電池，Vol.7, No.3, 2008
2) 河津成之『トヨタ自動車における燃料電池ハイブリッド車の開発状況』燃料電池，Vol.7, No.3, 2008
3) 守谷隆史『ホンダにおける燃料電池自動車の開発』燃料電池，Vol.7, No.3, 2008

4) 燃料電池実用推進協議会（FCCJ）『PEFC の目標・研究開発課題と評価方法の提案』燃料電池実用推進協議会パンフレット，2007
5) 金子彰一『東京ガスにおける家庭用燃料電池の取り組み』燃料電池，14　実用化段階に入った家庭用燃料電池，FCDIC，2005
6) 木村正，小俣富男，山本義明，西川真司『定置用燃料電池大規模実証事業』第 15 回 FCDIC シンポジウム，2008

付録

付表1　化学記号一覧

記号	名称	記号	名称
H_2	水素	Fe^{2+}	鉄イオン
H^+	水素イオン	Cu	銅
O_2	酸素	F	フッ素
O_2^-	酸素イオン	F^-	フッ素イオン
N_2	窒素	H_2O_2	過酸化水素
He	ヘリウム	HO・	ヒドロキシラジカル
Ni	ニッケル	HO_2・	
NH_3	アンモニア	COOH	カルボン酸
H_2S	硫化水素	Pt	白金
SO_2	二酸化硫黄	Ru	ルテニウム
NO_2	二酸化窒素	SO^{3-}	スルホン酸基
Co	コバルト	TaON	タルタルオキシナイトライト
Cr	クロム	TaCNO	タンタル炭窒化物
CO	一酸化炭素	Pd	パラジウム
CO_2	二酸化炭素	Ag	銀
CO_3^{2-}	炭酸イオン	NOx	窒素酸化物
Fe	鉄	SOx	硫黄酸化物

付表2 略語一覧

略語	英語表記	日本語表記
CCS	Carbon Dioxide Capture and Storage	CO_2分離回収
CV	Cyclic Voltammogram	サイクリックボルタンメトリー法
ECA	Electrochemically Active Surface Area	触媒表面積
EIS	Electrochemical Impedance Spectroscopy	電気化学インピーダンス測定方法
EW	Equivalent Weight	交換基当量重量
FC	Fuel Cell	燃料電池
FCV	Fuel Cell Vehicle	燃料電池自動車
FRA	Frequency Response Analyzer	周波数応答解析
FRR	Fluoride Release Rate	フッ素排出割合
GDL	Gas Diffusion Layer	ガス拡散層
HHV	Higher Heating Value	高位発熱量
IPCC	Intergovernmental Panel on Climate Change	温暖化に関する専門家の政府間パネル
LED	Lighting Emittinng Diode	発光ダイオード
LHV	Lower Heating Value	低位発熱量
MCFC	Molten Carbonate Fuel Cell	溶解炭酸塩形燃料電池
MEA	Membrane Electrode Assembly	膜電極接合体
MRI	Magnetic Resonance Imaging	磁気共鳴イメージング
OCV	Open Circuit Voltage	開放電圧
PAFC	Phosphoric Acid Fuel Cell	りん酸形燃料電池
PEFC	Polymer Electrolyte Fuel Cell	固体高分子形燃料電池
PTFE	Polytetrafluoroethylene	ポリテトラフルオロエチレン(テフロン)
RH	Relative Humidity	相対温度
SEM	Scanning Electron Microscope	走査電子顕微鏡
SOFC	Solid Oxide Fuel Cell	固体酸化物形燃料電池
SRR	Sulfate-ion Release Rate	硫黄イオン放出割合
TEM	Transmission Electron Microscopy	透過電子顕微鏡

付表3 単位記号一覧

記号	接頭語	倍数
K	キロ	10^3
M	メガ	10^6
G	ギガ	10^9
T	テラ	10^{12}
P	ペタ	10^{15}
E	エクサ	10^{18}
m	ミリ	10^{-3}
μ	マイクロ	10^{-6}
n	ナノ	10^{-9}
p	ピコ	10^{-12}

索引

英数字

anode	19
cathode	19
CCS	13
CO_2 削減量	214
CO_2 分離回収・貯留	13
COOH 発生	184
CO 被毒	143
CV 測定	85
EW	58
FRA	142
GDL	33, 51, 143
H_2/Air 試験	152
H_2 ゲイン	137
IPCC	8
LED	9
MCFC	16, 21
MRI	168
O_2 ゲイン	137
OCV	132
OCV 試験	102, 158
PAFC	15, 21
PEFC	20, 31
PTFE	33
SOFC	16, 20
TEM	85

あ

アシプレックス膜	41
アセチレンブラック	33
アノード	19
アノード触媒	35
アノード触媒劣化加速試験	188
アノードリサイクル運転	65
アンジッピング反応	184
イオノマー	33, 60
イオノマー層	151
イオン交換膜	41
イオン交換容量	43
イオン伝導	146
イオン伝導度	156
一酸化炭素	77
インターディジットフロー	48
運転圧力特性	62
エタノール車	15
エネルギーフロー	2
延伸多孔質ポリテトラフロロエチレン	42
円筒縦縞形	23
温室効果ガス	7

か

カーブフィッティング法	143
カーボンアロイ触媒	40
カーボンセパレータ	46
カーボン腐食	113, 187
カーボンブラック	32
カーボン劣化	113
外部加湿方式	52
開放電圧	74, 132, 139
開放電圧放置試験	102
化学吸収法	13
拡散分極	134, 137, 152
過酸化水素	44

索引　219

過酸化水素ガス暴露試験	182	ケッツェンブラック	33, 130
過酸化水素水	182	コアシェル化	38
可視光照射	166	高位発熱量	28
加湿温度	144	高温ガスタービン	16
加湿方式	52	高加湿領域	152
ガス拡散層	33, 51	交換基当量重量	43, 58
ガス拡散阻害	69, 135, 144	交換電流密度	74, 134
ガス透過損失	151	合金化	38
ガスリーク測定方法	157	合金触媒	35
ガスリーク量	43, 97	高燃料利用率運転	65
ガス流路可視化	171	交流インピーダンス測定法	141
カソード	19	高炉炉頂圧発電設備	10
カソード触媒	35	コージェネレーション機器	21
加速減速	85	コールコールプロット	142
加速試験	180	固体高分子形燃料電池	20, 31
加速寿命試験	190	固体酸化物形燃料電池	16, 20
加速寿命試験法	180	混合ガス	135
活性化分極	127, 130, 133, 151		
家庭用燃料電池	14, 214	**さ**	
還元反応	34	サーモグラフィー	169
気体常数	137	サイクリックボルタンメトリー測定法	127
起動／停止試験	181	サイクル試験	181
起動停止	85	細孔内りん酸フィルレベル	193
基板	154	再生可能エネルギー	1
逆拡散水	49, 168	再析出	84
キャップロック	13	酸化	181
吸着	128	酸化・還元反応	128
凝集体	33	酸化剤	135
金属セパレータ	46	参照電極	128, 165
空気極	19	酸素還元開始電位	39
空気電極	31	酸素ゲイン	193
空気利用率	147	酸素消光	166
空気利用率特性	64	酸素透過損失	151
グラファイトカーボン	130	酸素濃度	135, 144
グラファダイズドバルカン	33	酸素濃度測定法	166
クロスリーク量	154	酸素分圧	137, 175

磁気共鳴イメージング	168
色素分子	166
自己加湿方式	54
自然電位	128
湿度交換方式	53
湿度測定法	160
湿度分布測定方法	160
質量移動抵抗	143
質量活性	38, 135
自由水	42
従スタック	66
周波数応答解析	142
重量比変化	144
主鎖	42
主スタック	66
蒸気タービン	16
ショートスタック	187
ショートスタックレベル	180
触媒	32, 151
触媒層	32, 143, 154
触媒担持体	32, 59
触媒塗布量	144
触媒比表面積	135
触媒表面積	38, 59, 85
触媒粒径	84
触媒利用率	75, 152
触媒劣化	84
シンタリング	84
水蒸気分圧	161, 175
水素イオン	33, 60
水素吸着電気量	129
水素吸着量	127
水素ステーション	15
水素分圧	175
水分移動現象	49
水分凝縮発生	171
水分分布測定	163
スーパーエンジニアリングプラスチック	45
スタック	31
ストイック	147
スルホン酸基	42
赤外線温度画像装置	169
石炭火力発電	9
絶対温度	137
セパレータ	45
セル	31
セル運転温度特性	63
セル診断	127
セル電圧特性	61
セル内電流分布	172
セル劣化	84
側鎖	42
束縛水	42

た

ターフェル勾配	131, 134
対向流	51, 161
脱離	128
炭酸ナトリウム	22
炭酸リチウム	22
担持体	84
担持体量	144
タンタル炭窒化物	39
単分散化	38
ディーゼル車	15
低位発熱量	28
低加湿	111
低加湿試験	94
低加湿領域	150, 152
抵抗分極	134, 151
低炭素燃料	10
電位掃引速度	127

電解質抵抗	142
電解質膜	31
電解質膜劣化	94
電荷移動抵抗	143
電荷二重層容量	143
電気化学インピーダンス測定法	141
電気化学測定法	127
電気自動車	15
電気浸透現象	48, 168
電気二重層容量	141
電流電圧特性試験	127
等価回路	142, 147
透過電子顕微鏡	85

な

ナイキストプロット	142
ナノシェル	40
ナフィオン膜	41
ニッケルジルコニアサーメット	23
ニュートロンラジオグラフィ	163
熱中性子線	163
燃料極	19
燃料電極	31
燃料電池	19
燃料電池自動車	15, 199
燃料利用率特性	64

は

パーフルオロスルホン酸ポリマー	41
ハイブリッド車	9, 15
白金	35
白金結晶面	38
白金酸化物	128
白金触媒	59
白金粒子	84
白金量	144
発光強度	166
バブラー加湿方式	52
バルカン	33, 130
反応抵抗	142
比活性	38, 135
非金属酸化物	39
非金属酸化物触媒	39
ヒドロキシラジカル	44, 182
比表面積	38, 59
微粒子化	38
ピンホール	160
ファラデイ常数	137
フェントン試験	182
負荷変動試験	158, 181
負荷変動条件	111
複合発電システム	22
複素インピーダンス	142
不純物ガス	80
不透水性層	13
ブラックパール	33, 130
フラディング現象	69
フラディング	151
フレミオン膜	41
分割スタック方式	66
分割電極	158
分極分離	127, 151
分極分離手法	132, 138
平衡電位	128
並行流	51, 161
ポリテトラフルオロエチレン	33
ポリベンツイミダゾール	45
ポリマー	45
ポルフィリン	166

ま

膜内水分測定法	168

水移動係数	50
水管理	48
無加湿運転特性	77
無加湿方式	54
無負荷運転	158

や

有効白金触媒表面積	127, 129
溶解	84
溶出	181
要素レベル	180
溶融炭酸塩	22
溶融炭酸塩形燃料電池	16, 21

ら

ランタンマンガナイト	23
理論起電力	27, 132, 139
理論効率	26
りん酸形燃料電池	15, 21
りん酸搬出抑制機能	190
ルテニウム	35

【著者紹介】

西川尚男（にしかわ・ひさお）　工学博士

　　学　歴　北海道大学工学部電気工学科修士課程修了
　　職　歴　株式会社　東芝
　　　　　　東京電機大学工学部教授

燃料電池の技術　固体高分子形の課題と対策

2010 年 6 月 10 日　第 1 版 1 刷発行　　　　ISBN 978-4-501-11520-3 C3054
2022 年 6 月 20 日　第 1 版 2 刷発行

著　者　西川尚男
　　　　Ⓒ Nishikawa Hisao 2010

発行所　学校法人　東京電機大学　〒120-8501　東京都足立区千住旭町 5 番
　　　　東京電機大学出版局　　　Tel. 03-5284-5386（営業）03-5284-5385（編集）
　　　　　　　　　　　　　　　　Fax. 03-5284-5387　振替口座 00160-5-71715
　　　　　　　　　　　　　　　　https://www.tdupress.jp/

JCOPY　＜(社)出版者著作権管理機構　委託出版物＞
本書の全部または一部を無断で複写複製（コピーおよび電子化を含む）することは，著作権法上での例外を除いて禁じられています。本書からの複製を希望される場合は，そのつど事前に，(社)出版者著作権管理機構の許諾を得てください。
また，本書を代行業者等の第三者に依頼してスキャンやデジタル化することはたとえ個人や家庭内での利用であっても，いっさい認められておりません。
［連絡先］Tel. 03-5244-5088，Fax. 03-5244-5089，E-mail：info@jcopy.or.jp

印刷：新日本印刷(株)　　製本：渡辺製本(株)　　装丁：鎌田正志
落丁・乱丁本はお取り替えいたします。　　　　　　　　Printed in Japan